U0252619

石化行业水污染全过程控制技术丛书

石化综合污水处理技术与应用

周岳溪　吴昌永　付丽亚等　著

科学出版社
北京

内 容 简 介

本书针对石化综合污水水质特点和行业废水排放要求的不断提升,以某典型大型石化园区综合污水为研究对象,系统研发了其预处理、生物强化和低浓度难降解有机废水耦合深度处理技术,在此基础上进行了技术集成研究和工程应用。在技术研发基础上,对相关类似技术也进行了系统梳理对比,可为石化综合污水处理工程及运行管理提供技术支持。

本书具有较强的技术性和可操作性,可供石化、化工、给排水和环境工程研究与设计人员,污水处理工程技术人员,工矿企业有关专业技术人员,环保部门管理人员参考,也可供高等学校环境科学与工程、给排水科学工程及其他相关专业师生参阅。

图书在版编目(CIP)数据

石化综合污水处理技术与应用 / 周岳溪等著. -- 北京:科学出版社,2024. 12. --(石化行业水污染全过程控制技术丛书). -- ISBN 978-7-03-080046-6

Ⅰ. X740.3

中国国家版本馆 CIP 数据核字第 20249BT066 号

责任编辑:郭允允 孙静惠 / 责任校对:郝甜甜
责任印制:徐晓晨 / 封面设计:图阅盛世

科 学 出 版 社 出版
北京东黄城根北街 16 号
邮政编码:100717
http://www.sciencep.com
北京建宏印刷有限公司印刷
科学出版社发行 各地新华书店经销
*
2024 年 12 月第 一 版 开本:720×1000 1/16
2024 年 12 月第一次印刷 印张:16
字数:310 000
定价:198.00 元
(如有印装质量问题,我社负责调换)

《石化综合污水处理技术与应用》

主要作者

周岳溪　　吴昌永　　付丽亚　　袁　玥

李志民　　王建龙　　宋玉栋　　席宏波

郭树君　　徐　敏　　王盼新　　沈志强

于　茵　　邓丽艳　　李　敏　　陈学民

伏小勇

丛 书 序

水是生存之本、文明之源，是社会系统与自然系统间的重要纽带，既是人类生产生活过程的重要资源，也是污染物排放的重要去向。伴随着"十一五"以来水体污染控制与治理科技重大专项(简称水专项)等国家重大科研项目的实施，我国水污染控制理论与技术不断发展，逐渐从传统末端治理模式向污染全过程控制模式转变，污染治理更加精准、科学、绿色、低碳，水资源利用效率进一步提高，水环境质量进一步改善，水生态系统进一步恢复。

石油化工行业是我国国民经济基础性和支柱性产业、化学品生产和使用的主要行业、用水排水和用能耗能的重点行业。近年来该行业生产链延长、产品种类增加、生产规模大型化、炼化一体化等发展特征明显，产生的废水具有排放量较大、污染物种类较多、有毒污染物浓度较高、环境风险高、资源化潜力大等特点，水污染治理与管理难度较大，因此石油化工行业一直是流域水污染治理和水生态环境风险防控的重点行业，也是碳排放削减和有毒污染物治理的重点行业。

水污染控制是中国环境科学研究院的重点研究领域之一，本人长期担任该领域的学术带头人，三十多年来一直从事工业废水、城乡污水污染控制工程技术研究和成果的推广应用，相继承担了多项国家科研项目，特别是国家水专项的项目，开展了石化等重污染行业废水污染全过程控制技术的研究与应用，取得了很好的社会效益、经济效益和环境效益。本套丛书以重点石化、化工装置和炼化一体化大型石化化工园区(企业)为对象，按照"源头减量-过程资源化减排-末端处理"的水污染全过程控制理念，对石化行业废水来源与特征、污染全过程控制理念与技术进行了系统阐述；重点围绕石化废水污染物解析、炼油化工废水污染全过程控制、合成材料生产废水污染全过程、石化综合污水处理和工业园区废水污染全过程控制主题进行分册专题阐述。本套丛书的内容以国家水专项研究成果为主，并充分吸纳了国内外水污染控制技术的最新成果。

本套丛书内容翔实，实用性强，借鉴意义大。相信其出版将进一步推动污染全过程控制理念在我国的推广实施，进一步提高科学治污、精准治污水平，助力石化行业绿色、低碳、高质量发展。

在本套丛书的出版过程中，得到了许多前辈的指导；得到了中国环境科学研究院、国家水专项办公室、吉林省水专项办公室和示范工程实施单位领导的大力支持；同时得到了科学出版社的大力支持；项目（或课题）的所有参与者付出了大量辛勤的劳动，在此谨呈谢意。

周岳溪

中国环境科学研究院研究员

2023 年 5 月

前　言

　　石化行业是国民经济的支柱性产业，生产废水中除含有原料和产品组分外，通常还含有反应副产物以及原料带入的杂质组分，石化行业各生产环节产生的废水统称为石化综合污水。石化综合污水污染物种类多，组成复杂，治理难度大。近三十年来，石化废水的排放标准不断修订，排放要求不断提升。"十二五"期间整个行业经历了一次重要提标，从执行《污水综合排放标准》（GB 8978—1996）到《石油化学工业污染物排放标准》（GB 31571—2015），伴随着该标准的实施，石化综合污水处理技术也经历了一次升级。

　　本课题组在"十一五"至"十三五"期间相继承担了国家水体污染控制与治理科技重大专项课题"松花江重污染行业有毒有机物减排关键技术及工程示范"（2008ZX07207-004）、"松花江石化行业有毒有机物全过程控制关键技术与设备"（2012ZX07201-005）和"石化行业水污染全过程控制技术集成与工程实证"（2017ZX0740 2002），课题负责人均为周岳溪研究员，其中涉及的与石化综合污水处理相关的"石化企业废水有机物强化深度处理关键技术与设备"子课题和"石化园区污水处理厂运行优化与节能降耗技术及应用研究"子课题负责人均为吴昌永研究员，本书属于上述子课题技术成果。

　　针对石化综合污水处理领域面临的共性问题，以典型大型石化企业综合污水处理厂为研究对象，根据该厂的出水水质特性及实际需求，开展预处理、生物强化和深度处理技术小试和中试研究；并在此基础上开展技术集成研究，结合行业污水处理提标的要求，提出工程方案，所研发的技术在依托企业综合污水处理厂提标改造工程中应用，形成行业示范技术。这对于增加石化企业效益、增强石化企业竞争力具有重要意义。

　　本书撰写人员分工如下：第1章为绪论，由周岳溪、吴昌永、付丽亚、席宏波、袁玥撰写；第2章为石化装置废水源解析及预处理技术，由席宏波、吴昌永、付丽亚、宋玉栋、于茵、周岳溪撰写；第3章为石化综合污水生物处理技术研究，由吴昌永、王建龙、郭树君、付丽亚、宋玉栋、席宏波、沈志强、于茵、邓丽艳、徐敏、陈学民、周岳溪撰写；第4章为石化综合污水深度处理技术研究，由吴昌永、付丽亚、宋玉栋、徐敏、李敏、伏小勇、周岳溪撰写；第5章为石化综合污水处理技术工程应用，由吴昌永、宋玉栋、席宏波、李志民、付丽亚、王盼新、周岳溪撰写。全书由吴昌永、付丽亚、袁玥统稿，周岳溪修改并定稿。

本书的撰写和出版得到了国家水体污染控制与治理科技重大专项课题"石化行业水污染全过程控制技术集成与工程实证"（2017ZX0740 2002）和"松花江石化行业有毒有机物全过程控制关键技术与设备"（2012ZX07201-005）的资助；得到了国家水专项办公室、中国环境科学研究院领导的支持。课题组研究生张欣、石忠涛、高祯、孙青亮、丁岩、郭明昆、朱晨、王翼、王佩超、张雪、宋嘉美、刘明国、魏继苗、陈腾、靳晓光、刘璐洁、孙秀梅、谭煜、王雅宁、阳金、李亚男、张斯宇、韩微、赵檬、胡映明、秦志凯、马国鑫等参与了部分数据监测、试验开展和文献整理工作。科学出版社对本书出版给予了大力支持，在此谨呈谢意。

限于著者知识与水平，书中难免存在不足和疏漏之处，恳请读者不吝指正。

著　者

2023 年 12 月

目　　录

丛书序

前言

第1章　绪论 ·· 1

1.1　石化废水的来源、类型与水质特征 ·· 2

1.1.1　石化装置废水 ··· 3

1.1.2　石化综合污水 ··· 6

1.2　石化行业水污染防治政策要求及排放标准 ·· 7

1.2.1　石化行业水污染防治政策要求 ·· 7

1.2.2　石化废水污染物排放标准 ··· 17

1.3　石化废水处理面临的挑战和问题 ··· 25

1.3.1　石化废水源解析与源头减量 ·· 26

1.3.2　高生物抑制性有毒污染物脱毒解抑 ··· 26

1.3.3　难降解有机污染物达标深度处理 ·· 27

1.4　石化废水污染控制趋势 ··· 27

参考文献 ··· 28

第2章　石化装置废水源解析及预处理技术 ··· 29

2.1　石化废水源解析 ··· 30

2.1.1　石化废水源解析技术 ·· 30

2.1.2　典型石化装置废水解析 ··· 37

2.2　典型石化装置废水预处理技术 ·· 40

2.2.1　炼油装置含油废水 ··· 40

2.2.2　乙烯装置废碱液 ··· 42

2.2.3　丁辛醇装置废水 ··· 45

2.2.4　ABS 树脂装置废水 ··· 48

　　　2.2.5　三羟甲基丙烷装置废水 ·· 50

　　　2.2.6　苯酚丙酮装置废水 ·· 52

　　　2.2.7　苯胺装置废水 ·· 54

　　　2.2.8　丙烯腈装置废水 ·· 56

　　　2.2.9　丙烯酸(酯)装置废水 ·· 58

　　2.3　本章小结 ·· 60

第3章　石化综合污水生物处理技术研究 ·· 61

　　3.1　水解酸化技术 ·· 61

　　　3.1.1　水解酸化技术简介 ·· 61

　　　3.1.2　进水水质特征与处理要求 ·· 63

　　　3.1.3　微氧水解酸化技术研究 ·· 64

　　　3.1.4　脉冲水解酸化技术研究 ·· 72

　　3.2　生物处理强化技术 ·· 76

　　　3.2.1　生物处理强化技术简介 ·· 76

　　　3.2.2　进水水质特征与处理要求 ·· 80

　　　3.2.3　A/O工艺运行优化研究 ·· 81

　　　3.2.4　A/O生物膜强化技术研究 ·· 86

　　　3.2.5　A/O生物菌剂强化技术研究 ·· 93

　　3.3　本章小结 ·· 101

　　参考文献 ·· 102

第4章　石化综合污水深度处理技术研究 ··· 104

　　4.1　进水水质特征与处理要求 ·· 104

　　4.2　芬顿处理技术研究 ·· 104

　　　4.2.1　芬顿处理技术简介 ·· 105

　　　4.2.2　芬顿处理技术分类 ·· 109

　　　4.2.3　芬顿处理技术在石化废水处理中的应用 ···································· 113

　　　4.2.4　芬顿处理技术工艺优化及其产泥特性 ······································ 115

　　4.3　微絮凝砂滤-臭氧催化氧化处理技术研究 ·· 125

　　　4.3.1　微絮凝砂滤技术研究 ·· 125

　　　4.3.2　臭氧催化氧化技术研究 ·· 147

　　　4.3.3　微絮凝砂滤-臭氧催化氧化组合技术研究 ···································· 168

4.4　臭氧-BAF 处理技术研究 ……………………………………… 172

　　4.4.1　臭氧-BAF 技术简介 …………………………………… 172

　　4.4.2　臭氧-BAF 技术应用研究 ……………………………… 174

4.5　本章小结 …………………………………………………………… 202

参考文献 ……………………………………………………………………… 203

第 5 章　石化综合污水处理技术工程应用 ………………………… 209

5.1　工程需求及技术集成 …………………………………………… 209

　　5.1.1　吉化污水处理厂简介 …………………………………… 209

　　5.1.2　吉化污水处理厂技术需求 ……………………………… 212

　　5.1.3　石化综合污水处理技术集成研究 ……………………… 213

　　5.1.4　技术经济分析 …………………………………………… 218

5.2　石化综合污水处理技术应用 …………………………………… 220

　　5.2.1　技术应用工程方案 ……………………………………… 220

　　5.2.2　主要工程量及构筑物设计 ……………………………… 222

　　5.2.3　新建处理单元 …………………………………………… 223

　　5.2.4　原有处理设施完善 ……………………………………… 229

　　5.2.5　主要工程量 ……………………………………………… 230

　　5.2.6　污水处理厂改造后全貌 ………………………………… 237

　　5.2.7　工程运行效果及评估 …………………………………… 237

5.3　本章小结 …………………………………………………………… 241

第1章 绪 论

石化行业是以石油和天然气为原料，生产石油产品和石油化学品的石油加工工业(李为民等，2013)。石化行业子行业众多，主要分为石油炼制和石油化工两大类。石油炼制是将原油加工成汽油、柴油、煤油、石脑油和重油等油品的过程。石油化工是将石油产品和天然气先加工成石化中间品(如乙烯、丙烯、丁二烯、苯、甲苯和二甲苯等)，进而加工成有机化工原料(约 200 种)及合成材料(合成树脂、合成纤维、合成橡胶)等制品的过程，也包括以天然气、石脑油和重油等为原料生产氨和尿素等化肥以及制取硝酸等产品的过程。典型的石化行业产业链如图 1-1 所示。

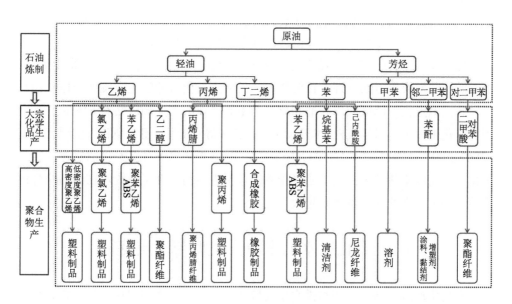

图 1-1 典型的石化行业产业链

石化行业是国民经济的支柱产业，石化产品涉及人类的衣、食、住、行等生活的方方面面，是促进人类发展及社会进步的物质基础。自大庆油田建成投产以来，我国石化行业得到快速发展，1998 年起我国成为世界最大的合成纤维生产国，2008 年起成为世界最大的合成树脂生产国，2011 年起成为世界最大的合成橡胶生产国。2021 年，我国炼油产能与美国接近，乙烯产能和产量居世界第一，芳烃及下游的聚酯化纤产业链规模优势突出；主要大宗有机原料、合成树脂、合成橡胶产能居世界第一，占世界总产能的比例均在 30%以上。2021 年，石化行业规模以上企业实现营业收入 14.45 万亿元，创历史新高，占全国规模以上工业营业收入的 11.3%；实现利润总额 1.16 万亿元，占全国规模以上工业利润的 13.3%；进出口总额 8601 亿美元，占全国进出口总额的 14.2%(中国石油和化学工业联合会，2022)。

　　同时，石化行业也是废水排放大户，是我国废水污染物，特别是氰化物、挥发酚等有毒污染物排放的重点行业，其废水污染物减排对于水环境质量改善具有重要意义。随着《石油炼制工业污染物排放标准》(GB 31570—2015)、《石油化学工业污染物排放标准》(GB 31571—2015)、《合成树脂工业污染物排放标准》(GB 31572—2015)等石化行业污染物排放标准的颁布实施，石化行业水污染物排放量大幅下降，但仍然是水体污染物的重要来源。近年来，随着能源危机以及环境问题逐步加剧，石化行业正面临着前所未有的挑战。同样，石化废水排放标准愈加严格，这也给石化废水处理带来了沉重的压力。近年来，石化行业向大型化、园区化方向发展，石化废水污染治理的复杂性也进一步提高。

　　化工园区是石化行业发展的重要载体，在促进安全统一监管、环境集中治理、上下游协同发展等方面发挥着重要作用，已成为石化行业的主要发展阵地。2021年，我国重点化工园区或以石油和化工为主导产业的工业园区共有 616 家，其中国家级化工园区(包括经济技术开发区、高新区等)48 家，超大型和大型园区产值占比超过化工园区总产值的 50%(杨挺，2021)。近年来，社会经济的迅速发展使得化工产业区不断壮大，化工园区排放的包括生活污水和工业废水在内的综合污水给水环境带来的压力也越来越大。

1.1　石化废水的来源、类型与水质特征

　　石化生产过程涉及的用水排水单元较多，主要排水类型包括石化装置废水、生活污水、化学制水排污水、循环冷却水排污水、蒸汽发生器排污水、余热锅炉排污水、化验室污水、事故污水、初期雨水等。

　　石化装置废水来自石油化工生产过程中原料配制、工艺反应、容器清洗、产品精制分离等环节，是石化生产过程中排放节点最多、组成最复杂、装置间差异性最大、有毒有害及难降解污染物含量最高、对综合污水处理厂运行影响最大的一类废水，其水质水量特征是石化污水治理技术路线确定的主要依据。废水中除

含有原料和产品组分外，通常还含有反应副产物以及原料带入的杂质组分，污染物种类多，组成复杂。因此，废水污染特征受到产品类型、生产工艺、装置规模及运行管理水平的影响。

生活污水主要来自厂区内食堂、浴室、厕所等，水质与城镇生活污水相近。

化学制水排污水是利用离子交换、反渗透等技术生产软化水、除盐水过程中产生的离子交换树脂酸碱再生废水、反渗透浓水以及反渗透膜清洗废水等，化学制水排污水通常含盐量较高，约占化学水产量的 10%。

循环冷却水排污水是为保证系统中循环冷却水的水质而排放的废水，一般情况下具有 COD、石油类等污染物浓度较低，盐含量较高，水量较大等特点。

蒸汽发生器排污水、余热锅炉排污水是为保证蒸汽发生器和余热锅炉内的锅水水质，防止设备腐蚀、结垢而排放的废水，也具有 COD、石油类等污染物浓度较低，盐含量较高等特点。

化验室污水是厂区化验室在样品前处理与分析、器皿清洗等过程中产生的实验污水，水量较小，可能含有有毒及腐蚀性组分，通常需单独处理处置。

事故污水是在事故发生和处置过程中产生的受污染消防水、泄漏水、储存水等，需在事故池内暂存并进行妥善处理处置。

初期雨水是降雨初期形成的地面径流。降雨初期，雨水溶解了空气中的大量酸性气体、汽车尾气、工厂废气等污染性气体，降落地面后，又由于冲刷屋面、沥青混凝土道路、沾有泄漏物料的设备、管道、地面等，厂区初期雨水中含有大量的污染物质，需净化后方可排放。

石化废水种类繁多，且水质特征各异。但就废水处理而言，通常重点关注石化企业排放的石化装置废水和化工园区排放的石化综合污水。

1.1.1 石化装置废水

石化装置废水按水质特点可分为含油污水、含盐污水、含硫污水、胶乳污水、有毒有机废水等；按照生产装置类型可分为炼油污水、化工污水、油罐污水等，其中，化工污水又可细分为有机原料生产废水和合成材料生产废水两大类，如乙烯生产废水、苯酚丙酮生产废水、丙烯腈生产废水、ABS 树脂生产废水、丁苯橡胶生产废水、腈纶生产废水等。石化行业以石油炼制—有机原料—合成材料生产链为主体，石油炼制、有机原料和合成材料生产废水具有不同的污染特征。

1. 石油炼制废水

石油炼制主要是将原油通过一次加工、二次加工生产各种石油产品。原油一次加工，主要采用物理方法将原油切割为沸点范围不同、密度大小不同的多种石油馏分。原油二次加工，主要用化学方法或化学-物理方法，将原油馏分进一步加工转化，以提高某种产品收率，增加产品品种，提高产品质量。石油炼制装置种类多，污水特性各异，但总体上可分为含油污水、含硫污水、含碱污水和含盐污水四大类，宜开展废水的分质处理与资源化利用。含油污水指石油炼制废水中以石油类为主要污染物的废水，排水量较大，水中主要含有原油、成品油、润滑油及少量有机溶剂等。含硫污水中除含有大量硫化氢和氨外，还含有酚、氰化物和石油类。该类废水经汽提预处理净化，可回收氨和硫化氢，且净化水含盐量低，可回用于石油炼制工艺注水。含碱污水（碱渣）来自常减压、催化裂化等装置中汽油、航空煤油、柴油、液化气碱洗后水洗水，废水中含游离态烧碱，并含有较高浓度的硫化物、环烷酸盐、酚钠盐、有机硫醇、硫醚等。含盐污水主要来自原油电脱盐废水、催化裂化再生烟气脱硫废水及原油罐脱水等。石油炼制废水的水质水量特征受到原油品质、加工工艺等的直接影响。世界石油资源中高硫、重质等劣质原油比例逐年上升，导致污水含硫量增加，电脱盐废水处理难度增大，污水水质更加复杂，废水处理稳定达标难度增大。

2. 有机原料生产废水

石化行业生产的有机原料种类繁多，可分为基础有机原料、聚合物单体和中间体等。其中，基础有机原料包括乙烯、$C_3 \sim C_4$ 烯烃、苯-甲苯-二甲苯（BTX）混合芳烃、合成气和乙炔等。聚合物单体和中间体通常为在上述基础有机原料分子上通过化学反应引进新的官能团形成的醇、醛、酮、酸、腈、胺、卤代有机物和硝基化合物等。有机原料生产废水中污染物主要为未充分分离回收的产品、原料以及在分离精制过程中进入废水的合成反应副产物。有机原料生产废水中的有机物分子多带有醛基、酚羟基、硝基、氨基、卤素、芳环，因此通常具有有毒、难生物降解等特征，导致废水处理难度较大，且易对以生物处理为主体的综合污水处理厂产生冲击，其是石化行业水污染治理的难点，特别是产生高浓度废水的生产装置，废水治理难度更大。

3. 合成材料生产废水

合成材料的生产工艺流程通常包含原料配制、聚合反应、单体回收、产品分离、加工成型、溶剂回收等单元。常用的合成材料聚合工艺包括气相聚合、本体聚合、溶液聚合、悬浮聚合和乳液聚合等，其中污水处理难度较大的是悬浮聚合、乳液聚合和本体聚合。合成材料生产废水污染物主要为单体及其杂质、生产助剂、聚合反应副产物以及未回收的产品聚合物等。其废水组成复杂，且不同类型污染物的去除特性通常差异较大，因此常需要采用不同的处理技术加以去除，导致处理工艺流程长且复杂。此外，合成材料生产废水还具有有毒有机物含量高、难降解污染物含量高、氮磷含量高等特点，增加废水生物处理难度，使得生物处理出水达标困难，还需辅助物化处理手段。

总的来说，石化生产废水组成复杂，不同石化装置的原料和产品不同，同类石化装置生产规模、生产负荷、工艺控制水平和原材料存在差异，废水排放特征也有差别，同一装置不同排水节点废水水质也可能存在明显差距。石化生产废水的主要特点如下。

(1) 废水排放量大，波动也大。石油化工生产用水量大，废水排放量也大，生产每吨化学产品要排放几吨至几十吨废水。石化行业生产工艺复杂，有些工艺过程的废水是连续排放，有些则是间歇排放，因此水量的波动较大。此外，每逢生产装置开停工和检修期间，水量变化则更大。部分石化废水排放系数及产品生产量如表 1-1 所示。

表 1-1　部分石化废水排放系数及产品生产量

工艺过程	废水排放系数/(t 废水/t 产品)	产品生产量/(万 t/a)
石油炼制	0.04~1.24	71000.0
有机化学原料制造	0.04~60.97	—
合成树脂	3.53~12.00	6950.7
合成橡胶	0.89~9.06	532.4
合成纤维	0.99~50.42	2283.0
有机合成染料制造	7.49~350.00	92.2
有机农药制造	0.41~890.20	132.8

资料来源：生态环境部，2021；李家科等，2011。

(2) 废水种类多，水质差异大、毒性大。石化行业产品种类多，生产工艺各异，从石油炼制到基本化工原料，再到有机化工原料和合成材料，存在成百上千种生产工艺，每种生产工艺都会产生不同组成的废水，许多废水在污染物种类和浓度水平方面存在巨大差异，给废水治理路线选择带来很大难度。同时，由于石化装置的原料及产品多为有毒有机物，因此有毒有机物去除是石化废水治理面临的普遍问题。

(3)部分废水污染物浓度高，具有资源属性。高浓度石化生产废水中通常含有较高浓度的原料、产品或副产品，如作为资源回收利用，不仅可降低污染物排放量，还可提高原料利用率和产品收率。

(4)废水污染物组成复杂，受生产过程影响大。石化废水中除可能含有原料和产品外，通常还含有反应副产物以及原料中带入的杂质组分，因此通常废水污染物种类多，组成复杂。而污染物浓度与生产过程中的反应效率、产品收率等密切相关，反应效率和产品收率的降低往往意味着废水污染物浓度升高。

1.1.2　石化综合污水

石化综合污水是大型炼化一体化园区(企业)各装置产生的废水经预处理后排放至综合污水处理厂，并与生活污水、循环冷却水排污水等其他各类石化废水汇合而成的污水。近年来，以大型石化企业为代表的大型综合石化园区逐渐成为我国石化行业的主体。石化产业园区化带来极大优势，能够节约资源，推进绿色发展、循环发展、低碳发展，从污水处理的角度而言，有利于污染集中控制。将生产废水排入工业园区综合污水厂集中处理后达标排放或回用，顺应了污水集中处理的思想，使化工企业生产与污水控制实现了资源整合，在保证废水排放的同时，也节约了环保投入，降低了废水污染控制的管理难度，成为目前我国工业园区水污染控制的主要模式。

石化综合污水成分复杂，常规污染物指标如化学需氧量(COD)、五日生化需氧量(BOD_5)、悬浮物(SS)、色度和氨氮等的浓度均很高，属于高浓度有机废水。石化综合污水通常含有大量各种有机物，如石油类、有机酸、醇、胺、酚、醚、酮、醛、烃等及其衍生物，还含有大量各种无机物，如硫化物、氮、磷、氰化物等以及汞、镉、铬等多种重金属，属于难生物降解废水。此外，石化综合污水还具有硫酸盐含量高、酸碱性(pH)和温度变化大、碳氮比低、氮磷等营养元素含量不均衡等特点。国内某石化园区污水处理厂综合污水进水水质指标如表1-2所示，可以看出废水中含有挥发酚、苯系物等有毒物质，COD浓度波动较大，且硫酸盐(以硫酸根计)的浓度较高。

表 1-2 国内某石化园区污水处理厂综合污水进水水质 （单位：mg/L，除 pH 外）

pH	COD	氨氮	总氮	总磷	挥发酚	苯系物	硫酸根
7.28～8.95	260～404	14.2～20.4	21.8～41	1.0～1.6	10.8～15.8	12.9～20.1	422.2～541.6

此外，由于石化园区产品类型多，生产规模大，废水排放节点多，水质特性差异大，污染物组成复杂，园区水污染集中控制具有很高的复杂性。一方面，石化综合污水通常汇集了园区(企业)范围内多套主要生产装置和辅助生产装置排放的生产废水和周边居住区的生活污水，因此，污水来源多，污水总量通常较大。由于化工园区的企业性质不同，石化综合污水处理时的进水总量和水质随时段变化存在浮动。特别是近年来炼化一体化园区(企业)发展迅速，生产装置数量不断增加，石化综合污水的水质特征日益复杂。另一方面园区内各个化工厂往往是依据市场需求进行产品生产，因此原材料的改变也会导致水质受到影响，增加污水处理的难度。另外，由于不同废水之间的相互稀释作用，与部分高浓度装置废水中某类或某种污染物浓度极高不同，除石油类外，综合污水中的大部分污染物浓度在几十毫克/升以下，缺少回收价值。

随着近年来污水排放及回用水质标准的提高，综合污水处理要求不断提高，而石化综合污水的复杂性、波动性又进一步增加了综合污水的处理难度。单纯依赖末端治理实现综合污水稳定达标的技术难度大，处理成本高。

1.2　石化行业水污染防治政策要求及排放标准

1.2.1　石化行业水污染防治政策要求

1. 相关法律法规与环保政策要求

石化行业是污水排放大户。随着水生态受损、水环境恶化等问题的凸显，我国水污染防治力度不断加大。《中华人民共和国环境保护法》要求企业从能源、工艺、设备、资源回用及污染物无害化处理等方面减少污染物产生，排放废水的企事业单位和其他生产经营者应当采取措施，防治废水污染物对环境的污染和危害。《中华人民共和国水污染防治法(2017 修正)》明确要求严格控制工业污染，排放工业废水的企业应当采取有效措施，收集和处理产生的全部废水，防止污染环境。2015 年国务院印发的《水污染防治行动计划》要求狠抓工业污染防治，加强工业水循环利用，鼓励石油石化、钢铁等高耗水企业废水深度处理回用。2012 年印发的《国务院关于实行最严格水资源管理制度的意见》提出切实加强水污染防控，加强工业污染源控制，加大主要污染物减排力度。2019 年国家发展和改革委员会、水利部联合印发的《国家节水行动方案》要求促进高耗水企业加强废水深度处理和达标再利用。这均对石化企业和化工园区的废水排放与管理提出了明确要求。

　　石化行业同时也是用水大户，因此，石化企业或园区多临河或临海而建，且处理后废水最终排放入河或入海，产生潜在的流域性或区域性水生态风险。部分大型石化企业位于流域水源地上游，如吉林石化位于松花江上游，兰州石化位于黄河上游，云南石化和四川石化位于长江上游，其影响范围更大。因此，有效控制石化行业污染物排放，对我国的环境治理以及石化行业的发展都有重要意义。

　　石化相关企业应重视源头控制和末端处理，采用先进的生产工艺和治理技术，防止和减少环境污染。在生产运行过程中的废水处理与环境风险管控等应符合国家相关管理要求。表 1-3 汇总了石化废水治理设施运行和维护须遵守的主要水环境管理要求。

表 1-3　石化废水治理设施运行和维护要求

环节	具体要求	依据
总体要求	(1)排放工业废水的企业应当采取有效措施，收集和处理产生的全部废水，防止污染环境。含有毒有害水污染物的工业废水应当分类收集和处理，不得稀释排放。 (2)国家禁止新建不符合国家产业政策的小型造纸、制革、印染、染料、炼焦、炼硫、炼砷、炼汞、炼油、电镀、农药、石棉、水泥、玻璃、钢铁、火电以及其他严重污染水环境的生产项目	《中华人民共和国水污染防治法》
收集处理	石油炼制工业含碱废水、含硫含氨酸性水、含苯系物废水、烟气脱硫和脱硝废水、设备和管道检维修过程化学清洗废水，应单独收集、储存并进行预处理	《石油炼制工业污染物排放标准》（GB 31570—2015）《排污许可证申请与核发技术规范 石化工业》（HJ 853—2017）
	石油化学工业含苯系物废水，含有 GB 31571 中表 1、表 2 所列金属废水、含氰化物废水、设备和管道检维修过程化学清洗废水，应单独收集、储存并进行预处理	《石油化学工业污染物排放标准》（GB 31571—2015）《排污许可证申请与核发技术规范 石化工业》（HJ 853—2017）
	含有铅、镉、砷、镍、汞、铬的废水应在产生污染物的车间或生产设施进行预处理并达到标准限值	《石油化学工业污染物排放标准》（GB 31571—2015）

环节	具体要求	依据
运行管理	污水处理厂应加强源头管理,加强对上游装置来水的监测,并通过管理手段控制上游来水水质满足污水处理厂的进水要求	《排污许可证申请与核发技术规范 石化工业》(HJ 853—2017)
	在企业的生产设施同时适用不同排放控制要求或不同行业国家污染物排放标准,且生产设施产生的废水混合处理排放的情况下,应执行排放标准中规定的最严格的浓度限值,并换算基准水量的排放浓度	《石油炼制工业污染物排放标准》(GB 31570—2015)《石油化学工业污染物排放标准》(GB 31571—2015)《合成树脂工业污染物排放标准》(GB 31572—2015)

此外,依据当前国家法律法规及相关政策,石化废水产排及处理相关企事业单位还需遵守以下环境风险管理及应急预案要求。

(1)企业应建立环境管理台账记录制度,落实环境管理台账记录的责任部门和责任人,明确工作职责,包括台账的记录、整理、维护和管理等,并对台账记录结果的真实性、完整性和规范性负责。

(2)企业应采取科学的技术手段和管理方法,对环境风险进行有效的预防、监控和响应。

(3)企业应编制突发环境事件应急预案,并向生态环境主管部门进行备案。

(4)企业应根据有关要求落实突发环境事件应急预案,落实各项风险控制措施和应急准备。

(5)企业每年应开展应急演练,对突发环境事件应急预案进行回顾性评估,并及时修订。

2. 石化产业规划与相关政策

根据近年来相关产业政策,石化行业将向大型化、园区化和炼化一体化方向发展。国家发展和改革委员会修订发布的《产业结构调整指导目录(2024年本)》中,对石化行业规定了鼓励类、限制类和淘汰类项目目录,具体如下所示。

第一类:鼓励类。

(1)矿产资源开发:硫、钾、硼、锂、溴等短缺化工矿产资源勘探开发及综合利用,磷矿和萤石矿的中低品位矿、选矿尾矿、伴生资源综合利用。

(2)无机盐:废盐酸制氯气等综合利用技术、铬盐清洁生产新工艺的开发和应用,全封闭高压水淬渣及无二次污染磷泥处理黄磷生产工艺,硝酸法和半水-二水法磷酸生产工艺，磷石膏综合利用技术开发与应用，优质钾肥及新型肥料的生产。

(3)农药：高效、安全、环境友好的农药新品种、新剂型、专用中间体、助剂的开发与生产，定向合成法手性和立体结构农药生产，生物农药新产品、新技术的开发与生产。

(4)涂料和染（颜）料：低 VOCs 含量的环境友好、资源节约型涂料，用于大飞机、高铁、大型船舶、新能源、电子等重点领域的高性能涂料及配套树脂，用于光诊疗、光刻胶、液晶显示、光伏电池、原液着色、数码喷墨印花、功能性化学纤维染色等领域的新型染料、颜料、印染助剂及中间体开发与生产。

(5)树脂：用于生产乙烯等产品的电加热蒸汽裂解技术，乙烯-乙烯醇共聚树脂等高性能阻隔树脂，聚异丁烯、乙烯-辛烯共聚物、茂金属聚乙烯等特种聚烯烃及高碳 α-烯烃等关键原料的开发与生产，芳族酮聚合物、聚芳醚醚腈、满足 5G 应用的液晶聚合物、电子级聚酰亚胺等特种工程塑料生产以及共混改性、合金化技术开发和应用，可降解聚合物的开发与生产，长碳链尼龙、耐高温尼龙等新型聚酰胺开发与生产。

(6)橡胶：万吨级液体丁基橡胶、官能团改性的溶聚丁苯橡胶、氢化丁腈橡胶、高乙烯基聚丁二烯橡胶（HVBR）、集成橡胶（SIBR）、丁戊橡胶、异戊二烯胶乳开发与生产，合成橡胶化学改性技术开发与应用，湿法（液相）和低温连续橡胶混炼技术，热塑性聚酯弹性体（TPEE）、氢化苯乙烯-异戊二烯热塑性弹性体（SEPS）等热塑。

(7)性弹性体材料开发与生产，新型天然橡胶开发与应用。

(8)专用化学品：低 VOCs 含量胶黏剂，环保型水处理剂，新型高效、环保催化剂和助剂，功能性膜材料，超净高纯试剂、光刻胶、电子气体、新型显示和先进封装材料等电子化学品及关键原料的开发与生产。

(9)硅材料：苯基氯硅烷、乙烯基氯硅烷等新型有机硅单体，苯基硅橡胶、苯基硅树脂及杂化材料的开发与生产。

(10)氟材料：全氟烯醚等特种含氟单体，聚全氟乙丙烯、聚偏氟乙烯、聚三氟氯乙烯、乙烯-四氟乙烯共聚物等高品质氟树脂，氟醚橡胶、氟硅橡胶、四丙氟橡胶、高含氟量 246 氟橡胶等高性能氟橡胶，含氟润滑油脂，消耗臭氧潜能值为零、全球变暖潜能值低的消耗臭氧层物质（ODS）替代品，全氟辛基磺酰化合物（PFOS）、全氟辛酸（PFOA）及其盐类和相关化合物的替代品和替代技术开发和应用。

(11)轮胎：采用绿色工艺的高性能子午线轮胎（55 系列以下，且滚动阻力系数≤9.0 N/kN、湿路面相对抓着系数≥1.25），航空轮胎、巨型工程子午胎（49 英寸以上，1英寸≈2.54cm）、农用子午胎及配套专用材料和设备生产。

(12) 生物基材料：以非粮生物质为原料的高分子材料、试剂、芯片、干扰素、传感器、纤维素生化产品开发与生产。

(13) 绿色高效技术：二氧化碳高效利用新技术开发与应用（包括二氧化碳-甲烷重整、二氧化碳加氢制化学品、二氧化碳制聚碳酸酯类和生物可降解塑料等高分子材料等），可再生能源制氢、副产氢替代煤制氢等清洁利用技术，四氯化碳、四氯化硅、甲基三氯硅烷、三甲基氯硅烷、三氟甲烷等副产物的综合利用，微通道反应技术和装备的开发与应用。

第二类：限制类。

(1) 1000 万 t/a 以下常减压、150 万 t/a 以下催化裂化、100 万 t/a 以下连续重整、150 万 t/a 以下加氢裂化生产装置，敞开式延迟焦化工艺。

(2) 80 万 t/a 以下石脑油裂解制乙烯、13 万 t/a 以下丙烯腈、100 万 t/a 以下精对苯二甲酸、20 万 t/a 以下乙二醇、20 万 t/a 以下苯乙烯（干气制乙苯工艺除外）、10 万 t/a 以下己内酰胺、乙烯法醋酸、30 万 t/a 以下羰基合成法醋酸、天然气制甲醇（二氧化碳含量 20%以上的天然气除外），100 万 t/a 以下煤制甲醇生产装置，丙酮氰醇法甲基丙烯酸甲酯（利用丙烯腈副产氢氰酸除外）、粮食法丙酮/丁醇、氯醇法环氧丙烷和氯醇法环氧氯丙烷生产装置，300 t/a 以下皂素（含水解物）生产装置。

(3) 7 万 t/a 以下聚丙烯、20 万 t/a 以下聚乙烯、乙炔法（聚）氯乙烯、起始规模小于 30 万 t/a 的乙烯氧氯化法聚氯乙烯、10 万 t/a 以下聚苯乙烯、20 万 t/a 以下丙烯腈-丁二烯-苯乙烯共聚物（ABS）、10 万 t/a 以下普通合成胶乳-羧基丁苯胶（含丁苯胶乳）生产装置，5 万 t/a 以下丁腈胶乳装置，氯丁橡胶类、丁苯热塑性橡胶类、聚氨酯类和聚丙烯酸酯类中溶剂型通用胶黏剂生产装置。

(4) 30 万 t/a 以下硫磺制酸（单项金属离子≤100ppb 的电子级硫酸除外，1ppb=10^{-12}）、20 万 t/a 以下硫铁矿制酸、常压法及综合法硝酸、电石（以大型先进工艺设备进行等量替换的除外）、单线产能 5 万 t/a 以下氢氧化钾生产装置。

(5) 纯碱（井下循环制碱、天然碱除外）、烧碱（40%以上采用工业废盐的离子膜烧碱装置除外）、黄磷、磷铵、三聚磷酸钠、六偏磷酸钠、三氯化磷、五硫化二磷、磷酸氢钙、碳酸钙（颗粒度 100nm 及以下除外）、无水硫酸钠（盐业联产及副产除外）、碳酸钡、硫酸钡、氢氧化钡、氯化钡、硝酸钡、碳酸锶、白炭黑（气相法及二氧化碳酸化工艺除外）、氯化胆碱生产装置（本条目中不新增产能的搬迁项目除外）。

(6) 起始规模小于 3 万 t/a、单线产能小于 1 万 t/a 氰化钠（折 100%），单线产能 5000 t/a 以下碳酸锂、氢氧化锂（回收利用除外），少钙焙烧工艺重铬酸钠、干法氟化铝、中低分子比冰晶石生产装置。

（7）以石油、天然气为原料的氮肥，采用固定层间歇气化技术合成氨，铜洗法氨合成原料气净化工艺。

（8）高毒、高残留以及对环境或农产品质量安全影响大的农药原药[包括氧乐果、特丁磷、杀扑磷、溴甲烷、灭多威、涕灭威、克百威、敌鼠钠、敌鼠酮、杀鼠灵、杀鼠醚、溴敌隆、溴鼠灵、肉毒素、杀虫双、磷化铝，有机氯类、有机锡类杀虫剂，福美类杀菌剂，复硝酚钠（钾）、甲磺隆、内吸磷、乐果、氟虫腈、丁硫克百威、氟苯虫酰胺、氰戊菊酯、乙酰甲胺磷、多菌灵、丁酰肼等]生产装置。

（9）草甘膦、毒死蜱、三唑磷、百草枯、百菌清、阿维菌素、吡虫啉、乙草胺、氯化苦、甲草胺、2,4-滴、啶虫脒、噻虫嗪、莠去津、丁草胺、二甲四氯、莠灭净、麦草畏、敌草快、草铵膦、烯草酮、代森锰锌、敌百虫、三唑醇、丙环唑、异菌脲、多效唑、石硫合剂生产装置。

（10）硫酸法钛白粉（联产法工艺除外）、铅铬黄、3 万 t/a 以下氧化铁系颜料、溶剂型涂料（鼓励类的涂料品种和生产工艺除外）、含异氰脲酸三缩水甘油酯（TGIC）的粉末涂料（密闭生产装置除外）、VOCs 含量超 75%的硝基纤维素涂料生产装置。

（11）非新型功能性、环境友好型的染料、颜料、印染助剂及中间体生产装置。

（12）氟化氢（HF，企业下游深加工产品配套自用、电子级及湿法磷酸配套除外）生产装置，初始规模小于 20 万 t/a、单套规模小于 10 万 t/a 的甲基氯硅烷单体生产装置，10 万 t/a 以下（有机硅配套除外）和 10 万 t/a 及以上、没有副产四氯化碳配套处置设施的甲烷氯化物生产装置，没有副产三氟甲烷配套处置设施的二氟一氯甲烷生产装置，可接受用途的六氟化硫（SF6，高纯级除外）生产装置，用作制冷剂、发泡剂等受控用途的二氟甲烷（HFC-32）、1,1,1,2-四氟乙烷（HFC-134a）、五氟乙烷（HFC-125）、1,1,1-三氟乙烷（HFC-143a）、1,1,1,3,3-五氟丙烷（HFC-245fa）生产装置（不含副产设施）。

（13）斜交轮胎、力车胎（含手推车胎）、锦纶帘线、5 万 t/a 以下钢丝帘线、再生胶（常压连续环保型脱硫工艺除外）、橡胶塑解剂五氯硫酚、橡胶促进剂二硫化四甲基秋兰姆（TMTD）生产装置。

第三类：淘汰类。

落后生产工艺装备：

（1）200 万 t/a 及以下常减压装置（青海格尔木及符合有关条件的除外），采用明火高温加热方式生产油品的釜式蒸馏装置，废旧橡胶和塑料土法炼油工艺，焦油间歇法生产沥青，2.5 万 t/a 及以下的单套粗（轻）苯精制装置，5 万 t/a 及以下的单套煤焦油加工装置。

（2）10 万 t/a 以下磷铵（工业级除外）（2025 年 12 月 31 日），10 万 t/a 以下的硫铁矿制酸和硫磺制酸（边远地区除外），平炉氧化法高锰酸钾，隔膜法烧碱生产装置（作为废盐综合利用的可以保留），平炉法和大锅蒸发法硫化碱生产工艺，芒硝法硅酸钠（泡花碱）生产工艺，间歇焦炭法二硫化碳工艺。

（3）氯醇法环氧丙烷和环氧氯丙烷钙法皂化工艺（2025 年 12 月 31 日，每吨产品的新鲜水用量不超过 15 t 且废渣产生量不超过 100 kg 的除外），单台产能 5000 t/a 以下黄磷生产装置，有钙焙烧铬化合物生产装置，单线产能 3000 t/a 以下普通级硫酸钡、氢氧化钡、氯化钡、硝酸钡生产装置，产能 1 万 t/a 以下氯酸钠生产装置，单台炉容量小于 1.25 万 kV·A 的电石炉、开放式电石炉、内燃式电石炉，高汞催化剂（氯化汞含量 6.5%以上）和使用高汞催化剂的乙炔法（聚）氯乙烯生产装置，使用汞或汞化合物的甲醇钠、甲醇钾、乙醇钠、乙醇钾、聚氨酯、乙醛、烧碱、生物杀虫剂和局部抗菌剂生产装置，氨钠法及氰熔体氰化钠生产工艺。

（4）单线产能 1 万 t/a 以下三聚磷酸钠、0.5 万 t/a 以下六偏磷酸钠、0.5 万 t/a 以下三氯化磷、3 万 t/a 以下饲料磷酸氢钙、5000 t/a 以下工艺技术落后和污染严重的氢氟酸、湿法氟化铝及敞开式结晶氟盐生产装置。

（5）单线产能 0.3 万 t/a 以下氰化钠（100%氰化钠）、1 万 t/a 以下氢氧化钾、1.5 万 t/a 以下普通级白炭黑、2 万 t/a 以下普通级碳酸钙、10 万 t/a 以下普通级无水硫酸钠（盐业联产及副产除外）、0.3 万 t/a 以下碳酸锂和氢氧化锂（废旧锂电池进行回收利用除外）、2 万 t/a 以下普通级碳酸钡、1.5 万 t/a 以下普通级碳酸锶生产装置。

（6）半水煤气氨水液相脱硫、天然气常压间歇转化工艺制合成氨、一氧化碳常压变换及全中温变换（高温变换）工艺、没有配套硫磺回收装置的湿法脱硫工艺、没有配套建设吹风气余热回收、造气炉渣综合利用装置的固定层间歇式煤气化装置，没有配套工艺冷凝液水解解析装置的尿素生产设施，高温煤气洗涤水在开式冷却塔中与空气直接接触冷却工艺技术。

（7）钠法百草枯生产工艺，敌百虫碱法敌敌畏生产工艺，小包装（1 kg 及以下）农药产品手工包（灌）装工艺及设备，雷蒙机法生产农药粉剂，以六氯苯为原料生产五氯酚（钠）装置。

（8）用火直接加热的涂料用树脂、四氯化碳溶剂法制取氯化橡胶生产工艺，

100 t/a 以下皂素（含水解物）生产装置，盐酸酸解法皂素生产工艺及污染物排放不能达标的皂素生产装置，铁粉还原法工艺[4,4-二氨基二苯乙烯-二磺酸（DSD酸）、2-氨基-4-甲基-5-氯苯磺酸（CLT 酸）、1-氨基-8-萘酚-3,6-二磺酸（H 酸）三种产品暂缓执行]。

（9）50 万条/年及以下的斜交轮胎和以天然棉帘子布为骨架的轮胎、干法造粒炭黑（特种炭黑和半补强炭黑除外）、3 亿只/年以下的天然胶乳安全套，橡胶硫化促进剂 N-氧联二（1,2-亚乙基）-2-苯并噻唑次磺酰胺（NOBS）和橡胶防老剂D 生产装置。

（10）用于制冷、发泡、清洗等受控用途的氯氟烃（CFCs）、含氢氯氟烃（HCFCs，作为下游化工产品原料的除外），用于清洗的 1,1,1-三氯乙烷（甲基氯仿），主产四氯化碳（CTC）、以四氯化碳（CTC）为加工助剂的所有产品，以 PFOA 为加工助剂的含氟聚合物生产工艺，含滴滴涕的涂料、采用滴滴涕为原料非封闭生产三氯杀螨醇生产装置（根据国家履行国际公约总体计划要求进行淘汰）。

落后产品：

（1）改性淀粉、改性纤维、多彩内墙（树脂以硝化纤维素为主，溶剂以二甲苯为主的 O/W 型涂料）、氯乙烯-偏氯乙烯共聚乳液外墙、焦油型聚氨酯防水、水性聚氯乙烯焦油防水、聚乙烯醇及其缩醛类内外墙（106、107 涂料等）、聚醋酸乙烯乳液类（含乙烯/醋酸乙烯酯共聚物乳液）外墙涂料。

（2）有害物质含量超标准的内墙、溶剂型木器、玩具、汽车、外墙涂料，含双对氯苯基三氯乙烷、三丁基锡、全氟辛酸及其盐类、全氟辛烷磺酸、红丹等有害物质的涂料。

（3）在还原条件下会裂解产生 24 种有害芳香胺的偶氮染料（非纺织品用的领域暂缓）、九种致癌性染料（用于与人体不直接接触的领域暂缓）。

（4）含苯类、苯酚、苯甲醛和二（三）氯甲烷的脱漆剂，立德粉，聚氯乙烯建筑防水接缝材料（焦油型），107 胶（聚乙烯醇缩甲醛胶黏剂），瘦肉精，多氯联苯（变压器油）。

（5）高毒农药产品：六六六、二溴乙烷、丁酰肼、敌枯双、除草醚、杀虫脒、毒鼠强、氟乙酰胺、氟乙酸钠、二溴氯丙烷、治螟磷（苏化 203）、磷胺、甘氟、毒鼠硅、甲胺磷、对硫磷、甲基对硫磷、久效磷、硫环磷（乙基硫环磷）、福美胂、福美甲胂及所有砷制剂、汞制剂、铅制剂、草甘膦含量在 30%以下的水剂，甲基硫环磷、磷化钙、磷化锌、苯线磷、地虫硫磷、磷化镁、硫线磷、蝇毒磷、治螟磷、特丁硫磷、甲拌磷、2,4-滴丁酯、甲基异柳磷、水胺硫磷、灭线磷、壬基酚（农药助剂）、三氯杀螨醇、氯磺隆、胺苯磺隆。

（6）根据国家履行国际公约总体计划要求进行淘汰的产品：氯丹、七氯、溴甲烷、滴滴涕、六氯苯、灭蚁灵、林丹、毒杀芬、艾氏剂、狄氏剂、异狄氏剂、硫丹、氟虫胺、十氯酮、α-六氯环己烷、β-六氯环己烷、六氯丁二烯、多氯联苯、五氯苯、六溴联苯、四溴二苯醚和五溴二苯醚、六溴二苯醚和七溴二苯醚、六溴环十二烷、全氟辛基磺酸及其盐类和全氟辛基磺酰氟、全氟己基磺酸（PFHxS）及其盐类和相关化合物、全氟辛酸（PFOA）及其盐类和相关化合物、十溴二苯醚、短链氯化石蜡、五氯苯酚及其盐类和酯类、多氯萘（豁免用途为限制类）。

（7）软边结构自行车胎，以棉帘线为骨架材料的普通输送带和以尼龙帘线为骨架材料的普通 V 带，轮胎、自行车胎、摩托车胎手工刻花硫化模具。

此外，《关于促进石化产业绿色发展的指导意见》（发改产业〔2017〕2105号）要求，以"布局合理化、产品高端化、资源节约化、生产清洁化"为目标，优化产业布局，调整产业结构，加强科技创新，完善行业绿色标准，建立绿色发展长效机制，推动石化产业绿色可持续发展；城镇人口密集区和环境敏感区域的危险化学品生产企业搬迁入园全面启动，新建化工项目全部进入合规设立的化工园区，实现"三废"治理由企业分散治理向园区集中治理转变；重大污染源得到有效治理，化学需氧量、氨氮、二氧化硫、氮氧化物、挥发性有机物等主要污染物及有毒有害特征污染物排放强度持续下降。

行业竞争压力增大和环境管理标准提高，也要求石化行业尽快开展产业升级改造。《石化和化学工业发展规划（2016—2020 年）》明确指出，石化行业发展应坚持绿色发展的原则，即"发展循环经济，推行清洁生产，加大节能减排力度，推广新型、高效、低碳的节能节水工艺，积极探索有毒有害原料（产品）替代，加强重点污染物的治理，提高资源能源利用效率"。

2022 年，工业和信息化部、国家发展和改革委员会、科技部、生态环境部、应急管理部、国家能源局联合发布《关于"十四五"推动石化化工行业高质量发展的指导意见》（以下简称《意见》）。《意见》提出石化行业高质量发展要以"绿色安全"为基本原则与主要目标：大宗产品单位产品能耗和碳排放明显下降，挥发性有机物排放总量比"十三五"降低 10%以上，本质安全水平显著提高，有效遏制重特大生产安全事故。《意见》围绕该目标，提出加快绿色低碳发展的重点任务：一是发挥碳固定碳消纳优势，有序推动石化化工行业重点领域节能降碳，开展二氧化碳规模化捕集、封存、驱油和制化学品等示范；二是发展清洁生产，构建全生命周期绿色制造体系，鼓励企业采用清洁生产技术从源头促进工业废物"减量化"，加大含盐、高氨氮等废水治理力度，提升废催化剂、废酸、废盐等危险废物利用处置能力，防控新污染物环境风险；三是促进行业间耦合发展，推动石化化工与建材、冶金、节能环保等行业耦合发展，推动废塑料、废弃橡胶等废旧化工材料再生和循环利用。《意见》同时还提出要健全标准体系，建立完善绿色用能监测与评价体系，完善重点产品能耗限额、有毒有害化学物质含量限值和污染物排放限额，制修订含碳化工产品碳排放核算以及低碳产品评价等标准。

3. 水污染防治政策

2015 年 4 月，《水污染防治行动计划》（简称"水十条"）出台，对我国水污染防治提出了明确目标、指标和要求，成为未来一个时期我国水污染防治的纲领性文件。

石化行业是"水十条"重点关注的行业之一。"水十条"要求狠抓工业污染防治；专项整治十大重点行业；集中治理工业集聚区水污染；强化经济技术开发区、高新技术产业开发区、出口加工区等工业集聚区污染治理；集聚区内工业废水必须经预处理达到集中处理要求，方可进入污水集中处理设施。这些方面均涉及石化行业，特别是石化产业集聚区是我国工业集聚区的重要组成部分。全国省级以上开发区中多个园区以石化、化工产业为主体。

"水十条"要求具备使用再生水条件但未充分利用的化工、制浆造纸等项目，不得批准其新增取水许可；鼓励钢铁、纺织印染、造纸、石油石化、化工、制革等高耗水企业废水深度处理回用；到 2020 年，石油石化、食品发酵等高耗水行业达到先进定额标准。因此，石化行业也是"水十条"节水的重点行业。

"水十条"要求全力保障水生态环境安全，保障饮用水水源安全、强化饮用水水源环境保护。而石化行业生产和使用有毒污染物种类多、数量大，易随废水排放进入水体，是饮用水水源地的重要风险源。因此，加强石化行业水污染防治，也是落实"水十条"饮用水安全保障的重要举措。

"水十条"要求推广示范适用技术。加快技术成果推广应用，重点推广饮用水净化、节水、水污染治理及循环利用、城市雨水收集利用、再生水安全回用、水生态修复、畜禽养殖污染防治等适用技术。推动水处理重点企业与科研院所、高等学校组建产学研技术创新战略联盟，示范推广控源减排和清洁生产先进技术。攻关研发前瞻技术。整合科技资源，通过相关国家科技计划(专项、基金)等，加快研发重点行业废水深度处理、生活污水低成本高标准处理、海水淡化和工业高盐废水脱盐、饮用水微量有毒污染物处理、地下水污染修复、危险化学品事故和水上溢油应急处置等技术。因此，石化行业的控源减排和清洁生产先进技术、节水、水污染治理及循环利用技术、废水深度处理技术均是"水十条"的重大技术需求。

我国石化行业规模不断扩大和水环境质量标准不断提高，对石化行业污染控制提出了更高的要求。当前石化行业下行压力依然很大，在提高排放标准的同时，降低污染治理成本，减小企业负担，推动石化行业健康发展，对于我国经济社会的健康发展和保障就业民生具有重要意义。必须尽快建立与当前排放标准和环境质量标准相适应的石化废水全过程处理技术体系并进行工程应用与推广。

1.2.2 石化废水污染物排放标准

1. 国家排放标准的历史沿革

我国的环境保护标准是与环境保护事业同时起步的。1973 年编制通过的《工业"三废"排放试行标准》是我国的第一个环境标准，由于当时我国尚未对环境保护立法，该标准实际上在一段时期内起着国家环境保护法规的作用，并为我国环境标准的发展打下了良好的基础。该标准首次对工业废水中 15 种污染物（或项目）提出相应的排放限值。自此，石化废水的处理与排放有了必要的执法和管理依据。此后，石化废水排放先后经历执行 4 个国家标准，分别为《石油化工水污染物排放标准》（GB 4281—1984）、《污水综合排放标准》（GB 8978—1988）、《污水综合排放标准》（GB 8978—1996)和《石油化学工业污染物排放标准》（GB 31571—2015）。其部分指标如表 1-4 所示，可以看出，我国的石化废水国家排放标准越来越严格。

表 1-4 石化废水排放标准发展趋势 （单位：mg/L，除注明外）

指标	排放限值						
	GB 4281—1984[①]	GB 8978—1988[①③]		GB 8978—1996[②③]		GB 31571—2015[④]	
		一级	二级	一级	二级	直接排放	间接排放
pH(无量纲)	—	6~9	6~9	6~9	6~9	6~9	6~9
色度(稀释倍数)	—	50 (80)	80 (100)	50	80	—	—
悬浮物	100 (200)	70 (100)	200 (250)	70	150	70 (50)	—
BOD₅	60 (100)	(60)	60 (80)	20	30	20 (10)	—
COD	200 (300)	(150)	150 (200)	60	120	60 (50)	—
氨氮	—	15 (25)	25 (40)	15	50	8.0 (5.0)	—

续表

指标	排放限值						
	GB 4281—1984[①]	GB 8978—1988[①③]		GB 8978—1996[②③]		GB 31571—2015[④]	
		一级	二级	一级	二级	直接排放	间接排放
总氮	—	—	—	—	—	40 (30)	—
总磷	—	—	—	—	—	1.0 (0.5)	—
总有机碳	—	—	—	20	30	20 (15)	—
石油类	10 (20)	10 (15)	10 (20)	5	10	5.0 (3.0)	20 (15)
硫化物	1.0 (2.0)	1.0 (1.0)	1.0 (1.5)	1.0	1.0	1.0 (0.5)	1.0
氰化物	—	10 (15)	10 (15)	10	10	10 (8.0)	20 (15)
挥发酚	0.5 (1.0)	0.5 (1.0)	0.5 (1.0)	0.5	0.5	0.5 (0.3)	0.5
总钒	—	—	—	—	—	1.0	1.0
总铜	—	—	—	0.5	1.0	0.5	0.5
总锌	—	—	—	2.0	5.0	2.0	2.0
总氰化物	0.5 (1.0)	0.5 (0.5)	0.5 (0.5)	0.5	0.5	0.5 (0.3)	0.5
可吸附有机卤化物	—	—	—	1.0	5.0	—	5.0

①括号外为该标准对新扩改企业规定的限值，括号内为该标准对现有企业规定的限值。
②表中仅给出该标准对 1998 年 1 月 1 日后建设的单位（第二时间段）规定的限值。
③表中仅给出该标准规定的一级与二级标准限值（相当于直接排放标准限值）。
④括号内为该标准针对需要采取特别保护措施的地区规定的水污染物特别排放限值。

　　为贯彻 1979 年公布的《中华人民共和国环境保护法(试行)》，城乡建设环境保护部自 1983 年开始发布了部分工业企业的工业污染物排放标准。其中，《石油化工水污染物排放标准》(GB 4281—1984)于 1984 年 5 月 18 日发布，并于 1985 年 3 月 1 日正式实施，为首个针对石化废水的污染物排放标准。该标准将石油化工水污染物排放标准分为两级：第一级为新建、改建、扩建的石油化工企业或大型石油化工企业；第二级为所有现有具备污水生化处理设施的中、小型石油化工企业；两级分别管控。但该标准仅规定了悬浮物、BOD$_5$、COD、硫化物、石油类、挥发酚、氰化物(以 CN$^-$计) 7 个主要污染物指标限值，具有一定局限性。

　　1988 年，适用于一切排污单位的《污水综合排放标准》(GB 8978—1988)发布。该标准按地面水域使用功能要求和污水排放去向分为一级(特殊保护水域及重点保护水域)、二级(一般保护水域)、三级(进入二级污水处理厂)标准。同时，将污染物按其性质分为两类：第一类指能在环境或动植物体内蓄积，对人体健康产生长远不良影响者，主要为汞、镉、铬、砷、铅等重金属污染物及苯并(a)芘；第二类为长远影响小于第一类的污染物质，包含 pH、悬浮物、BOD_5、COD 等指标与污染物。此外，该标准针对部分工业行业单独制定了最高允许排水定额及部分指标的最高允许排放浓度。其中，石油炼制工业单独规定了 COD、石油类及硫化物的标准限值，石油化工工业则单独规定了 BOD_5 与 COD 的标准限值。

1996 年，《污水综合排放标准》(GB 8978—1996)经修订后再次发布，提出年限制标准，用年限制代替原标准以现有企业和新扩改企业分类。1997 年 12 月 31 日前建设的单位，执行第一时间段规定的标准值；1998 年 1 月 1 日后建设的单位，执行第二时间段规定的标准值。该标准与原标准(GB 8978—1988)相比，第一时间段的标准值基本维持原标准的新扩改水平，为控制纳入本次修订的 17 个行业水污染物排放标准中的特征污染物及其他有毒有害污染物，增加控制项目 10 项；第二时间段，比原标准增加控制项目 40 项，其中石化行业相关特征污染物 22 项，同时 COD、BOD_5 等项目的最高允许排放浓度适当从严。

2015 年，环境保护部颁布了《石油化学工业污染物排放标准》(GB 31571—2015)，规定新建企业自 2015 年 7 月 1 日起，现有企业自 2017 年 7 月 1 日起，其水污染物排放控制不再执行《污水综合排放标准》(GB 8978—1996)。该系列标准不再区分一级、二级、三级标准，而是按企业排污方式分为直接排放(即排污单位直接向环境水体排放水污染物)标准与间接排放(即排污单位向公共污水处理系统排放水污染物)标准。一方面，该标准排放标准限值较原先更加严格，如许多企业原来执行 GB 8978—1996 的二级排放标准，即 COD 120 mg/L、石油类 10 mg/L；而新标准要求达到 COD 60 mg/L、石油类 5 mg/L，且"在国土开发密度已经较高、环境承载能力开始减弱，或水环境容量较小、生态环境脆弱，容易发生严重水环境污染问题而需要采取特别保护措施的地区，应严格控制企业的污染排放行为"，排放标准执行 COD 50 mg/L、石油类 3 mg/L 的特别排放限值。另一方面，新标准提出了需要控制的废水中有机特征污染物的种类及排放浓度限值(表 1-5)，要求对含有铅、镉、砷、镍、汞和铬的废水在产生污染物的车间或生产设施进行预处理；规定了实际排水量超过基准排水量或生产设施环保验收确定的水量时需将实测水污染物浓度换算为基准水量排放浓度，再与排放限值比较判定是否达标；要求废水混合处理时，需执行排放标准中最严格的排放限值。

表 1-5　GB 31571—2015 中的废水有机特征污染物排放标准　（单位：mg/L，除注明外）

污染物项目	排放限值	污染物项目	排放限值
一氯二溴甲烷	1	异丙苯	2
二氯一溴甲烷	0.6	多环芳烃	0.02
二氯甲烷	0.2	多氯联苯	0.0002
1,2-二氯乙烷	0.3	甲醛	1
三氯甲烷	0.3	乙醛	0.5
1,1,1-三氯乙烷	20	丙烯醛	1
五氯丙烷	0.3	戊二醛	0.7
三溴甲烷	1	三氯乙醛	0.1
环氧氯丙烷	0.02	双酚 A	0.1
氯乙烯	0.05	β-萘酚	1
1,1-二氯乙烯	0.3	2,4-二氯酚	0.6
1,2-二氯乙烯	0.5	2,4,6-三氯酚	0.6
三氯乙烯	0.3	苯甲醚	0.5
四氯乙烯	0.1	丙烯腈	2
氯丁二烯	0.02	丙烯酸	5
六氯丁二烯	0.006	二氯乙酸	0.5
二溴乙烯	0.0005	三氯乙酸	1
苯	0.1	环烷酸	10
甲苯	0.1	黄原酸丁酯	0.01
邻二甲苯	0.4	邻苯二甲酸二乙酯	3
对二甲苯	0.4	邻苯二甲酸二丁酯	0.1
间二甲苯	0.4	邻苯二甲酸二辛酯	0.1
乙苯	0.4	二(2-乙基己基)己二酸酯	4
苯乙烯	0.2	苯胺类	0.5
硝基苯类	2	丙烯酰胺	0.005
氯苯	0.2	水合肼	0.1
1,2-二氯苯	0.4	吡啶	2
1,4-二氯苯	0.4	四氯化碳	0.03
三氯苯	0.2	四乙基铅	0.001
四氯苯	0.2	二噁英类	0.3 ng TEQ/L

此外，部分地区根据当地水环境质量改善需要，制定了更严的污水排放标准，对水污染控制提出了更高的要求。

2. 省市与流域级地方排放标准

目前北京、天津、上海、辽宁、山西、江苏、浙江、福建、广东、重庆、贵州等省市均发布了相应的地方水污染物排放标准，其中部分国家和地方标准的水污染物控制指标和排放限值如表 1-6 所示。

表 1-6　国家标准与部分地方标准的污染物排放限值对比　（单位：mg/L，除注明外）

指标	国家标准 (GB 31571— 2015)①②	北京市 (DB 11/307— 2013)①		天津市 (DB 12/356— 2018)①		上海市 (DB 31/199— 2018)①		辽宁省 (DB 21/1627— 2008)①
	直接排放	A 限值	B 限值	一级	二级	一级	二级	直接排放
pH(无量纲)	6～9	6.5～8.5	6～9	6～9	6～9	6～9	6～9	—
色度(稀释倍数)	—	10	30	20	30	30	50	30
悬浮物	70 (50)	5	10	10	10	20	30	20
BOD$_5$	20 (10)	4	6	6	10	10	20	10
COD	60 (50)	20	30	30	40	50	60	50
氨氮	8.0 (5.0)	1.0	1.5	1.5	2.0	1.5	5	8
总氮	40 (30)	10	15	10	15	10	15	15
总磷	1.0 (0.5)	0.2	0.3	0.3	0.4	0.3	0.5	0.5
总有机碳	20 (15)	8	12	20	30	15	20	20
石油类	5.0 (3.0)	0.05	1.0	0.5	1.0	1.0	3.0	3.0
硫化物	1.0 (0.5)	0.2	0.2	0.5	1.0	0.5	1.0	0.5
氟化物	10 (8.0)	1.5	1.5	1.5	1.5	5.0	8.0	—
挥发酚	0.5 (0.3)	0.01	0.1	0.01	0.1	0.1	0.3	0.3
总钒	1.0	0.3	0.3	—	—	1.0	1.0	1.0
总铜	0.5	0.3	0.5	0.5	1.0	0.2	0.5	—
总锌	2.0	1.0	1.5	2.0	2.0	1.0	2.0	—
总氰化物	0.5 (0.3)	0.2	0.2	0.2	0.2	0.1	0.2	0.2
可吸附有机卤化物	1.0	0.5	1.0	1.0	5.0	0.5	1.0	—
甲醛	1.0	0.5	0.5	1.0	2.0	0.5	1.5	—
甲醇	—	3.0	5.0	—	—	3.0	8.0	3.0
二氯甲烷	0.2	0.02	0.2	—	—	0.2	0.3	—

指标	国家标准 (GB 31571— 2015)[①②]	北京市 (DB 11/307— 2013)[①]		天津市 (DB 12/356— 2018)[①]		上海市 (DB 31/199— 2018)[①]		辽宁省 (DB 21/1627— 2008)[①]
	直接排放	A 限值	B 限值	一级	二级	一级	二级	直接排放
三氯甲烷	0.3	0.06	0.3	0.3	0.6	0.06	0.3	—
四氯化碳	0.03	0.002	0.02	0.03	0.06	0.002	0.02	—
三氯乙烯	0.3	0.07	0.3	0.3	0.6	0.07	0.3	—
四氯乙烯	0.1	0.04	0.1	0.1	0.2	0.04	0.1	—
1,2-二氯乙烷	0.3	0.03	0.1	0.03	0.1	0.03	0.05	—
苯系物总量	—	1.0	1.5	1.2	1.5	1.2	1.5	—
苯	0.1	0.01	0.05	0.1	0.2	0.1	0.1	—
甲苯	0.1	0.1	0.1	0.1	0.2	0.1	0.2	—
乙苯	0.4	0.2	0.4	0.4	0.6	0.4	0.4	—
邻二甲苯	0.4	0.2	0.4	0.4	0.6	0.2	0.2	—
对二甲苯	0.4	0.2	0.4	0.4	0.6	0.2	0.2	—
间二甲苯	0.4	0.25	0.4	0.4	0.6	0.2	0.2	—
异丙苯	2	0.25	0.4	—	—	0.4	0.6	—
苯乙烯	0.2	0.02	0.1	—	—	0.1	0.1	0.2
氯乙烯	0.05	0.005	0.05	—	—	—	—	—
氯苯	0.2	0.05	0.05	0.2	0.4	0.05	0.1	—
1,2-二氯苯	0.4	0.3	0.4	0.4	0.6	0.4	0.4	—
1,4-二氯苯	0.4	0.3	0.4	0.4	0.6	0.4	0.4	—
三氯苯	0.2	0.01	0.1	0.02	0.1	0.2	0.4	—
硝基苯类	2	0.2	0.5	2.0	3.0	1.0	2.0	—
对硝基氯苯	—	0.05	0.5	0.5	1.0	0.5	0.5	—
2,4-二硝基氯苯	—	0.5	0.5	0.5	1.0	0.5	0.5	—
苯胺类	0.5	0.1	0.4	1.0	2.0	0.5	1.00	—
苯酚	—	0.01	0.2	0.3	0.4	0.3	0.3	—
间甲酚	—	0.01	0.1	0.1	0.2	0.1	0.2	—
2,4-二氯酚	0.6	0.1	0.6	0.6	0.8	0.3	0.5	—
2,4,6-三氯酚	0.6	0.2	0.6	0.6	0.8	0.6	0.6	—
邻苯二甲酸二丁酯	0.1	0.003	0.2	0.2	0.4	0.2	0.2	—
邻苯二甲酸二辛酯	0.1	0.008	0.3	0.3	0.6	0.3	0.3	—

续表

指标	国家标准 (GB 31571—2015)[①②]		北京市 (DB 11/307—2013)[①]		天津市 (DB 12/356—2018)[①]		上海市 (DB 31/199—2018)[①]		辽宁省 (DB 21/1627—2008)[①]
	直接排放		A 限值	B 限值	一级	二级	一级	二级	直接排放
水合肼	0.1		0.01	0.1	—	—	0.1	0.2	0.2
吡啶	2		0.2	1	—	—	0.5	1.00	0.5
丙烯腈	2		0.1	0.5	2.0	5.0	1.0	1.0	—
可溶性固体总量[③] (TDS)	—		1000	1600	—	—	2000	2000	—
氯化物[③] (以 Cl⁻计)	—		—	—	—	—	200	250	400

①表中仅给出该标准规定的直接排放限值。
②括号内为该标准规定的特别排放限值。
③排海的排污单位除外。

由于天津和北京均属于缺水地区，且经济较发达，因此地方排放标准最为严格。北京市颁布的《水污染物综合排放标准》(DB 11/307—2013)中悬浮物、BOD_5、COD、氨氮、总氮、总磷、总有机碳、石油类、硫化物、氟化物、挥发酚、总钒、总铜、总锌、总氰化物等指标以及大多数特征有机污染物的排放限值均严于《石油化学工业污染物排放标准》(GB 31571—2015)，且额外规定了可溶性固体总量(TDS)的排放限值。天津市颁布的《污水综合排放标准》(DB 12/356—2018)比 GB 31571—2015 更严格，但较北京市略为宽松，且没有 TDS 指标要求。上海市颁布的《污水综合排放标准》(DB 31/199—2018)中各项指标的排放限值略高于北京市，但同样较 GB 31571—2015 更为严格。辽宁省颁布的《污水综合排放标准》(DB 21/1627—2008)对多数指标的要求与 GB 31571—2015 中的特别排放限值相同，但悬浮物、总氮、总氰化物、吡啶等指标要求更严格，且额外规定了氯化物(以 Cl⁻计)的排放限值。此外，山西省颁布的《污水综合排放标准》(DB 14/1928—2019)对 COD、氨氮、总磷和 TDS 做了较 GB 31571—2015 更为严格的规定；贵州省颁布的《贵州省环境污染物排放标准》(DB 52/864—2022)额外规定了甲醇、总铁、氯化物和总钡的直接和间接排放限值；福建省颁布的《厦门市水污染物排放标准》(DB 35/322—2018)规定了 11 种主要污染物或指标的直接排放标准，其限值与 GB 31571—2015 中的特别排放限值基本相同；江苏省颁布的《化学工业水污染物排放标准》(DB 32/939—2020)分别对化工企业、工业园区的主要水污染物指标以及涉重金属特征污染物和有机特征污染物做出了更严格或同等的排放限值规定。而广东省颁布的《水污染物排放限值》(DB 44/26—2001)和重庆市颁布的《化工园区主要水污染物排放标准》(DB 50/457—2012)由于发布年代较为久远,其标准较 GB 31571—2015 更宽松,对于石化废水来说已不再执行该地方标准的规定。

除省市级排放标准外,河北、江苏、安徽、江西、山东、河南、湖北、广东、陕西等省还为部分重点流域制定了相应的流域污染物排放标准。大部分流域排放标准相对 GB 31571—2015 规定了更严格的悬浮物、COD、BOD₅、氨氮、总氮和总磷等主要污染物排放限值,其中,部分标准同时还对石油类、硫化物、氟化物、挥发酚、总氰化物等指标提出了较国家标准更高的要求。部分流域级地方标准的主要污染物排放限值如表 1-7 所示。

表 1-7 国家标准与部分流域级地方标准的主要污染物排放限值对比

区域		标准	排放限值/(mg/L)					
			悬浮物	COD	BOD₅	氨氮	总氮	总磷
国家标准		GB 31571—2015	70 (50)	60 (50)	20 (10)	8.0 (5.0)	40 (30)	1.0 (0.5)
河北省	大清河流域	DB 13/2795—2018	—	40 (30) (20)	10 (6) (4)	2.0 (1.5) (1.0)	15 (15) (10)	0.4 (0.3) (0.2)
	子牙河流域	DB 13/2796—2018	—	50 (40)	10 (10)	5 (2.0)	15 (15)	0.5 (0.4)
江苏省	太湖地区	DB 32/1072—2018	—	50 (50)	—	5 (4)	15 (12)	0.5 (0.5)
安徽省	巢湖流域	DB 34/2710—2016	—	50	—	5	15	0.5
江西省	鄱阳湖生态经济区	DB 36/852—2015	20 (10) (10)	60 (50) (50)	—	8 (8) (5)	20 (15) (15)	1.0 (0.5) (0.5)
山东省	南四湖东平湖流域	DB 37/3416.1—2018	30 (20)	60 (50)	20 (10)	8 (5)	20 (15)	0.5 (0.5)
	沂沭河流域	DB 37/3416.2—2018	20	40	10	5	15	0.3
	小清河流域	DB 37/3416.3—2018	30 (20)	60 (50)	20 (10)	8 (5)	20 (15)	0.5 (0.5)
	海河流域	DB 37/3416.4—2018	30 (20)	60 (50)	20 (10)	8 (5)	20 (15)	0.5 (0.5)
	半岛流域	DB 37/3416.5—2018	30 (20)	60 (50)	20 (10)	8 (5)	20 (15)	0.5 (0.5)

续表

| 区域 | 标准 | 排放限值/(mg/L) | | | | | |
		悬浮物	COD	BOD₅	氨氮	总氮	总磷
河南省	海河流域 DB 41/777—2013	30	50	10	5	15	0.5
	清潩河流域 DB 41/790—2013	30	50	10	5	15	0.5
	贾鲁河流域 DB 41/908—2014	10 (10) (5)	50 (40) (30)	10 (10) (6)	5 (3) (1.5)	15 (15) (15)	0.5 (0.5) (0.3)
	惠济河流域 DB 41/918—2014	30	50	10	5	15	0.5
	黄河流域 DB 41/2087—2021	30 (30)	50 (40)	10 (6)	5 (3)	15 (12)	0.5 (0.4)
湖北省	汉江中下游流域 DB 42/1318—2017	—	50 (40)	20 (15)	5 (5)	20 (15)	0.5 (0.5)
广东省	小东江流域 DB 44/2155—2019	—	60	—	5.0	—	0.5
陕西省	黄河流域 DB 61/224—2018	—	50	20	8	15	0.5

1.3 石化废水处理面临的挑战和问题

我国石化企业(园区)数量多、分布广,化工产品种类多,废水排放节点多,园区综合污水处理厂进水组成复杂,一些园区可检出上百种特征有机物,水质水量差异大。石化园区综合污水处理厂已逐渐成为我国石化废水终端处理的主体,其稳定运行对于我国水体水质改善和水环境风险防控具有重要意义。影响石化综合污水处理厂稳定运行的主要因素有:污水毒性(生物抑制性)高,特征污染物和毒性减排不明,预处理技术不稳定、效率不高,生物处理工艺易受冲击,传统工艺流程难以满足越来越严格的国家排放标准,深度处理与回用技术成本高,易带来二次污染等问题。

因此,对于石化废水建立全面系统的有毒污染物生物抑制性基准体系,从组成复杂的园区污水中识别主要致毒污染物,从生产装置源头进行污染物减排与预处理;对高毒性、高生物抑制性污染物进行解毒和解除生物抑制性的针对性预处理;对传统生物处理工艺进行生物强化技术研究;加强对难降解有机物的深度处理,建立更加科学完善的石化综合废水深度处理技术和回用技术;确定经济合理的处理目标与工艺路线,建立切实有效且成本可控的化工园区综合污水处理全流程技术，是石化综合污水处理面临的挑战和问题。

1.3.1　石化废水源解析与源头减量

石化废水中的难降解及有毒污染物主要为进入废水的原料、产品或中间产物。要判断废水中污染物处于什么浓度水平，是否具有源头减量、资源回收的价值，采用何种清洁生产工艺路线和污染物去除工艺路线，实现石化废水污染物的有效控制，首先要对废水中的污染物组成进行全面解析。由于石化废水污染物组成复杂、类型多样，大部分石化废水中的污染物尚未系统解析，污染物组成不明，大大增加了污染物定性定量解析的难度。

为保证园区石化综合污水处理厂排水稳定达到严格的排放标准，必须对其进水中的高浓度污染物进行源头减量。石化装置高浓度废水可通过生产环节的污染物控制以及废水预处理环节的分离回收或强化降解过程进行控制。在生产环节，通过对生产过程本身的优化，减少影响后续废水处理单元运行的难降解及有毒辅助材料的使用量，提高反应单元和产品分离单元的效率，从而提高原料转化率、产品收率，降低废水排放量及废水中副产物、原料、产品及中间产品组分的含量。但这些措施可能会影响产品的产量、质量、生产成本甚至生产过程的安全，影响因素复杂，技术开发和工业化应用的难度大、周期长。因此，需要结合废水污染物组成和工艺生产过程进行合理设计。在废水分离回收预处理环节，可通过各种分离技术对废水中的原料、产品或中间产物进行回收和纯化，从而达到装置内或装置外再利用的品质要求，大幅降低废水中污染物含量。但如何保证回收物料的品质以改善其资源化价值是分离回收预处理的难点，必须对分离回收预处理工艺和回收物料的处理处置途径进行统筹考虑，在净化污水的同时回收资源并避免污染转移。

1.3.2　高生物抑制性有毒污染物脱毒解抑

有毒污染物是石化废水的主要特征污染物之一，也是石化行业水污染控制的难点和关键。废水中的有毒污染物往往具有高生物抑制性，易对废水生物处理系统造成冲击，造成生物处理系统对有机物和氨氮等污染物的去除能力下降，出水污染物浓度难以稳定达到排放标准要求，或造成深度处理成本增加。

要实现石化废水中有毒污染物的有效去除，一方面，需要根据废水有毒污染物的组成选用合适的脱毒预处理技术，可通过络合萃取、化学氧化、高负荷生物处理等技术对废水中的有毒污染物进行降解转化，解除其生物抑制性，从而大幅降低进入后续生物处理单元的有机负荷,特别是有毒污染物负荷。另一方面,可采取适当的生物强化技术,如高效菌株的筛选与驯化、基因工程强化技术、附着型生物强化及生物膜技术等,增强微生物的耐受性与污染物降解能力,改善原有生物处理体系对有毒污染物的去除效能。如何在实现有毒污染物去除的同时降低处理成本是强化降解与脱毒解抑预处理的难点。因此,需要结合废水污染物组成,选择经济技术最优的工艺路线。

1.3.3　难降解有机污染物达标深度处理

石化综合污水处理厂排水稳定达标是石化企业及化工园区正常生产的基本前提,也是水环境质量稳定改善、水生态系统持续修复的基本保障。由于石化废水含有较高浓度的有毒及难生物降解污染物,石化废水达标处理的技术难度明显高于市政生活污水,需要采用的处理工艺更加复杂,处理成本更高。废水中的难降解有机污染物会在生物处理出水中残留,使生物处理出水难以稳定达到最新排放标准中规定的 COD 排放限值(60 mg/L,甚至 50 mg/L),必须增加深度处理措施,采用物化处理方法去除生物处理出水中残留的低浓度难降解污染物。但深度处理不仅增加工艺环节,往往还需要较高的能耗和药耗投入,会造成污水处理设施的投资和处理成本大幅增加。因此,根据石化综合污水的水质水量特征,选择合适的处理工艺路线,在较低的处理成本下实现有毒及难降解污染物等的稳定去除是石化废水达标处理与循环利用的难点。

1.4　石化废水污染控制趋势

近年来,我国石化行业呈现大型化、园区化特征,以大型石化企业为代表的炼化一体化园区(企业)逐渐成为我国石化行业的主体。炼化一体化园区(企业)具有排放量大、有机污染物种类多等特点,特别是三羟甲基丙烷、巴豆醛、丁辛醇等石化装置的生产废水,由于有机物浓度高、毒性强,一直是炼化一体化园区(企业)水污染治理的重点和难点。随着我国石化企业向大型化和园区化方向不断发展,高浓度、高毒性石化废水对园区综合污水处理系统的冲击日益受到广泛关注。

生物处理是园区综合污水处理系统的核心工艺之一,也是最易受到冲击影响的环节。石化废水中高浓度有毒有机物、高盐度等均能对生物处理系统中的微生物产生抑制或毒害,继而干扰生物处理系统的正常运行,在微观上体现为对微生物生长代谢的损害,在宏观上体现为对处理系统处理效率和出水水质的影响。因此，为保证综合污水处理系统的稳定运行，必须控制污水处理厂进水有毒污染物的浓度不超过微生物正常生长代谢的阈值。为减少各装置排水对综合污水处理厂进水波动的影响，保障生物处理系统进水不超过阈值，根据各装置排水节点废水中污染物种类及浓度，针对性地进行预处理。因此，开展各排水节点废水污染物源解析是炼化一体化园区（企业）水污染控制的基础，对高浓度废水进行预处理是炼化一体化园区（企业）水污染控制的关键，对综合污水处理系统进行强化是炼化一体化园区（企业）水污染控制的保障。

参 考 文 献

李家科，李亚娇，王东琦. 2011. 特种废水处理工程. 北京：中国建筑工业出版社：195-198.

李为民，单玉华，邬国英. 2013. 石油化工概论. 3 版. 北京：中国石化出版社：1-2.

生态环境部. 2021. 排放源统计调查产排污核算方法和系数手册. 北京：生态环境部.

杨挺. 2021. 中国化工园区建设管理的"六个一体化". 化工进展，40（10）：5845-5853.

中国石油和化学工业联合会. 2022. 2021 年中国石油和化学工业经济运行报告. 北京：国家统计局工业司：1-2.

第 2 章　石化装置废水源解析及预处理技术

石化废水来自石油化工生产过程中原料配制、工艺反应、容器清洗、产品精制分离等环节，不同石化装置的原料和产品不同，同类石化装置生产规模、生产负荷、工艺控制水平和原材料存在差异，废水排放特征也有差别，同一装置不同排水节点废水水质也可能存在明显差距。石化装置排放的废水中有机物组成复杂，除可能含有原料和产品组分外，还可能有反应副产物、原料杂质、有机助剂等。

炼化一体化园区（企业）由于产品类型多，生产规模大，废水排放节点多，水质特性差异大，污染物组成复杂，其水污染控制存在很高的复杂性。

部分生产装置源头减排潜力大。部分装置排水来自生产过程中原料配制、工艺反应、容器清洗、产品精制分离等环节。废水中除可能含有原料和产品外，通常还含有反应副产物以及原料中带入的杂质组分，因此，通常废水污染物种类多，组成复杂。而污染物浓度与生产过程的反应效率、产品收率等密切相关，反应效率和产品收率降低往往会导致废水污染物浓度升高。例如，丙酮精制塔运行异常会导致塔釜废水丙酮由每升几百毫克升至 2000～5000 mg/L。因此，通过优化生产过程实现源头减排，是降低废水中污染物浓度、减少污染物排放量的重要途径。

不同废水组成差异大，分质处理效果好。部分石化废水含高浓度污染物或具有回收价值的组分，此类废水通常水量较小，直接进行分离、回收或强化降解预处理，设备投资小，处理效率高；若与其他低浓度废水混合，混合废水中污染物浓度下降，预处理或末端处理的规模将增大，处理效率也可能出现下降。对此类废水应进行单独的预处理。例如，某苯酚丙酮装置含酚废水水量为 2 t/h，苯酚浓度为 2500～6000 mg/L，可采用异丙苯为萃取剂进行萃取预处理，回收废水中的苯酚。若该废水与 8 t/h 其他苯酚浓度较低的废水混合后再进行萃取处理，处理设施的处理规模要增加到 10 t/h，投资金额将大幅增加，处理成本也将大幅增加，回收酚钠盐的浓度将降低，回收酚钠盐中的杂质含量将增多，进一步资源化的难度和成本将增加。部分性质相近的废水进行混合处理，将通过规模效应降低处理成本。例如，石油炼制装置中的加氢裂化、催化裂化等单元都会产生酸性水，水质相近，若混合之后进行酸性水的汽提预处理，可减少汽提塔的数量，进而降低建设投资和运行成本。因此，在对废水组成特性充分了解的情况下进行废水的分质处理，是提高水污染防治效果、降低水污染防治成本的重要途径。

部分高浓度废水资源回收潜力大。高浓度石化废水中通常含有较高浓度的原料、产品或副产品，若作为资源回收利用，不仅可降低污染物排放量，还可提高原料利用率和产品收率。例如，ABS 树脂装置丁二烯工段废水和接枝聚合工段废水中，聚合物胶乳贡献的 COD 达 80%以上，若能回收，可作为副产品循环利用；丙烯酸丁酯废水中 80%以上的 COD 由丙烯酸钠贡献，浓度达 20000～60000 mg/L，如能回收，具有资源化潜力；苯酚丙酮装置产生大量含酚废水，苯酚浓度达 2500～6000 mg/L，若能将废水中的苯酚回收，不仅可减小废水污染物浓度，而且可实现产品收率提高；丙烯腈生产废水中，氨氮浓度高达 24000～36000 mg/L，氰化物浓度高达 800～4500 mg/L，若能实现氨氮和氰化物回收，则可大幅降低污染物浓度和废水毒性。上述高浓度废水若直接处理达标排放，将需要很高的处理成本，且技术难度较大。因此，对部分高浓度废水进行回收预处理，不仅可提高产品收率和原料利用率，还可降低废水污染物浓度以及后续处理单元的处理负荷。

因此，对各装置、各汇水节点和综合污水处理厂废水中污染物种类、浓度、来源等进行详细解析，可为园区废水污染全过程控制及其优化提供依据，特别是为石化废水分质预处理奠定基础：含具有回收价值污染物的装置废水，可采用污染物回收工艺；含有高浓度难降解污染物的废水，可采用强化降解预处理；含高浓度有毒污染物的废水，可采用解毒预处理；含高浓度易降解有机物的废水，可采用高负荷生物预处理等。对不同装置废水采用不同预处理工艺，可提高废水资源回收率并有效避免污染转移，显著降低园区综合污水处理厂处理负荷与处理成本，保障出水稳定达标。

2.1 石化废水源解析

2.1.1 石化废水源解析技术

2015 年颁布的《石油炼制工业污染物排放标准》(GB 31570—2015)、《石油化学工业污染物排放标准》(GB 31571—2015)、《合成树脂工业污染物排放标准》(GB 31572—2015)等石化行业污染物排放标准，分别规定了石油炼制行业、石油化学工业、合成树脂工业中各类污染物的排放限值。其中水污染物指标包括 pH、悬浮物、化学需氧量、石油类、硫化物等常规污染指标，总钒、总铜、六价铬、烷基汞等重金属指标，苯、苯胺类、丙烯腈、双酚 A、二噁英等特征有机污染物等指标。石化废水中污染物组成复杂,除上述各种(类)污染物外,还存在部分有机污染物,受限于现有检测技术和关注程度,未纳入现有排放标准体系中,但因其浓度高、难降解、毒性强等特点,对现有污水处理系统,特别是生化处理系统造成冲击影响,或直接穿透污水处理系统进入受纳水体,这部分有机污染物也亟需关注。因此,石化废水污染物解析应包括对上述各类污染物的解析,而石化废水污染物解析技术即包括上述三类污染物的检测方法(图 2-1)。

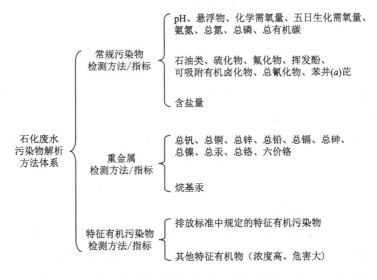

图 2-1 石化废水污染物解析方法体系

排放标准中除少数特征有机污染物外,其他污染物均有各自的测定方法标准;标准中未涉及的需关注的污染物,除少数种(类)污染物外,均无测定方法标准。因此,需先开发相应的测定方法,结合现有污染物测定方法标准,构成石化废水污染物解析方法体系。

石化废水组分复杂,特别是特征有机物种类多,其全面解析是实施水污染全过程控制的基础。石化废水特征有机物分析方法按照方法的适用范围和检测对象,可分为两类:一类是针对典型石化装置废水中多种特征污染物的成套分析方法,另一类是针对某种或某类特征污染物的分析方法。

1. 典型石化装置废水中多种特征污染物的成套分析方法

目前关于石化装置废水中有机物的定性研究较少,具体石化装置排放废水中有机物的种类不明，为弄清石化废水排放特征，需先对废水中的有机物进行定性分析。对石化废水中不同种类的有机物的测定，现有分析方法很多。同时测定多种不同类型有机物多采用吹扫捕集/气相色谱质谱法[测定挥发性有机物，如《水质 挥发性有机物的测定 吹扫捕集/气相色谱-质谱法》(HJ 639—2012)、《挥发性有机物的测定 气相色谱/质谱法》(US EPA 8260B)等]和液液萃取-气相色谱质谱法[测定半挥发性有机物，如《水质 半挥发性有机物的测定 气相色谱-质谱法(GC-MS)》(F-HZ-HJ-SZ-0161)、《半挥发性有机物的测定 气相色谱/质谱法》(US EPA 8270E)等]。

石化废水有机物成分复杂、浓度差别大，不能机械地照搬现有分析方法。对于某些特定装置废水，需要从众多的分析方法中选择快捷、经济、高效的分析方法，同时在保证方法精密度和准确度的前提下，对方法进行适当优化和改进，以缩短分析时间，提高分析效率。

以《水质 挥发性有机物的测定 吹扫捕集/气相色谱-质谱法》(HJ 639—2012)、《挥发性有机物的测定 气相色谱/质谱法》(US EPA 8260B)、《水质 半挥发性有机物的测定 气相色谱-质谱法(GC-MS)》(F-HZ-HJ-SZ-0161)、《半挥发性有机物的测定 气相色谱-质谱法》(US EPA 8270E)为基础，结合装置废水特性，对样品前处理方法和色谱质谱条件分别进行了优化，对废水中存在但上述方法中未涵盖的挥发性、半挥发性有机物，分别对其回收率、精密度、检出限等进行了验证，在此基础上提出了乙醛、苯酚丙酮等典型石化装置废水中有机物分析方法(表2-1)。

表 2-1 典型石化装置废水有机物分析方法

装置名称	废水有机物	分析方法
炼油装置	炼油废水中挥发性有机物	顶空-气相色谱/质谱法(HS-GC/MS)
	炼油废水中半挥发性有机物	液液萃取-气相色谱/质谱法(LLE-GC/MS)
乙醛装置	乙醛装置废水中挥发性有机物	吹扫捕集-气相色谱/质谱法(P&T-GC/MS)
	乙醛装置废水中半挥发性有机物	液液萃取-气相色谱/质谱法(LLE-GC/MS)
	乙醛装置废水中乙酸	离子色谱法(IC)
苯酚丙酮装置	苯酚丙酮废水中挥发性有机物	顶空-气相色谱/质谱法(HS-GC/MS)
	苯酚丙酮废水中半挥发性有机物	液液萃取-气相色谱/质谱法(LLE-GC/MS)
丙烯酸(酯)装置	丙烯酸(酯)生产废水中挥发性有机物	吹扫捕集-气相色谱/质谱法(P&T-GC/MS)
	丙烯酸(酯)生产废水中半挥发性有机物	液液萃取-气相色谱/质谱法(LLE-GC/MS)
	丙烯酸(酯)生产废水中有机酸	离子色谱法(IC)

续表

装置名称	废水有机物	分析方法
乙烯装置	乙烯生产废水中挥发性有机物	吹扫捕集-气相色谱/氢火焰离子检测法 (P&T-GC/FID)
	乙烯生产废水中半挥发性有机物	液液萃取-气相色谱/质谱法 (LLE-GC/MS)
丁辛醇装置	丁辛醇生产废水中挥发性有机物	吹扫捕集-气相色谱/质谱法 (P&T-GC/MS)
	丁辛醇生产废水中半挥发性有机物	液液萃取-气相色谱/质谱法 (LLE-GC/MS)
	丁辛醇生产废水中丁酸	离子色谱法 (IC)
环氧乙烷/乙二醇装置	环氧乙烷/乙二醇生产废水中挥发性有机物	吹扫捕集-气相色谱/质谱法 (P&T-GC/MS)
	环氧乙烷/乙二醇生产废水中半挥发性有机物	液液萃取-气相色谱/质谱法 (LLE-GC/MS)
三羟甲基丙烷装置	三羟甲基丙烷生产废水中挥发性有机物	吹扫捕集-气相色谱/质谱法 (P&T-GC/MS)
	三羟甲基丙烷生产废水中半挥发性有机物	液液萃取-气相色谱/质谱法 (LLE-GC/MS)
	三羟甲基丙烷生产废水中乙酸	离子色谱法 (IC)
2-丁烯醛装置	2-丁烯醛生产废水中挥发性有机物	吹扫捕集-气相色谱/质谱法 (P&T-GC/MS)
	2-丁烯醛生产废水中挥发性有机物	液液萃取-气相色谱/质谱法 (LLE-GC/MS)
ABS 树脂装置	ABS 树脂生产废水中挥发性有机物	吹扫捕集-气相色谱/质谱法 (P&T-GC/MS)
	ABS 树脂生产废水中半挥发性有机物	液液萃取-气相色谱/质谱法 (LLE-GC/MS)
丁苯橡胶装置	丁苯橡胶生产废水中挥发性有机物	吹扫捕集-气相色谱/氢火焰离子检测法 (P&T-GC/FID)
	丁苯橡胶生产废水中半挥发性有机物	液液萃取-气相色谱/质谱法 (LLE-GC/MS)
石化综合污水	石化综合污水中挥发性有机物	吹扫捕集-气相色谱/质谱法 (P&T-GC/MS)
	石化综合污水中半挥发性有机物	液液萃取-气相色谱/质谱法 (LLE-GC/MS)

2. 石化废水典型特征污染物的分析方法

建立了《石油化学工业污染物排放标准》(GB 31571—2015)中双酚 A 等 16 种尚无分析方法标准的特征有机污染物监测方法。采用气相色谱-质谱法实现双酚 A、β-萘酚、邻苯二甲酸二乙酯、二(2-乙基己基)己二酸酯的定量分析；采用离子色谱法实现丙烯酸、二氯乙酸、三氯乙酸、环烷酸的定量分析；采用吹扫捕集-气相色谱/质谱法实现五氯丙烷、二溴乙烯、乙醛、戊二醛、苯甲醚、四乙基铅、黄原酸丁酯的定量分析；采用分光光度法实现水合肼的定量分析。结合现有水质检测标准规范，汇总石化废水典型污染物分析方法，如表 2-2 所示。

表 2-2 石化废水典型污染物分析方法

序号	污染物项目	标准名称	标准编号
1	pH	《水质 pH 值的测定 玻璃电极法》	GB/T 6920
2	悬浮物	《水质 悬浮物的测定 重量法》	GB/T 11901
3	COD	《水质 化学需氧量的测定 重铬酸盐法》	GB/T 11914
		《水质 化学需氧量的测定 快速消解分光光度法》	HJ/T 399
		《高氯废水 化学需氧量的测定 氯气校正法》	HJ/T 70
		《高氯废水 化学需氧量的测定 碘化钾碱性高锰酸钾法》	HJ/T 132
4	BOD$_5$	《水质 五日生化需氧量(BOD$_5$)的测定 稀释与接种法》	HJ 505
5	氨氮	《水质 氨氮的测定 气相分子吸收光谱法》	HJ/T 195
		《水质 氨氮的测定 纳氏试剂分光光度法》	HJ 535
		《水质 氨氮的测定 水杨酸分光光度法》	HJ 536
		《水质 氨氮的测定 蒸馏-中和滴定法》	HJ 537
		《水质 氨氮的测定 连续流动-水杨酸分光光度法》	HJ 665
		《水质 氨氮的测定 流动注射-水杨酸分光光度法》	HJ 666
6	总氮	《水质 总氮的测定 碱性过硫酸钾消解紫外分光光度法》	HJ 636
		《水质 总氮的测定 连续流动-盐酸萘乙二胺分光光度法》	HJ 667
		《水质 总氮的测定 流动注射-盐酸萘乙二胺分光光度法》	HJ 668
7	总磷	《水质 总磷的测定 钼酸铵分光光度法》	GB/T 11893
		《水质 磷酸盐和总磷的测定 连续流动-钼酸铵分光光度法》	HJ 670
		《水质 磷酸盐和总磷的测定 流动注射-钼酸铵分光光度法》	HJ 671
8	总有机碳	《水质 总有机碳的测定 燃烧氧化-非分散红外吸收法》	HJ 501
9	石油类	《水质 石油类和动植物油类的测定 红外分光光度法》	HJ 637
10	硫化物	《水质 硫化物的测定 亚甲基蓝分光光度法》	GB/T 16489
		《水质 硫化物的测定 碘量法》	HJ/T 60
		《水质 硫化物的测定 气相分子吸收光谱法》	HJ/T 200
11	氟化物	《水质 氟化物的测定 离子选择电极法》	GB/T 7484
		《水质 氟化物的测定 茜素磺酸锆目视比色法》	HJ 487
		《水质 氟化物的测定 氟试剂分光光度法》	HJ 488
12	挥发酚	《水质 挥发酚的测定 溴化容量法》	HJ 502
		《水质 挥发酚的测定 4-氨基安替比林分光光度法》	HJ 503

序号	污染物项目	标准名称	标准编号
13	总钒	《水质 钒的测定 钽试剂(BPHA)萃取分光光度法》	GB/T 15503
		《水质 钒的测定 石墨炉原子吸收分光光度法》	HJ 673
		《水质 65 种元素的测定 电感耦合等离子体质谱法》	HJ 700
14	总铜	《水质 铜、锌、铅、镉的测定 原子吸收分光光度法》	GB/T 7475
		《水质 铜的测定 二乙基二硫代氨基甲酸钠分光光度法》	HJ 485
		《水质 铜的测定 2,9-二甲基-1,10-菲啰啉分光光度法》	HJ 486
		《水质 65 种元素的测定 电感耦合等离子体质谱法》	HJ 700
15	总锌	《水质 锌的测定 双硫腙分光光度法》	GB/T 7472
		《水质 铜、锌、铅、镉的测定 原子吸收分光光度法》	GB/T 7475
		《水质 65 种元素的测定 电感耦合等离子体质谱法》	HJ 700
16	总氰化物	《水质 氰化物的测定 容量法和分光光度法》	HJ 484
17	可吸附有机卤化物	《水质 可吸附有机卤素(AOX)的测定 微库仑法》	GB/T 15959
		《水质 可吸附有机卤素(AOX)的测定 离子色谱法》	HJ/T 83
18	苯并(a)芘	《水质 苯并(a)芘的测定 乙酰化滤纸层析荧光分光光度法》	GB/T 11895
19	多环芳烃	《水质 多环芳烃的测定 液液萃取和固相萃取高效液相色谱法》	HJ 478
20	总铅	《水质 铅的测定 双硫腙分光光度法》	GB/T 7470
		《水质 铜、锌、铅、镉的测定 原子吸收分光光度法》	GB/T 7475
		《水质 65 种元素的测定 电感耦合等离子体质谱法》	HJ 700
21	总镉	《水质 镉的测定 双硫腙分光光度法》	GB/T 7471
		《水质 铜、锌、铅、镉的测定 原子吸收分光光度法》	GB/T 7475
		《水质 65 种元素的测定 电感耦合等离子体质谱法》	HJ 700
22	总砷	《水质 总砷的测定 二乙基二硫代氨基甲酸银分光光度法》	GB/T 7485
		《水质 汞、砷、硒、铋和锑的测定 原子荧光法》	HJ 694
		《水质 65 种元素的测定 电感耦合等离子体质谱法》	HJ 700
23	总镍	《水质 镍的测定 丁二酮肟分光光度法》	GB/T 11910
		《水质 镍的测定 火焰原子吸收分光光度法》	GB/T 11912
		《水质 65 种元素的测定 电感耦合等离子体质谱法》	HJ 700
24	总汞	《水质 总汞的测定 高锰酸钾-过硫酸钾消解法 双硫腙分光光度法》	GB/T 7469
		《水质 总汞的测定 冷原子吸收分光光度法》	HJ 597
		《水质 汞、砷、硒、铋和锑的测定 原子荧光法》	HJ 694

序号	污染物项目	标准名称	标准编号
25	烷基汞	《水质 烷基汞的测定 气相色谱法》	GB/T 14204
26	总铬	《水质 总铬的测定》	GB/T 7466
		《水质 65 种元素的测定 电感耦合等离子体质谱法》	HJ 700
27	六价铬	《水质 六价铬的测定 二苯碳酰二肼分光光度法》	GB/T 7467
28	一氯二溴甲烷、二氯一溴甲烷	《水质 挥发性卤代烃的测定 顶空气相色谱法》	HJ 620
		《水质 挥发性有机物的测定 吹扫捕集/气相色谱-质谱法》	HJ 639
29	二氯甲烷、1,2-二氯乙烷、三氯甲烷、三溴甲烷、1,1-二氯乙烯、1,2-二氯乙烯、三氯乙烯、四氯乙烯、氯丁二烯、六氯丁二烯、四氯化碳	《水质 挥发性卤代烃的测定 顶空气相色谱法》	HJ 620
		《水质 挥发性有机物的测定 吹扫捕集/气相色谱-质谱法》	HJ 639
		《水质 挥发性有机物的测定 吹扫捕集/气相色谱法》	HJ 686
30	1,1,1-三氯乙烷、氯乙烯	《水质 挥发性有机物的测定 吹扫捕集/气相色谱-质谱法》	HJ 639
31	环氧氯丙烷	《水质 挥发性有机物的测定 吹扫捕集/气相色谱-质谱法》	HJ 639
		《水质 挥发性有机物的测定 吹扫捕集/气相色谱法》	HJ 686
32	苯、甲苯、邻二甲苯、间二甲苯、对二甲苯、乙苯、苯乙烯、异丙苯	《水质 苯系物的测定 气相色谱法》	GB/T 11890
		《水质 挥发性有机物的测定 吹扫捕集/气相色谱-质谱法》	HJ 639
		《水质 挥发性有机物的测定 吹扫捕集/气相色谱法》	HJ 686
33	硝基苯类	《水质 硝基苯类化合物的测定 气相色谱法》	HJ 592
		《水质 硝基苯类化合物的测定 液液萃取/固相萃取-气相色谱法》	HJ 648
		《水质 硝基苯类化合物的测定 气相色谱-质谱法》	HJ 716
34	氯苯	《水质 氯苯的测定 气相色谱法》	HJ/T 74
		《水质 氯苯类化合物的测定 气相色谱法》	HJ 621
		《水质 挥发性有机物的测定 吹扫捕集/气相色谱-质谱法》	HJ 639
35	1,2-二氯苯、1,4-二氯苯、三氯苯	《水质 氯苯类化合物的测定 气相色谱法》	HJ 621
		《水质 挥发性有机物的测定 吹扫捕集/气相色谱-质谱法》	HJ 639
36	四氯苯	《水质 氯苯类化合物的测定 气相色谱法》	HJ 621
37	多环芳烃	《水质 多环芳烃的测定 液液萃取和固相萃取高效液相色谱法》	HJ 478
38	多氯联苯	《水质 多氯联苯的测定 气相色谱-质谱法》	HJ 715
39	甲醛	《水质 甲醛的测定 乙酰丙酮分光光度法》	HJ 601

续表

序号	污染物项目	标准名称	标准编号
40	三氯乙醛	《水质 三氯乙醛的测定 吡唑啉酮分光光度法》	HJ/T 50
41	2,4-二氯酚、2,4,6-三氯酚	《水质 酚类化合物的测定 液液萃取/气相色谱法》	HJ 676
42	丙烯腈	《水质 丙烯腈的测定 气相色谱法》	HJ/T 73
43	邻苯二甲酸二丁酯、邻苯二甲酸二辛酯	《水质 邻苯二甲酸二甲(二丁、二辛)酯的测定 液相色谱法》	HJ/T 72
44	苯胺类	《水质 苯胺类化合物的测定 N-(1-萘基)乙二胺偶氮分光光度法》	GB/T 11889
45	丙烯酰胺	《水质 丙烯酰胺的测定 气相色谱法》	HJ 697
46	吡啶	《水质 吡啶的测定 气相色谱法》	GB/T 14672
47	二噁英类	《水质 二噁英类的测定 同位素稀释高分辨气相色谱-高分辨质谱法》	HJ 77.1
48	双酚 A	《水质 双酚 A 气相色谱-质谱法》	
49	β-萘酚	《水质 β-萘酚 气相色谱-质谱法》	
50	邻苯二甲酸二乙酯	《水质 邻苯二甲酸二乙酯 气相色谱-质谱法》	
51	二(2-乙基己基)己二酸酯	《水质 二(2-乙基己基)己二酸酯 气相色谱-质谱法》	
52	丙烯酸	《水质 丙烯酸 离子色谱法》	
53	二氯乙酸	《水质 二氯乙酸 离子色谱法》	
54	三氯乙酸	《水质 三氯乙酸 离子色谱法》	
55	环烷酸	《水质 环烷酸 离子色谱法》	新开发方法
56	五氯丙烷	《水质 五氯丙烷 吹扫捕集-气相色谱/质谱法》	
57	二溴乙烯	《水质 二溴乙烯 吹扫捕集-气相色谱/质谱法》	
58	乙醛	《水质 乙醛 吹扫捕集-气相色谱/质谱法》	
59	戊二醛	《水质 戊二醛 吹扫捕集-气相色谱/质谱法》	
60	苯甲醚	《水质 苯甲醚 吹扫捕集-气相色谱/质谱法》	
61	四乙基铅	《水质 四乙基铅 吹扫捕集-气相色谱/质谱法》	
62	黄原酸丁酯	《水质 黄原酸丁酯 吹扫捕集-气相色谱/质谱法》	
63	水合肼	《水质 水合肼 分光光度法》	

2.1.2 典型石化装置废水解析

采用以上分析方法,对典型石化装置废水进行污染物源解析,得到典型装置排放废水中主要污染物，见表 2-3。

表 2-3　典型石化装置废水污染物

子行业	生产装置	排水节点	污染特点
石油炼制	常减压	电脱盐罐切水	含盐量、乳化油、挥发酚
		初馏塔、常压塔、减压塔顶油水分离器切水	硫化氢、石油类、挥发酚
	催化裂化	分馏塔顶油气分离器切水	石油类、硫化物、挥发酚
		富气水洗水	
		脱硫脱硝单元排水	含盐量
	延迟焦化	焦化塔切焦水	石油类、挥发酚
		分馏塔顶油水分离器切水	硫化物、挥发酚、氨氮
	催化重整	预分馏原料脱水	石油类、硫化物、挥发酚
		预加氢高压分离罐切水	
		汽提塔回流罐切水	
		稳定塔回流罐切水	石油类、挥发酚
	加氢裂化	高压、低压分离器排水	石油类、硫化物、挥发酚
		分馏塔顶回流罐切水	
	加氢精制	高压、低压分离器排水	石油类、硫化物、挥发酚
		脱硫化氢汽提塔顶回流罐切水	
	硫磺回收	酸性气凝结水	硫化氢、石油类、挥发酚、氨氮
	气体分馏	脱硫醇水洗水	石油类
	原油罐区	原油储罐切水	含盐量、环烷酸、石油类、挥发酚
有机原料	乙烯	废碱液	碱、硫化物、黄油、酚、甲苯等
		裂解炉汽包、蒸汽罐凝液	石油类等
		稀释蒸汽罐排水	石油类、酚
	环氧乙烷/乙二醇	脱醛塔脱醛废水	甲醛、乙醛、乙二醇、氯乙醛缩乙二醇等
		水处理再生排水槽排水	乙二醇、钠盐等
		脱水塔排水	醛、乙二醇等
	丁辛醇	缩合单元排水	丁酸钠、丁醇、异丁醇、丁醛、辛烯醛等
		精馏单元汽提塔排水	丁醇等

续表

子行业	生产装置	排水节点	污染特点
有机原料	丙烯酸(酯)	丙烯酸单元排水	乙酸、甲醛、丙烯醛、丙烯酸、甲苯等
		丙烯酸丁酯单元排水	丙烯酸钠、对甲基苯磺酸钠、丁醇、丙烯酸丁酯等
		丙烯酸甲/乙酯排水	丙烯酸、甲醇/乙醇等
	环氧氯丙烷	氯丙烯精馏塔排水	二氯丙烯、氯丙烯、二氯丙烷等
		水洗塔废水	盐酸等
		分解釜排水	NaCl、NaOH、环氧氯丙烷、三氯丙烷等
	丙烷脱氢	压缩机冷凝水	重烃、轻烃、聚合物、钝化剂、阻聚剂
	芳烃联合	脱庚烷塔回流罐、异构化汽提回流罐排水	芳烃、苯系物等
		苯-甲苯回流罐、成品回流罐排水	芳烃、苯系物等
		歧化汽提塔回流罐排水	芳烃、苯系物等
	己内酰胺	苯甲酸蒸馏塔、汽提塔排水	甲苯、乙酸等
		硫铵结晶冷凝液、冷凝液缓冲罐排水	己内酰胺等
	苯乙烯	苯回流罐排水、苯/甲苯/乙苯回流罐排水	甲苯、乙苯、苯乙烯、异丙苯等
合成材料	聚乙烯	造粒水箱排水	聚乙烯絮状物、石油类等
	聚丙烯	颗粒水罐排水	少量碎屑、颗粒等
	ABS 树脂	聚丁二烯单元：PBL 反应釜清洗水、胶乳过滤器清洗水	PBL 胶乳等
		接枝聚合单元：聚合釜清洗水、胶乳过滤器清洗水	ABS 接枝胶乳、苯乙烯等
		凝聚干燥单元：真空过滤机、离心机排水	ABS 接枝粉料、丙烯腈、苯乙酮等
		混炼单元：造粒排水	ABS 树脂粉料等
	顺丁橡胶	热水罐、洗涤水罐、吸收溶剂分水罐排水	石油类
		挤压脱水机、膨胀脱水机、干燥机排水	石油类
		废油储罐、丁二烯脱水塔回流罐、丁二烯回收塔回流罐排水	丁二烯等
		切割塔回流罐、脱水塔回流罐排水	石油类
	丁苯橡胶	乳清沉淀槽、回收水槽、挤压脱水机排水	胶粒、凝聚母液、二苄胺、苯乙烯、糠醛等
		苯乙烯澄析器排水器	苯乙烯、胶乳等

续表

子行业	生产装置	排水节点	污染特点
合成材料	丁腈橡胶	丙烯腈蒸馏塔排水	丙烯腈等
		长网机排水	丙烯腈、拉开粉等
	乙丙橡胶	失活洗涤废水、颗粒输送水箱排水	催化剂、颗粒等
		己烷/二烯烃回收塔排水、真空泵排水	石油类
	聚对苯二甲酸乙二醇酯	酯化单元排水	乙醛、二氧六环、2-甲基-1,3-二氧环戊烷等
		缩聚单元排水	乙醛、乙二醇、2-甲基-1,3-二氧环戊烷等
	腈纶	腈纶聚合物过滤水洗排水	聚合物、聚合母液等
		纺丝单元排水	溶剂、油剂等

2.2 典型石化装置废水预处理技术

2.2.1 炼油装置含油废水

1. 装置简介

石油炼制主要是将原油通过一次加工、二次加工生产各种石油产品。原油一次加工，是将原油切割为沸点范围不同的多种石油馏分；原油二次加工是将石油馏分进一步加工转化为高附加值的产品。石油炼制主要装置有常减压蒸馏、催化裂化、加氢裂化、延迟焦化、渣油加氢、催化重整、芳烃分离、加氢精制、催化汽油吸附脱硫、烷基化、气体分馏、沥青提取、制氢、硫磺回收、酸性水汽提、溶剂再生等。部分炼厂还有溶剂脱沥青、溶剂脱蜡、石蜡成型、溶剂精制、白土精制和润滑油加氢等装置，其主要生产汽油、喷气燃料、煤油、柴油、燃料油、润滑油、石油蜡、石油沥青、石油焦和各种石油化工原料。

2. 废水来源

炼油装置废水主要包括含油废水、含硫废水、含盐废水。其中，含油废水主要来自催化重整装置预加氢进料缓冲罐、分流管分离器，延迟焦化装置切焦排水、冷焦排水、冷却水箱污水排放，加氢裂化原料罐切水，加氢精制工艺管线导凝排液、分馏塔顶回流罐等排水及各装置机泵冷却水、地面冲洗水。

3. 预处理工艺

大型石化企业含油废水通常采用"隔油+气浮+生化"法进行预处理。典型含油废水预处理工艺流程见图 2-2。

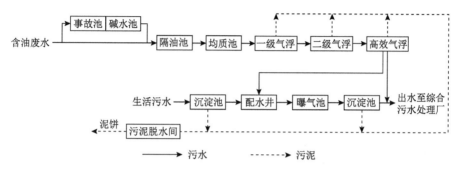

图 2-2　典型含油废水预处理工艺流程图

4. 主体构筑物及参数

含油废水预处理主体构筑物规范及设计参数见表 2-4。

表 2-4　含油废水预处理主体构筑物及设计参数

序号	构筑物名称	工作水深/m	水平流速/(m/s)	停留时间
1	沉砂池	0.6	0.3	30 s
2	隔油池	2	0.003	4 h
3	均质池	3.5~4.0	—	—
4	气浮池	2	0.004	70 min
5	曝气池	4.8	—	4 h
6	竖流沉淀池	—	—	1.2 h

5. 污染物去除效果

1) 常规污染物去除

通常"隔油+气浮+生化"法对炼油装置含油废水 COD 去除率达 80%以上，石油类去除率达 85%以上。

2) 特征污染物去除

某企业炼油废水经各级处理单元处理后废水中特征污染物数量的变化情况见

图 2-3。由图 2-3 可知，气浮单元对含油废水中特征污染物种类的削减起主要作用，经三级气浮后，废水中的主要特征污染物从 22 种减少为 3 种。

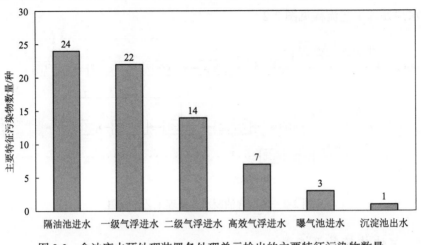

图 2-3　含油废水预处理装置各处理单元检出的主要特征污染物数量

　　"隔油+气浮+生化"法对炼油装置含油废水中苯的去除率达 90%以上，对苯系物、烷烃、酚类的去除率达到 99%以上。

2.2.2　乙烯装置废碱液

1. 装置简介

乙烯是石化行业八大基础原料之一，是合成有机化学品的重要物料。乙烯装置一般以轻柴油、石脑油、天然气、炼厂气及油田气等为原料，通过高温裂解与深冷分离制取乙烯、丙烯、氢气、甲烷、碳四（C_4）、液化气以及裂解汽油、燃料油等产品。典型的工艺流程包括三种分离流程：顺序分离流程、前脱乙烷前加氢流程、前脱丙烷前加氢流程。顺序分离流程是指根据物料组分的轻重（分子中所含碳原子数），按照从轻到重的顺序分离出氢气、甲烷、C_2、C_3、C_4、C_5 等物种；前脱乙烷前加氢流程中先进行 C_2 和 C_3 的切割，再分别进行 C_2 以上各组分和 C_3 以下各组分的分离；前脱丙烷前加氢流程中先进行 C_3 和 C_4 的切割，再分别进行 C_3 以上各组分和 C_4 以下各组分的分离。根据不同原料组成选择上述不同的乙烯分离流程。

2. 废水来源

乙烯废碱液是在乙烯生产过程中对裂解气进行碱洗而产生的废水，污染物成分较为复杂，除剩余的 NaOH 外，还含有大量有机物、黄油等油类物质和 Na_2S、Na_2CO_3 等无机盐。废水 COD 浓度高达 30000 mg/L 左右，虽然水量不足总排水量的 5%，但贡献了 COD 总量的 80% 左右、挥发酚的 60% 左右。废水中苯酚和甲苯的浓度较高，若直接排放，势必会对炼油厂污水处理厂的生物处理系统产生冲击，因此需要进行预处理。此外，硫醇、硫醚等有机硫化物被包裹在黄油中，使废碱液散发出难闻的恶臭气味。

3. 预处理工艺

目前，湿式催化氧化工艺是乙烯废碱液较为常用的预处理工艺之一。湿式催化氧化法是在高温、高压、催化剂作用下，利用氧化剂将废水中的有机物氧化成二氧化碳和水，从而达到去除污染物的目的。与常规方法相比，具有适用范围广、处理效率高、极少有二次污染、氧化速率快、可回收能量及有用物料等特点。

湿式催化氧化过程比较复杂，包括两个主要步骤：①空气中的氧从气相向液相的传质过程；②溶解氧与基质之间的化学反应。若传质过程影响整体反应速率，可以通过加强搅拌来消除。湿式催化氧化去除有机物所发生的氧化反应主要属于自由基反应，在氧化过程中生成的 HO·、RO·、ROO· 等自由基攻击有机物 R—H，引发一系列的链反应，生成其他低分子酸和二氧化碳。

典型乙烯装置废碱液湿式催化氧化预处理工艺流程如图 2-4 所示。从碱洗塔来的废碱液首先经过废碱汽提塔的汽提，将废碱液中夹带的轻组分进行脱出回收；然后进入废碱沉降罐，在罐内储存，将废碱中夹带的重组分油类进行沉降分离，间歇性排除；之后进入废碱氧化反应器，在反应器内用空气与废碱液进行氧化反应，降低碱液的 pH 和 COD 值；最后到废碱中和罐内，与酸进行中和反应，达到规定的排污指标，送出装置。

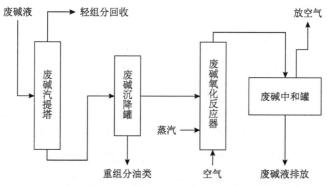

图 2-4　典型乙烯装置废碱液湿式催化氧化预处理工艺流程

4. 主要设备及运行参数

乙烯装置废碱液湿式催化氧化预处理装置主要设备及参数见表2-5。

表 2-5　乙烯装置废碱液湿式催化氧化预处理装置主要设备及参数

序号	设备名称	类型	设计压力/MPa	操作压力/MPa	设计温度/℃	操作温度/℃
1	废碱汽提塔	填料塔	0.4	0.1	60	34.79
2	废碱沉降罐	—	0.005~0.01	0.01	−10~50	10
3	废碱氧化反应器	板式塔	1	0.4	−10~190	110~126
4	废碱中和罐	—	1	0.53	10~80	38~52

湿式催化氧化工艺中，废碱氧化反应器是其核心操作单元，该单元主要操作参数见表2-6。

表 2-6　废碱氧化反应器运行参数

入口温度/℃	出口温度/℃	操作压力/MPa
110~114	127~132	0.47

5. 污染物去除效果

1) 常规污染物去除

某企业湿式催化氧化预处理对废碱液 COD 去除率为 81.4%，悬浮物去除率为 79.3%，石油类去除率为 67.2%。由于有些含氮有机物氧化过程中会发生脱氨基反应，因此经过催化氧化后，出水中的氨氮浓度反而增大。

2) 特征污染物去除

图 2-5 统计了某企业乙烯废碱液湿式催化氧化预处理装置对有机物的去除情况。乙烯废碱液经湿式催化氧化后，废水中 11 种特征污染物被全部去除；7 种特征污染物被部分去除，去除率为 57.4%~98.8%；5 种特征污染物的出水浓度高于进水浓度，这是由于在氧化过程中部分产物得到积累；另外有 5 种特征污染物在进水中没有检出，但在出水中有检出，为氧化过程中新生成的物质。其中，甲苯、酚类物质去除率在 65% 以上，但苯乙烯、二甲苯等去除效果较差。

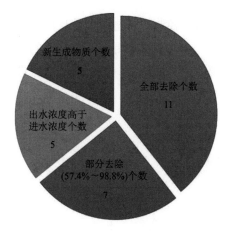

图 2-5　乙烯废碱液湿式催化氧化预处理装置对有机物的去除情况

2.2.3　丁辛醇装置废水

1. 装置简介

丁辛醇生产的主要工艺为低压羰基合成工艺。丁辛醇装置以丙烯、合成气、氢气为原辅料，主要产品为丁醇、辛醇。原料经低压羰基合成生产粗丁醛，再经丁醛精制、缩合、加氢反应制得丁辛醇。重油在高温和高压下部分氧化产生粗合成气，经过脱硫、脱羰基铁(镍)后与经过脱硫和汽化的丙烯、催化剂溶液一起进入羰基合成反应器，与溶于反应液中的三苯基膦铑催化剂充分混合发生羰基化反应生成混合丁醛。混合丁醛经过异构物塔分离，塔顶出异丁醛，塔釜出正丁醛，并除去粗产品中的重组分。分离出的正丁醛一部分直接加氢、精馏得到产品正丁醇；另外一部分正丁醛经过缩合、加氢、精馏得到产品辛醇；分离出的异丁醛经过加氢、精馏得到产品丁醇。

2. 废水来源

丁辛醇装置生产废水主要包括两部分：一部分是正丁醛缩合废水，废水中含有高浓度有机污染物、碱和盐类等；另一部分是汇入储罐的正异构分离废水、丁醇精制废水和辛醇精制废水，废水中含有酸等高浓度污染物。

3. 缩合废水预处理

1)预处理工艺

丁辛醇缩合废水含高浓度醛类等物质，常采用酸化萃取进行预处理。废水自装置泵送至废水储罐,经流量控制自流进入酸化反应器,在酸化罐加注浓硫酸,进行酸化反应,pH 降至 2~4,在静态混合器与回流的有机相(萃取液)混合后,进入油水分离器进行分离,分离后液(水)相下沉,自流进入中和反应器,加碱中和后排出到污水处理厂进行进一步处理。典型丁辛醇生产装置缩合废水酸化萃取工艺流程见图 2-6。

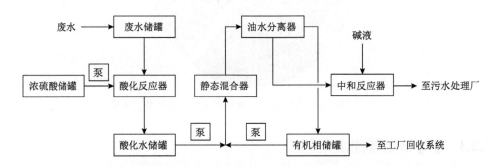

图 2-6 典型丁辛醇生产装置缩合废水酸化萃取预处理工艺流程

2)主要设备及运行参数

丁辛醇装置缩合废水酸化萃取预处理主要设备及运行参数见表 2-7。

表 2-7 丁辛醇装置缩合废水酸化萃取预处理主要设备及运行参数

序号	名称	操作压力/MPa	材质
1	酸化反应器	常压	S316
2	中和反应器	常压	S316
3	静态混合器	0.15	S316

3)污染物去除效果

一般丁辛醇缩合废水酸化萃取装置 COD 去除率约 68%,有机物回收率为 70%~80%。

4. 精制废水预处理

1)预处理工艺

丁辛醇精制废水工程上常采用汽提预处理。汽提是通过废水与水蒸气的直接接触，使被汽提料液中的挥发性物质按一定比例扩散到气相中去，从而达到从料液中分离低沸点物质的目的。典型丁辛醇装置精制废水汽提预处理的工艺流程如图 2-7 所示。丁辛醇精制废水自装置泵送至废水储罐，经流量控制自流进入水汽提塔，塔底通入低压蒸汽，进行汽提。富含有机相的蒸汽自塔顶排出，经冷凝器冷凝后进入汽提塔倾析器，油水分层后，上层油相进入废油储罐，废油可作为缩合废水酸化萃取预处理的萃取剂。汽提塔倾析器中的下层水相进入冷凝液槽中，再经泵打入废水储罐，进行循环汽提，以进一步降低其中的含油量。原水经水汽提塔汽提后，废水中有机物含量大大降低，废水自塔底流出，进入冷却器，部分排出装置外，另一部分循环至冷凝液槽，再进入废水储罐进行循环汽提，进一步降低废水中的有机物含量。

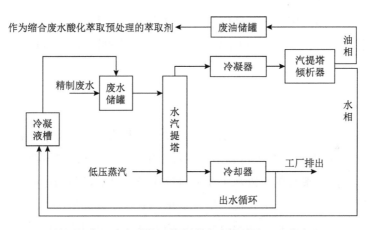

图 2-7　典型丁辛醇装置精制废水汽提预处理工艺流程

2) 主要设备及运行参数

丁辛醇装置精制废水汽提预处理的主要设备是水汽提塔，该塔为填料塔，其主要的设计和运行参数见表 2-8。

表 2-8　水汽提塔参数

流量/(kg/h)	设计压力/MPa	运行压力/MPa
1651	0.1	0.1

3) 污染物去除效果

(1) 常规污染物去除。某企业精制废水 COD 去除率达到 99% 以上，悬浮物去除率达到 90%以上。精制废水汽提预处理对有机物的回收率高于 90%。

（2）特征污染物去除。某企业汽提预处理对丁醛、异丁醇、正丁醇等主要有机特征污染物去除率达到 98%以上。对 2-乙基-2-己烯醛去除率达到 80%以上。

2.2.4　ABS 树脂装置废水

1. 装置简介

ABS 树脂是丙烯腈–丁二烯–苯乙烯（acrylonitrile-butadiene-styrene）三种单体的接枝共聚物，因具有良好的延展性、表面光泽性以及易于染色和电镀等优点而被广泛用作制备电子、电器、器具和建材等各种零件的原材料。ABS 树脂生产工艺技术主要分为共混法和接枝共聚法。连续本体聚合法为在以一定比例配制的苯乙烯和丙烯腈中加入聚丁二烯橡胶进行接枝共聚，再通过脱挥器将未反应的苯乙烯、丙烯腈和溶剂闪蒸出去并回收循环利用，熔融的物料再经过造粒成为 ABS 树脂成品。

2. 废水来源

ABS 树脂装置废水主要来自凝聚干燥单元和聚合单元。凝聚干燥单元废水量最大，废水中的污染物主要来自真空过滤过程中有一定量的微粉穿滤进入废水中，污染物浓度较高；聚合单元废水主要来自反应釜、过滤设备的定期清洗，废水中含大量胶乳。此外，造粒单元也产生一定的低浓度有机废水。污水中渣和乳胶的含量较高，多为乳化状，会影响后续生物处理单元中的微生物活性，需进行预处理。

3. 预处理工艺

ABS 树脂装置各单元均设有初级沉降池，各单元产生的废水首先在各区的沉降池中进行沉降，经沉降后的废水送到 ABS 树脂装置废水单元集中处理，沉降出的物质定期进行清捞处理。经沉淀处理后的废水采用气浮进行进一步处理，其工艺过程是将各单元来的废水在助剂作用下进行凝聚反应，然后经助剂絮凝后与溶气水混合进入气浮罐，气浮后分离出的水进入平衡罐，出水送综合污水处理厂进一步处理。典型 ABS 树脂装置废水预处理工艺流程如图 2-8 所示。

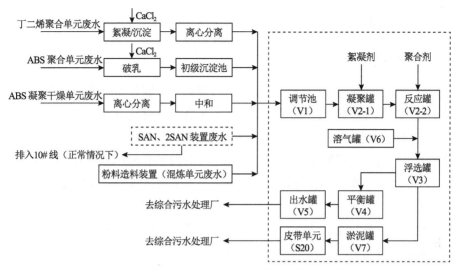

图 2-8　典型 ABS 树脂装置废水预处理工艺流程

4. 主体设备及参数

ABS 树脂装置废水气浮预处理主要设备运行参数见表 2-9。

表 2-9　ABS 树脂装置废水气浮预处理主要设备运行参数

溶气罐工作压力/kPa	空气量	污水在气浮罐停留时间/min
300～500	污水量的 5%～10%	1～4

5. 污染物去除效果

1)常规污染物去除

气浮预处理对 ABS 废水 COD 的去除效果一般，某企业在进水 COD 平均浓度为 2222 mg/L 时，出水 COD 平均浓度为 1363 mg/L，COD 去除率仅为 38.7%；对悬浮物的去除较为明显，进水悬浮物平均浓度为 424 mg/L 时，出水悬浮物平均浓度为 208 mg/L，去除率为 50.94%；对氨氮、总氮、挥发酚和氰化物等的去除率较差，仅为 10%左右。

2)特征污染物去除

ABS 装置废水中主要溶解性有机特征污染物为苯乙烯、丙烯腈、丁二腈、双(2-氰基乙基)胺、3,3-硫代丙二腈、苯乙酮等，气浮预处理对苯乙烯、丁二腈的去除率大于 90%，但对双(2-氰基乙基)胺等去除率不高，仅为 10%～30%。

2.2.5　三羟甲基丙烷装置废水

1. 装置简介

三羟甲基丙烷装置是以甲醛、正丁醛、液碱、甲酸等为原料,生产三羟甲基丙烷同时副产甲酸钠的生产装置。甲醛、正丁醛等原料反应后得到三羟甲基丙烷和甲酸钠的水溶液,经过浓缩工序除去一部分水,使其达到萃取所需的浓度,浓缩生产的一部分水可返回缩合工序回收利用。利用萃取剂(辛醇)将浓缩液中的三羟甲基丙烷萃取出来,再将三羟甲基丙烷和萃取剂通过精馏塔进行分离,回收的萃取剂重复使用,粗三羟甲基丙烷溶液通过精馏塔处理后除去轻重组分得到三羟甲基丙烷成品,进行造粒包装。浓缩液萃取之后剩余甲酸钠水溶液,经过蒸发、结晶、离心除去水分,获得副产品甲酸钠。

2. 废水来源

三羟甲基丙烷装置生产废水主要包括三部分:一是甲醇回收塔出水,废水中主要污染物为酸和盐类等;二是水环泵排水,其中还混合了辛醇分离罐排水和溶剂计量中间罐排水,主要污染物为酸类物质;三是放空气体洗涤塔排水,废水中也主要含有酸类等污染物。

3. 预处理工艺

三羟甲基丙烷装置废水污染物浓度较高,其中辛醇和2-乙基丙烯醛等均为不易降解污染物,可生化性差。国外处理三羟甲基丙烷废水采用的是湿式催化氧化法和微电解+臭氧催化氧化工艺。其中,湿式催化氧化法采用粗滤、两级湿式催化氧化工艺,再进行砂滤和活性炭吸附处理,以达到脱色作用。但是,采用物化法处理成本较高,对设备的要求也高。

对于三羟甲基丙烷生产装置内特定的废水产生节点,甲酸钠蒸发废水中含有较高浓度的甲醇,其 COD 浓度通常过万,具有甲醇回收的价值。对于含较高甲醇浓度的工业废水,通常可采用精馏塔进行精馏预处理,一方面可回收具有经济价值的甲醇,另一方面可以显著降低废水的 COD,具有显著的经济效益和环境效益。甲醇精馏塔技术成熟,是一种具有显著代表性和典型性的废水预处理工艺。其中,蒸馏的基本原理是将部分液体混合物汽化,利用其中各组分挥发度不同的特性,达到分离目的。对三羟甲基丙烷装置甲酸钠蒸发废水采用精馏预处理，由于三羟甲基丙烷废水中含有的甲醇和其他一些小分子的醇、醛和酮类物质很轻，挥发度很高，所以适合采用精馏原理将其和水高效分离，从而达到回收和治污的目的。三羟甲基丙烷装置甲酸钠蒸发废水精馏预处理的典型工艺流程见图 2-9。

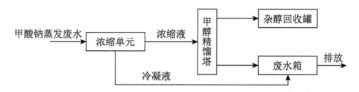

图 2-9　典型三羟甲基丙烷装置甲酸钠蒸发废水精馏预处理工艺流程

4. 主体构筑物及参数

三羟甲基丙烷装置甲酸钠蒸发废水精馏预处理的主体设备为精馏塔，其构造及运行参数见表 2-10。

表 2-10　甲醇回收精馏塔的构造及主要运行参数

设备名称	类型	材质	厚度/mm	设计压力/MPa	操作压力/MPa	设计温度/℃	操作温度/℃
甲醇回收精馏塔	填料塔	0Cr18Ni9	80（主要层）	0.1	0.1	140	78.2（塔顶）

5. 污染物去除效果

1) 常规污染物去除

精馏预处理通过回收甲酸钠蒸发废水中甲醇，回收率在 60%以上，废水的 COD 平均浓度从 11600 mg/L 降低至 3600 mg/L，去除率为 68.97%。由于精馏主要是去除废水中挥发性较大的有机物，因此，对悬浮物和氨氮几乎没有去除效果。

2) 特征污染物去除

精馏对废水中小分子有机污染物和挥发性较强的污染物去除效果较好。除甲醇外，废水中异丁醇、甲醛缩二甲醇、反-2-戊烯-1-醇、3-庚酮、三聚甲醛、2-乙基己基醛、2-乙基-2-己烯醛、2-乙基-2-己烯醇等可完全去除，丁醇和 2-乙基丙烯醛的去除率也在 98%以上，而三羟甲基丙烷、1,2,3-丙三醇等由于极性大、挥发度低，去除率较低。

2.2.6　苯酚丙酮装置废水

1. 装置简介

苯酚丙酮装置主要采用异丙苯法生产工艺，以苯和丙烯为原料，经过加成反应、氧化反应、分解反应后生产苯酚和丙酮。烃化反应器中苯和丙烯在三氯化铝催化下发生加成反应生成异丙苯；在反烃化反应器，苯和二异丙苯反应生成粗异丙苯；经沉降、水洗、中和后，再经多级精馏，得到高纯度的异丙苯。异丙苯经碱洗后送入氧化塔生成过氧化氢异丙苯，经过提浓后，在硫酸的作用下分解成苯酚、丙酮；中和后的分解液经粗丙酮塔、精丙酮塔分离得到丙酮产品，再经粗苯酚塔、脱烃塔、精苯酚塔分离得到苯酚产品。

2. 废水来源

苯酚丙酮装置废水全部来自苯酚单元，包括从氧化单元碱洗塔洗下来的含苯酚、丙酮、无机盐、碱及有机酸的废水；氧化单元中空气洗涤单元产生的洗涤废水；氧化单元中氧化尾气洗涤回收的含苯酚的废水；精馏单元真空凝液罐收集的真空尾气及蒸汽凝液；精丙酮塔釜分离器产生的含苯酚、丙酮、无机盐、碱、醛的废水；酚回收单元萃取塔萃取后产生的废水。其主要污染组分为苯酚、丙酮、无机盐、碱、有机酸及醛等。

3. 预处理工艺

苯酚丙酮装置废水是典型的高浓度含酚废水。在对高浓度含酚废水的实际处理中，通常对废水中的酚加以回收利用，回收资源的同时还可减少废水中污染物浓度。一般采用溶剂萃取法，以异丙苯作为萃取剂，回收苯酚丙酮装置废水中的苯酚。异丙苯对苯酚具有高效的萃取能力，一次萃取脱酚率高达 95%以上；其化学性能稳定，易于再生，经碱洗二次后苯酚的萃取率达 99%以上，萃取后的萃取剂中含酚量低于 50 mg/L。萃取剂长期使用不老化、不分解、脱酚效率不下降。

含酚废水中酚回收预处理工艺的具体流程见图 2-10。各工段排出的含酚废水汇集到含酚废水罐中，含酚废水罐中的废水由废水泵打出，和硫酸混合后，进入萃取混合罐。反应后，物料由顶部进入油萃取塔，在塔中，用异丙苯萃取废水中的苯酚，然后废水经隔油处理后排放进入隔油罐。含苯酚的异丙苯进入萃取油碱洗塔中，用 15%碱溶液洗去苯酚后，异丙苯收集在溶剂罐中循环使用，酚钠液去酚钠盐储罐中，当溶剂罐中异丙苯含量小于或等于 90%时，排至精馏给料罐。各工段产生的酚钠液汇集在酚钠盐储罐，经泵送至静态混合器与来自 93%硫酸罐中的硫酸混合置换出苯酚，混合物在两级酚钠盐分离器中沉降为油水两相，油相苯酚循环回中和工段，水相去含酚废水罐。为增加酚钠盐储罐中酚钠盐酸化后的除盐效果，将少量溶剂罐中的异丙苯加入酚钠盐储罐。

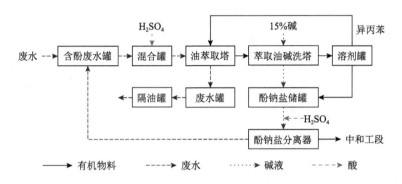

图 2-10　典型苯酚丙酮装置含酚废水预处理工艺流程

　　酚钠盐分离器是一种油水分离设备。该企业含酚废水处理采用两级酚钠盐分离器串联运行。含酚及硫酸盐的废水进入一级酚钠盐分离器中，含硫酸盐的水相由于密度大，会停留在分离器的底部，而含苯酚的油相由于密度较小，会聚集在上部，油相从上部排出，完成第一次脱盐过程。同理，在二级酚钠盐分离器中完成第二次脱盐过程。这样使得进入中和单元的油相中的硫酸盐含量较低，缓解后续中和单元和精馏单元的设备堵塞压力。

4. 主体构筑物及参数

某企业苯酚丙酮装置含酚废水预处理单元主要设备见表 2-11。

表 2-11　某企业苯酚丙酮装置预处理单元主要设备

序号	设备名称	材质	参数
1	油萃取塔	316L	筛板塔，塔板数 40 块，塔身保温棉保温，以压力表、流量计进行萃取控制，工作压力 0.47 MPa
2	萃取油碱洗塔	316L	筛板塔，塔板数 8 块，塔身保温棉保温，以压力表、流量计进行碱洗控制，工作压力 0.4 MPa

续表

序号	设备名称	材质	参数
3	一级酚钠盐分离器	316L	隔热棉保温,最高工作压力 0.786 MPa,设计温度 120℃,蛇管通入蒸汽加热,换热面积 0.38 m²
4	二级酚钠盐分离器	316L	隔热棉保温,最高工作压力 0.786 MPa,设计温度 120℃
5	隔油罐	16MnR 碳钢	共有隔油罐Ⅰ和Ⅱ两组,其中隔油罐Ⅰ无隔油功能,隔油罐Ⅱ有隔油设施,满罐分离

苯酚丙酮酚回收单元的主要运行控制参数如下:①酸化后 pH 控制在 4.2;②萃取温度 40℃,萃取塔萃取剂异丙苯和废水的流量比 30∶1;③萃取油碱洗塔新鲜碱液(NaOH)流量 0.2 m³/h,浓度 15%;④浓硫酸浓度 93%;⑤溶剂异丙苯加入酚钠盐储罐的流量 0.2 m³/h。

5. 污染物去除效果

某企业萃取塔排出废水含酚量低于 40 mg/L,苯酚的回收率为 85%,异丙苯的回收率约 85%。

2.2.7　苯胺装置废水

1. 装置简介

苯胺是重要的染料中间体,苯胺生产装置常利用硝酸和苯反应生成硝基苯,硝基苯加氢生成苯胺,所需主要原料为氢气、石油苯、浓硝酸、浓硫酸、氢氧化钠。该装置主要由硝基苯单元、苯胺单元、废酸浓缩单元等组成。

2. 废水来源

苯胺装置废水主要包括硝基苯单元硝基苯精制过程中分离出的废水及硝基苯废水塔回收硝基苯后的废水,苯胺单元苯胺精馏过程中分离出的废水及苯胺汽提塔回收苯胺后的废水。苯胺废水有机物浓度高,污染物结构复杂,含盐量高,可生化性不高。

3. 预处理工艺

苯胺装置废水常见的处理技术有萃取法、高级氧化法、电解法、生化法、超声波降解法和吸附法,此外还有焚烧法、泡沫气浮法和共蒸馏法等。虽然处理苯胺类废水的方法较多，但大部分方法或多或少还存在着一些缺陷。例如，采取萃取法处理，萃取剂容易流失造成二次污染，同时能耗较高，操作较为复杂；高级氧化法虽然效果明显，但反应条件较为苛刻，运行费用高；活性炭吸附法或有机黏土吸附法，吸附剂再生较困难；电解法能耗大，成本高；生化法处理占地面积大，低温时效率低，受废水进水浓度影响大且运行管理较为麻烦；超声波降解法能耗大，噪声严重，处理大量的废水是否经济还需进一步研究；焚烧法能耗大，对设备要求高，并且产生的不完全燃烧物及烟尘会造成一定的大气污染。因此，目前苯胺废水的处理，工程上多采用以生化法为主体的工艺。采用曝气生物滤池+微电解工艺对苯胺装置废水进行预处理，其工艺流程见图 2-11。

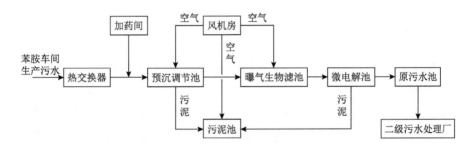

图 2-11　典型苯胺装置废水预处理工艺流程

4. 主体构筑物及参数

苯胺装置废水预处理工艺主要设备及参数见表 2-12。

表 2-12　主要设备及参数

序号	名称	项目	指标
1	热交换器	进水温度	≤70℃
		出水温度	15~42℃
		进水 pH	6~12
		出水 pH	6~12
2	预沉调节池	出水 pH	6~9
3	微电解池	出水 pH	6~9
		酸洗时 pH	2~3
		酸洗时曝气时间	6~8 h

5. 污染物去除效果

1) 常规污染物去除

某企业预处理装置对 COD 去除率为 72%~84%，悬浮物去除率为 42%~56%，石油类去除率为 26%~28%，含盐量去除率为 53%~70%，总氮去除率为 80%~85%，挥发酚去除率为 70%~80%。

2) 特征污染物去除

该企业预处理装置对苯胺和硝基苯去除率均在 80%以上。

2.2.8　丙烯腈装置废水

1. 装置简介

丙烯腈装置以丙烯、液氨、空气为原料，多采用美国 BP 公司一步氧化法技术，产品为丙烯腈，副产品为氢氰酸、粗乙腈、硫酸铵。原料丙烯、液氨经丙烯、氨蒸发器蒸发、过热混合后进入反应器，原料空气经空压机送入反应器，三种原料在反应器内经催化剂作用后反应，反应器出口气体经绝热冷却后，未反应的氨在急冷塔内与硫酸反应生成硫酸铵，其余气体进入吸收塔，再用低温水进行吸收，吸收塔塔底富水（含丙烯腈、乙腈、氰化氢等）经回收塔、脱氢氰酸塔处理后，在脱氢氰酸塔顶得到高纯度的液体氢氰酸，粗丙烯腈经过成品塔精馏后，得到丙烯腈产品。

2. 废水来源

丙烯腈装置废水主要来自轻有机物汽提塔废水和急冷汽提废水，废水中主要特征污染物为 CN⁻和有机氰化物，具有一定的生物毒性，而且丙烯腈装置的废水量一般较大，对后续综合污水处理系统生物处理单元产生较大冲击，需进行预处理。

3. 预处理工艺

丙烯腈装置废水预处理技术主要有生物倍增技术和芬顿-微电解-接触氧化工艺。生物倍增技术是近年来在欧洲一些国家应用较多的污水处理新工艺，该技术由于生物量较高、曝气控制较好，使生物处理效率大幅提高，出水水质明显改善，单位污水的处理能耗大幅降低，占地面积大幅减小。生物倍增技术将生物处理的多个阶段，如好氧段、厌氧段、沉淀段等，都集中在同一个反应池中。生物倍增技术不设置专门的二沉池，而是在生物处理池中设置快速澄清装置，采用斜管沉淀，沉淀污泥直接回流到生物处理池中，进而保证了处理池中的污泥量。在斜管沉淀装置的顶部安装清水收集管，将清水输送到排水口。图 2-12 为生物倍增工艺的技术原理示意图。

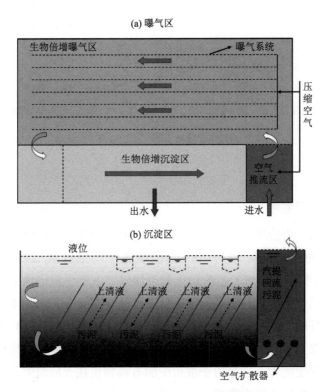

图 2-12　生物倍增工艺技术原理

采用生物倍增技术进行丙烯腈生产装置废水预处理的工艺流程见图 2-13。

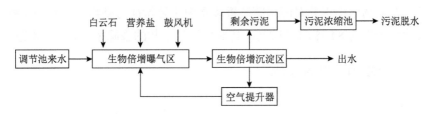

图 2-13　典型丙烯腈废水预处理系统工艺流程图

4. 主体设备及参数

某企业生物倍增预处理设备技术参数见表 2-13。

表 2-13　生物倍增预处理设备技术参数

生物倍增设备参数	参数值
有效水深	5.8 m
污泥负荷	0.0756 kg BOD/(kg MLSS·d)
容积负荷	1.728 kg COD/(m³·d)
污泥浓度	8 g/L
溶解氧浓度	≤0.3 mg/L
回流比	>15 倍
所需空气量	5000 m³/h(压力 0.069 MPa)
水力停留时间	25 h

5. 污染物去除效果

1)常规污染物去除

在某企业的工程应用中,丙烯腈废水采用生物倍增工艺处理后,COD 去除率可达 89.1%,悬浮物去除率为 28%,但氨氮平均浓度从 27.7 mg/L 上升为 110.6 mg/L,说明生物倍增工艺的硝化效果较好,由于生物倍增工艺没有明显的缺氧区进行反硝化,因此其总氮的去除效率不高,仅为 30.8%。生物倍增工艺对氰化物具有良好的去除效果,在进水氰化物平均浓度为 1.28 mg/L 的情况下,出水氰化物浓度仅为 0.05 mg/L,去除率高达 96.1%,体现了生物倍增工艺对有毒物质具有较高的耐受能力,这是由于进水中的有毒物质在大回流泥水的稀释下,其浓度瞬间降低,生物毒性也降低。

2)特征污染物去除

某企业生物倍增工艺对丙烯腈装置废水中主要特征污染物丁二腈和 3-氰基嘧啶的去除率分别为 84.1%和 97.3%,其他特征污染物的去除率多在 80%以上。

2.2.9　丙烯酸(酯)装置废水

1. 装置简介

丙烯酸(酯)装置以丙烯、甲醇、乙醇、正丁醇为主要原料,并以甲苯、氢氧化钠(烧碱)、对甲苯磺酸、对苯二酚单甲醚、对苯二酚、吩噻嗪等为辅料,采用丙烯氧化法制得丙烯酸,再经加醇反应制得各类丙烯酸(酯)产品。

丙烯酸(酯)装置包括三个生产单元,分别是丙烯酸、丙烯酸甲/乙酯和丙烯酸丁酯生产单元。①丙烯酸单元：原料丙烯和热空气混合后进入反应器，在催化剂作用下，在一定的温度和压力进行反应，使丙烯氧化，产生粗丙烯酸、乙酸和水。粗丙烯酸经脱水、脱醋酸，再进行精制(甲苯共沸精馏)得到成品丙烯酸。除两段主反应外，还有若干副反应发生，并生产醋酸、丙酸、糠醛、丙酮、甲酸、马来酸(顺丁烯二酸)等副产物。②丙烯酸甲/乙酯单元：丙烯酸和甲/乙醇按一定摩尔比进入酯化反应器，在催化剂作用下，在一定的温度和压力进行反应，使醇和酸反应生成酯和水，再经丙烯酸分馏、萃取、醇回收、醇汽提、精制得到成品丙烯酸甲/乙酯。③丙烯酸丁酯单元：丙烯酸和丁醇按一定摩尔比进入酯化反应器，在对甲基苯磺酸或甲基磺酸等催化剂作用下，在一定的温度和压力进行反应，使醇和酸反应生成酯和水，再经脱水萃取、中和、醇回收、醇汽提、精制得到成品丙烯酸丁酯。

2. 废水来源

丙烯酸(酯)装置丙烯酸单元丙烯酸精制工段产生高浓度有机废水，废水 COD 浓度高达 64000 mg/L，含高浓度甲苯、乙酸、丙烯酸。

3. 预处理工艺

丙烯酸废水采用焚烧的方法进行处理，经高温焚烧后，有机物处理比较彻底，对环境无污染，目前国内同类装置皆采用此方法，典型丙烯酸装置废水焚烧处理工艺流程见图 2-14。丙烯酸精制工段产生的废水经废水罐送到汽提塔，从汽提塔底部出来经浓缩后的废水首先经管道过滤器进行过滤，过滤后的液体分两路，一

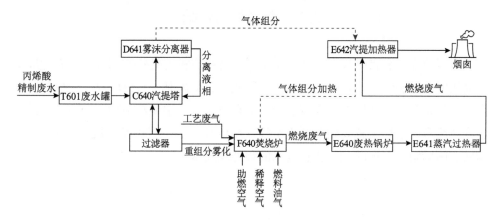

图 2-14　典型丙烯酸装置废水焚烧处理工艺流程图

路经废水雾化泵送入废物焚烧炉；另一路废水加热后进入汽提塔塔顶进行喷淋。废水中的水大部分被蒸出，同工艺放空气一起进入雾沫分离器，经分离后的液体回到汽提塔塔底。气体则进入焚烧炉中进行焚烧。

4. 主体构筑物及参数

某企业丙烯酸(酯)装置废水焚烧单元主要设备及参数如表 2-14 所示。

表 2-14　丙烯酸(酯)装置废水焚烧单元主要设备及参数

设备	主要参数		
焚烧炉	设计处理能力	废水	4350 kg/h
		废气	18000 Nm³/h
	设计去除效果	NO$_x$	200 mg/Nm³
		SO$_x$	200 mg/Nm³
		粉尘	50 mg/Nm³
	实际燃烧温度		800℃
	实际处理能力	废水	5500 kg/h
		废气	18000 Nm³/h

5. 污染物去除效果

废水焚烧是一种较为彻底的废水处理方式，丙烯酸废水经焚烧后，各污染指标的去除率均为 100%，污染物去除非常彻底。

2.3　本 章 小 结

本章建立了涵盖常规污染物、重金属、特征有机污染物监测方法的石化废水污染物解析方法体系，揭示了覆盖石化行业"石油炼制—有机原料—合成材料"全链条的典型生产装置的主要废水排放节点及排水中主要污染物；介绍了炼油装置含油废水、乙烯装置废碱液及丁辛醇、ABS 树脂、三羟甲基丙烷、苯酚丙酮、苯胺、丙烯腈、丙烯酸(酯)装置废水的预处理技术。

第3章 石化综合污水生物处理技术研究

污水生物处理技术是指通过微生物的新陈代谢作用，将污水中的有机污染物等转化为 CO_2 等无机态物质从水中逸出，同时减少排放到环境中的悬浮固体量的技术。在此过程中，污染物被分解、吸收，从而达到治理污染的目的。与物化处理相比，生物处理具有成本低、效率高、操作简便等优点，因此，在石化综合污水处理中得到广泛应用。但是，石化综合污水成分复杂，水质水量波动较大，有毒有机物浓度高，使得传统生物处理技术在应用中面临极大挑战。因此，有必要针对性地研究降毒解抑技术以提高废水可生化性，研究生物强化处理技术以增加系统耐冲击负荷能力，从而提高石化综合污水生物处理单元的处理效果和运行稳定性，改善出水水质。

3.1 水解酸化技术

3.1.1 水解酸化技术简介

水解酸化是有毒难降解工业废水在进行常规好氧生物处理前最常用的降毒解抑处理技术。在兼性水解酸化菌的作用下，废水中不能透过细胞膜的部分大分子有机物在水解阶段可以转化为小分子有机物，从而可以被细菌利用；水解后的小分子有机物在发酵菌的细胞内转化为更简单的化合物并分泌到细胞外，最终转化为小分子有机酸，从而提高废水的可生化性，降低废水毒性，也可以减少对后续好氧生物处理系统的冲击(陈新宇和陈翼孙，1996)。水解酸化技术具有操作简单、成本低廉、可降低废水毒性与生物抑制性等优点，是大多数工业废水进行降毒解抑处理的首选技术。作为一个快速发展的国家，我国工业废水排放量持续增长，成分也日趋复杂，水解酸化技术的应用前景十分广阔。

1. 水解酸化技术机理

水解酸化过程是厌氧生物处理的一部分，将厌氧过程控制在第二阶段末尾，而不到达第三阶段(产甲烷阶段)。因此，水解酸化不是完全的有机物厌氧转化过程，其作用是使结构复杂的可溶或难溶高分子有机物转化为结构简单的可溶性低分子有机物，尤其是有机酸(王佩超等，2013)。在废水生物处理中，水解是指在进入微生物细胞前，有机物在胞外进行的生物化学反应。这一阶段最典型的特征是在细胞外发生生物催化氧化反应，微生物通过释放胞外自由酶或连接在细胞外壁上的固定酶来完成大分子物质的断链和水溶(沈耀良和王宝贞，1992)。在此阶段，复杂的大分子有机物在产酸菌分泌的胞外酶作用下，在细胞外被转化为可溶性小分子有机物。例如，多糖(淀粉)被水解为单糖，蛋白质被分解得到氨基酸和多肽链，油脂被转化为长链的脂肪酸、丙三醇等。酸化是指有机化合物同时作为电子供体和电子受体的生物降解过程。在此过程中，溶解性有机物被转化为以挥发性脂肪酸(volatile fatty acid，VFA)为主的末端产物，具体为兼性或专性的产酸菌在厌氧条件下将水解产物转化为醛类、醇类、短链有机酸类等化合物，此过程伴有 H_2S、H_2、NH_3、CO_2 产生，pH 呈下降趋势(王小强，2009)。水解和酸化是无法明确分开的，这是因为酸化(发酵)细菌释放能量供给水解消耗是为了取得能用于发酵的底物——水溶性有机物，再通过在细胞内发生生化反应获得能量，同时排出代谢产物(厌氧条件下主要为各种有机酸)(李正，2009)。

2. 水解酸化技术的特点

水解酸化工艺通常不单独使用，而是与好氧工艺联合使用。水解酸化的主要作用是使复杂有机物开环断链，将大分子有机物转化为小分子物质，提高废水的可生化性(BOD_5/COD)，为后续好氧反应创造条件(陈新宇和陈翼孙，1996)。具体来讲该技术具有以下特点：①可以缓解进水负荷的冲击，并且提高废水可生化性，从而为后续的好氧处理提供优质的进水条件；②工艺运行稳定，可以减少去除废水中有机物的需氧量，从而降低整体工艺的运行成本；③不要求严格的厌氧条件，对 pH、温度等因素的变化也具有一定的耐受能力，易于操作控制。

3. 水解酸化技术在工业废水处理中面临的问题

目前，水解酸化技术已广泛应用于废水生物处理的各个领域，因其特点与优点，主要被设置在处理流程的前段，应用于成分复杂、浓度高、难降解废水的预处理。随着水解酸化技术的不断发展，其优点被最大限度开发，在食品、制药、造纸、石化等工业废水处理中被广泛应用。

虽然水解酸化技术具有诸多优点，但在实际应用中该工艺也面临着一些限制其发展的问题。其中，传质能力较低是限制水解酸化工艺处理能力的关键因素，这一问题尚未得到根本解决(薛念涛等，2013)。水解酸化工艺设计的停留时间一般较长，因此容易出现短流和污泥上浮等问题，会严重影响其处理效果(项吕婷，2019)。水解酸化污泥微生物对有毒物质敏感，反应器启动过程缓慢，单独使用时不能达到良好的出水效果，需同其他工艺联合使用，如水解酸化—厌氧/好氧工艺、水解酸化—曝气生物滤池工艺等，才能保证出水效果，这又额外增加了基建费用、运行成本及构筑物占地面积(魏良玉等，2021)。

根据石化综合污水水解酸化处理实际运行的工程经验，水解酸化技术对废水中难降解有机物的去除效果较差，进出水水质参数相近，污泥沉淀淤积十分严重，清淤困难，泥水混合效果较差。此外，石化废水中硫酸盐含量较高，在硫酸盐还原菌(sulfate-reducing bacteria，SRB)存在时会利用 VFA 将硫酸盐还原，进而抑制水解酸化作用，而且硫酸盐的还原会产生大量的酸性 H_2S 气体，不仅会对微生物代谢产生毒性作用、对池体设备产生腐蚀作用，还会对运维人员产生健康威胁。因此，抑制水解酸化过程中硫酸盐的还原很有必要(Zhang et al.，2013)。外源投加铁或者硝酸盐、适当曝气等方法均可抑制硫酸盐还原，但投加外源药剂不仅会增加运行成本，还有带来二次污染的风险，相比之下控制合适的曝气量更经济合理，由此发展出了微氧水解酸化技术。研究发现溶解氧(dissolved oxygen，DO)大于 3 mg/L 时 SRB 的活性受到抑制，硫酸盐还原量明显下降(Xu et al.，2012)。虽然低 DO 同样对发酵菌有利，但过量供氧也会影响水解酸化过程，还会诱导异养菌氧化易生物降解 COD。因此，DO 的控制范围是石化综合污水水解酸化预处理工艺调控的关键。

3.1.2　进水水质特征与处理要求

以典型石化综合污水厂进水作为水解酸化技术研究对象。污水 COD 浓度具有一定波动性，试验期间最高浓度为 1051.5 mg/L，最低浓度为 340.2 mg/L，平均浓度为(601.7±126.0) mg/L。在监测阶段内，共鉴定出 48 种主要有机物，其中，巴豆醛、苯、甲苯、乙基苯、苯乙烯、(E,E)-2,4-己二烯醛、苯酚、山梨酸乙酯、环丁砜、1-甲基萘、二苄胺等 11 种有机物浓度较高。以苯酚为例，废水中检出苯酚浓度范围为 7.00～35.06 mg/L，而超过 50%硝化抑制率时的苯酚浓度为 21 mg/L(徐美燕等，2005)，说明对该废水在常规生物处理前要进行适当的降毒解抑处理，为此开展了微氧和脉冲水解酸化技术的研究。

3.1.3　微氧水解酸化技术研究

微氧又称微好氧或者微曝气，是指在反应体系中通过控制曝气量来实现限制性供氧。在电子受体受限的情况下，传统的代谢途径会被改变，从而使功能菌获得原本不具备的功能。由于水解酸化菌为兼性菌，因而可以在少量 DO 存在的情况下实现水解和酸化的功能。据此研发的微氧水解酸化预处理技术可用于处理典型石化综合污水。

1. 微氧水解酸化装置与关键运行参数

研究所用微氧水解酸化装置如图 3-1 所示。作为对比，微氧和厌氧两个反应器平行运行，微氧反应器底部设曝气管，通过曝气泵连接流量计进行微氧曝气，厌氧反应器配置搅拌器进行厌氧搅拌。每个反应器设有四个分隔，反应器末端设有污泥回流口，回流污泥同进水一起进入反应器。两个反应器有效容积均为 33 L（长、宽、高分别为 0.45 m、0.32 m 和 0.23 m），反应器使用同一个进水箱，通过蠕动泵进水。

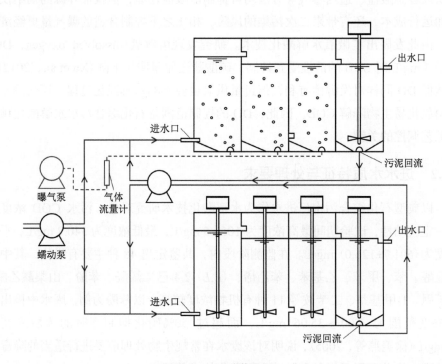

图 3-1　试验装置图

接种污泥取自某石化综合污水处理厂的好氧池，污泥混合液悬浮固体(mixed liquor suspended solid, MLSS)浓度为 9000 mg/L，混合液挥发性悬浮固体(mixed liquor volatile suspended solid, MLVSS)浓度与 MLSS 的比值(MLVSS/MLSS)为 0.65。初始水力停留时间(hydraulic retention time, HRT)为 30 h，微氧反应器的 DO 浓度保持在 0.1 mg/L。以 COD 去除率作为增加负荷的指标，待 COD 去除率稳定在 30%左右时降低 HRT 增加进水负荷，相应 HRT 逐渐降低为 20 h、16 h，最后稳定在 12 h。反应器的容积负荷和污泥负荷分别为 0.4~1.0 g COD/(L·d)和 0.07~0.19 g COD/(g VSS·d)。进水 COD 浓度波动较大(202~514 mg/L)，导致反应器的容积负荷和污泥负荷波动较大。污泥停留时间(sludge retention time, SRT)为 25 d。在 HRT 为 12 h 时，逐渐将微氧水解酸化反应器的 DO 浓度提高到 0.5 mg/L 以研究 DO 浓度的影响。反应器温度通过加热棒控制在 25~30℃。定期检测反应器进出水 COD、BOD_5、VFA、SO_4^{2-} 和 S^{2-} 等指标的变化。

2. 有机物去除特性

随着反应器的运行，COD 去除率和出水产酸量逐渐增加，12 d 后启动成功，随后逐渐降低 HRT 至 12 h。稳定状态下，微氧和厌氧反应器的污泥浓度分别为(7760±230) mg/L 和(7280±280) mg/L，MLVSS/MLSS 分别为 0.73 和 0.71。由此可以看出，两个反应器的污泥浓度和活性没有显著差别。微氧反应器的氧化还原电位(oxidation-reduction potential, ORP)随着溶解氧浓度的升高而升高，平均 ORP 为-290 mV；厌氧反应器的 ORP 保持在-398 mV 左右。微氧和厌氧反应器出水 pH 分别为 7.49±0.14 和 7.63±0.16。

反应器运行稳定后，在 HRT 为 12 h 时，微氧和厌氧反应器出水的 COD 分别为(227±48) mg/L 和(245±53) mg/L(图 3-2)。当 DO 从 0.1 mg/L 增加至 0.5 mg/L 时，有机物的去除效率保持稳定，微氧反应器的 COD 平均去除率(31.2%)高于厌氧反应器(26.4%)。微氧环境能够强化兼性菌的生理代谢功能，促进有机物降解。反应器进水总有机碳(total organic carbon, TOC)浓度为(113±38) mg/L，微氧和厌氧反应器出水的 TOC 浓度分别为(77±29) mg/L 和(80±25) mg/L，TOC 的去除率与 COD 差别不大，分别为 31.8%和 29.2%。进水的 BOD_5/COD 为 0.28±0.16，微氧和厌氧反应器出水的 BOD_5/COD 分别增加到 0.33±0.18 和 0.31±0.14，表明微氧和厌氧水解酸化均能提高进水的可生化性。

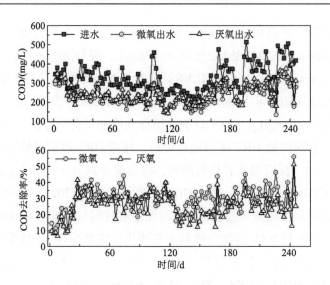

图 3-2　反应器进出水 COD 浓度和去除率随时间的变化

　　微氧与厌氧水解酸化出水 VFA 浓度分别为（1.89±0.48）mmol/L 和（2.34±0.6）mmol/L（图 3-3）。经水解酸化后，废水的 VFA/COD 均有明显的提高：进水为 0.276±0.034，微氧和厌氧反应器出水则分别升高至 0.369±0.025 和 0.418±0.031。厌氧反应器的 VFA/COD 高于微氧反应器，说明厌氧条件下废水的酸化效果较好。微氧条件下部分异养型兼性菌的活性要高于厌氧条件，VFA 作为小分子易降解物质容易被这类细菌消耗，从而使 VFA/COD 降低。随着微氧反应器中 DO 浓度的提高（从 0.1 mg/L 到 0.5 mg/L），VFA 产率和 VFA/COD 先逐渐升高随后降低，在 DO 浓度为 0.2～0.3 mg/L 时平均值最大，分别为 52.3%和 0.402。这表明，随着水中 DO 浓度的升高，水解酸化菌中兼性菌的生理代谢功能能得到强化，能够提高水解酸化效率；但 DO 达到一定浓度后，对厌氧菌的抑制作用增强，导致水解酸化作用降低，同时，由于兼性菌对有机物尤其对小分子 VFA 的消耗增多，VFA 产率和 VFA/COD 降低。反应器进水、微氧和厌氧反应器出水的特征紫外吸光度（specific UV absorbance，SUVA）分别为 0.019、0.017 和 0.025。由此可以看出，经微氧水解酸化处理过的出水 SUVA 值低于进水，说明微氧水解酸化出水中芳香性有机碳或含共轭不饱和双键的有机物减少，微氧水解酸化对大分子芳香性难降解有机化合物的去除效果较好。

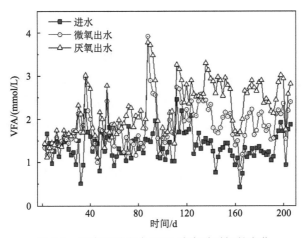

图 3-3　反应器进出水 VFA 浓度随时间的变化

通过分子量分布测定结果(图 3-4)可以看出，石化综合污水水质较为复杂，进水溶解性有机物分子量分布广泛，主要成分为分子量小于 1000(73.9%)和大于 100000(12.4%)的有机物，其余分子量有机物 COD 所占的比例为 13.7%。由进出水的有机物分子量分布可以看出，出水分子量小于 10000 的小分子有机物所占比例明显增大，说明水解酸化处理利于难降解大分子有机物的降解和去除。根据微氧和厌氧反应器出水的分子量分布情况，微氧水解酸化出水分子量在 1000～3000 和大于 100000 范围内的有机物 COD 所占比例分别为 29.9%和 4.2%，厌氧水解酸化出水分别为 7.0%和 30%。厌氧水解酸化出水大分子有机物所占比例明显高于微氧，同时小分子有机物所占比例又远低于微氧，表明微氧水解酸化较厌氧更有利于大分子有机物的降解。

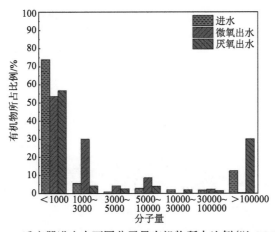

图 3-4　反应器进出水不同分子量有机物所占比例(以 COD 计)

3. 硫酸盐和硫离子浓度变化

微氧水解酸化反应器进水硫酸盐（SO_4^{2-}）浓度在 350～650 mg/L 之间波动，微氧和厌氧反应器出水 SO_4^{2-} 浓度分别为（470.6±58.3）mg/L 和（406.7±52.5）mg/L（图 3-5）。反应器进水硫离子（S^{2-}）浓度为（0.131±0.036）mg/L，微氧和厌氧水解酸化出水 S^{2-} 浓度分别为（0.112±0.037）mg/L 和（1.267±1.224）mg/L（图 3-6）。由此可以看出，SO_4^{2-} 和 S^{2-} 浓度的变化趋势一致，微氧反应器出水 SO_4^{2-} 浓度较高，S^{2-} 浓度显著降低，厌氧出水则相反，表明微氧条件能够明显地抑制 SRB 的活性，减少 SO_4^{2-} 的还原和 H_2S 的产生。

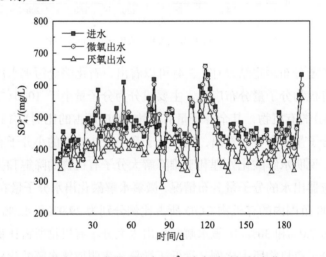

图 3-5　反应器进出水 SO_4^{2-} 浓度随时间的变化

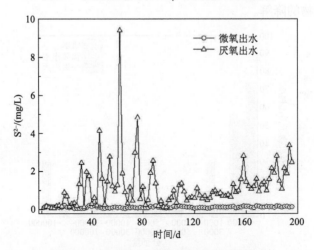

图 3-6　反应器出水 S^{2-} 浓度随时间的变化

4. 微生物种群结构分析

表 3-1 为两个反应器中污泥样品的 454 测序结果。表中 Ace 指数和 Chao1 指数在分子生物学中常用来估计物种总数，数值越大代表群落丰富度越高；Shannon 指数是用来估算样品中微生物多样性的指数之一，Shannon 指数越大，说明群落多样性越高。由表可以看出，微氧水解酸化反应器中微生物种群丰度高于厌氧水解酸化反应器，而厌氧水解酸化反应器中微生物种群多样性高于微氧水解酸化反应器。从细菌种群结构来看，微氧和厌氧水解酸化反应器系统有着相似的种群结构，造成这两个系统群落多样性差异的主要原因是种的不均匀性。微氧环境可以提高水解酸化菌的代谢活性，同时导致部分严格厌氧的菌种不能适应而死亡，水解酸化系统微生物种类逐渐减少，最终使物种分布趋于不均衡，少数菌种成为优势物种。

表 3-1 　细菌种群多样性指数特征(97% OTUs 相似水平)

污泥样品	读序	OTUs	Ace 指数	Chao1 指数	Shannon 指数
微氧反应器	24701	3116	6825	5399	6.29
厌氧反应器	25928	2975	6154	5046	6.46

在门水平上，两个反应器污泥细菌种群分布见图 3-7。水解酸化反应器中的主要优势菌有变形菌门(Proteobacteria)、绿弯菌门(Chloroflexi)、厚壁菌门(Firmicutes)、拟杆菌门(Bacteroidetes)、浮霉菌门(Planctomycetes)、酸杆菌门(Acidobacteria)、脱铁杆菌门(Deferribacteres)以及放线菌门(Actinobacterium)，其中变形菌门相对丰度最高，其次是绿弯菌门。厌氧水解酸化系统中变形菌门、绿弯菌门和放线菌门分别占 39.7%、20.3% 和 1.9%，均高于微氧水解酸化系统(分别为 36.9%、17.5% 和 1.3%)，而厌氧水解酸化系统中拟杆菌门和酸杆菌门的相对丰度较高。变形菌门中包含很多兼性菌，在低 DO 浓度条件下能有效利用 DO 进行有机物降解；绿弯菌门中细菌多为丝状细菌，该类细菌普遍存在于颗粒污泥中，对污泥颗粒结构的形成起到促进作用，同时具有降解大分子有机物的能力；放线菌也具备较强的降解有机物的能力。因此，微氧水解酸化系统菌群对有机物尤其是难降解大分子有机物的去除效果更好。拟杆菌门和酸杆菌门中细菌的生物功能以水解发酵为主，能将多糖水解为单糖后，再酵解为乳酸、乙酸、甲酸或丙酮酸，将蛋白质水解为氨基酸和有机酸等，将脂类水解为低级脂肪酸和醇。厌氧水解酸化系统中拟杆菌门和酸杆菌门相对丰度较高，因此其出水中 VFA 浓度较高。

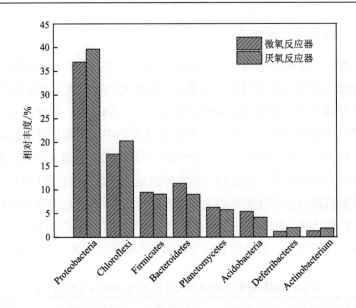

图 3-7　门水平上反应器污泥菌群的相对丰度(仅列出大于 1%的数据)

　　SRB 是一类能够还原硫酸盐产生硫化氢的细菌的总称。SRB 曾被认为是严格的专性厌氧菌，但有研究表明，SRB 能在分子氧存在的情况下存活甚至占据优势(殷积芳等，2016)。在属水平上，厌氧水解酸化污泥中共检测出 17 种 SRB，总的相对丰度为 2.5%；而微氧水解酸化污泥中共检测出 12 种 SRB，总的相对丰度为 1.2%。表 3-2 列出了主要的 SRB 及其相对丰度。可以看出，微氧水解酸化污泥的 70%以上的 SRB 的相对丰度低于厌氧水解酸化污泥，其活性被有效抑制。

表 3-2　属水平上鉴定出的主要 SRB 及其相对丰度

细菌	相对丰度/%	
	微氧反应器	厌氧反应器
Desulfovibrio	0.30	0.49
Desulfofustis	0.12	0.49
Desulfosalsimonas	0.11	0.32
Desulfobacter	0.09	0.30
Desulfococcus	0.09	0.30
Desulfocapsa	0.07	0.14
Desulfobulbus	0.17	0.12
Desulfurispora	0.06	0.11
Desulforhabdus	0.12	0.10

5. 微氧水解酸化机理

了解微氧水解酸化的机理有助于科学地选定工艺运行参数并调控工艺运行。不同 O_2/S^{2-} 条件下，硫化物氧化过程中存在电子不守恒现象，即硫化物氧化生成不同产物所供给的电子与氧气实际利用的电子不守恒。根据这一现象，提出了微氧条件下硫化物氧化的代谢途径：当 $O_2/S^{2-}<1$ 时，硫化物依次被氧化为单质硫（S^0）和硫酸盐（SO_4^{2-}），此时硫氧化细菌利用辅酶 Q 而不是直接利用氧气作为电子供体还原 NAD^+。通过氧气调控可以使硫酸盐还原和硫化物氧化过程在同一反应装置内实现。在石化废水微氧水解酸化过程中，硫酸盐还原、硫化物氧化及有机物的电子传递可实现耦合，从而起到酸化和硫化物脱毒作用，其代谢过程如图 3-8 所示。

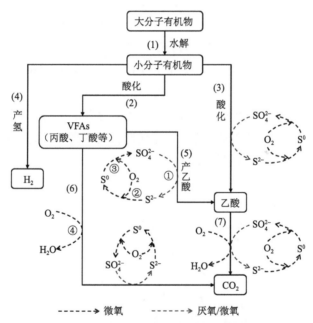

图 3-8　石化废水微氧水解酸化代谢途径示意图

从代谢途径来看，在适量氧气存在的情况下，氧电子受体的存在可促进硫的循环（反应②和③），从而可降低 S^{2-} 的积累和 H_2S 的产生；与此同时，硫的循环可为酸化过程提供电子传递通道[反应(2)(3)(5)]，兼性的水解酸化菌为该反应的进行提供了生物学基础。当氧气过量的时候可消耗产生的小分子有机酸（反应④），从而导致酸积累量下降。因此，维持适量的电子受体——氧的供应，是实现石化废水微氧水解酸化过程的关键。

3.1.4　脉冲水解酸化技术研究

水解酸化工艺运行时，传质效果差也是限制其处理效果的重要因素之一。脉冲水解酸化技术可利用水力作用实现泥水高效混合，有利于解决水解酸化池内污泥淤积和传质效果差的问题。

水解酸化池一般可采用连续进水和脉冲进水两种进水方式。传统的连续均匀布水式水解酸化池存在污泥淤积严重、泥水混合效果差、水下设备腐蚀严重等问题，导致水解酸化效率降低，影响处理效果。脉冲布水器依据虹吸原理，利用虹吸管中高速流动的水流将主管道中的空气带走，使主管道内形成一定的真空度，在管道内外大气压作用下，污水进入主管道后冲入池中。由于水流速度快，布水能在短时间内完成，达到脉冲效果，搅起池底的污泥与池内废水不断充分混合，使污泥与污水中的有机物充分接触反应。脉冲式布水器周期性地将大量的水在短时间内迅速注入反应器内，使池内的底层污泥交替进行收缩和膨胀，可实现泥水充分混合，提高水解效率，同时节省水下搅拌等设备费用（Bai et al.，2013）。要实现正常脉冲，脉冲布水器内的升流速度不能低于 0.32 m/h。

脉冲布水具有以下优点：①结构简单，不需复杂的设备，整个吸气布水过程靠水力自动完成；②维护管理方便；③能耗低，效率高，除提升来水外无需其他动力；④配水均匀，水力搅拌效果好。

1. 脉冲布水器

研究采用的脉冲布水器基本结构如图 3-9 所示。

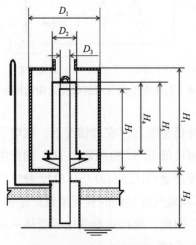

图 3-9　脉冲布水器结构图

根据所需的设计流量，可以进行脉冲相关参数的设计。相关的设计计算公式如下：

$$V_1 = \frac{\pi}{4}D_3^2\left(H_2 + H_3\right) + \frac{\pi}{4}D_2^2\left(H_5 - H_3\right) \tag{3-1}$$

$$H_0 = H_3 - H_4 + H_4\frac{D_2^2 - D_3^2}{D_1^2 - D_3^2} \tag{3-2}$$

$$T_1 = \frac{\pi}{4}D_1^2\frac{H_5 - H_0}{Q} \tag{3-3}$$

$$T_2 = 3600\frac{v_1}{Q} \tag{3-4}$$

$$T_3 = \frac{(D_1^2 - D_2^2)H_4}{D_3^2 \times \sqrt{2 \times 9.8(H_2 + H_3)}} \tag{3-5}$$

$$T = T_1 + T_2 + T_3 \tag{3-6}$$

$$N = \frac{3600}{T} \tag{3-7}$$

$$v = \frac{Q}{\frac{\pi}{4}D_1^2} \tag{3-8}$$

其中，Q 为设计流量，m^3/h；V_1 为中心管内的空气体积，m^3；H_0 为脉冲结束后的水位(以脉冲布水器的筒体底座为基准)，m；T_1 为进水时间，T_2 为虹吸过程的排气时间，T_3 为脉冲时间，T 为脉冲周期(即一个脉冲过程的总时间)，以上时间单位均为 s；N 为脉冲频次，次/h；v 为脉冲布水器内的废水升流速度，m/h。

以脉冲频次 N 为设计目标，根据进水流量 Q，综合考虑脉冲布水器的外观尺寸，经过多次迭代计算，可得到合适的脉冲布水器设计参数。

研究采用的脉冲布水器尺寸为 $\Phi150$ mm×300 mm(直径×高)。当水解酸化反应器的 HRT 为 20 h 时，脉冲布水器内的升流速度为 0.42 m/h。经过 238 d 的运行检验，脉冲布水器在该条件下能够稳定实现脉冲布水。

2. 脉冲水解酸化运行效能

基于脉冲布水器设计并建成了脉冲布水水解酸化装置用于验证脉冲水解酸化处理石化废水的效能。水解酸化池为圆柱形，高径比为 2500∶300(8.3)，脉冲布水器的体积为 4.0 L，脉冲频次为 10 次/h，HRT 为 20 h。

脉冲水解酸化池进水 COD 浓度波动较大，约为 205～586 mg/L，出水 COD 浓度随进水波动，在 180～500 mg/L 之间，COD 去除率保持在 10%以上（图 3-10）。脉冲水解酸化池进出水的 BOD_5/COD 分别为 0.37～0.57 和 0.36～0.61，没有显著差别。

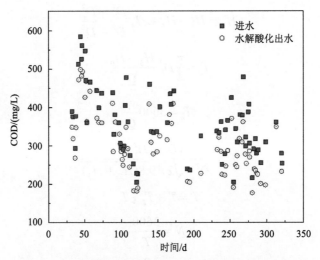

图 3-10　脉冲水解酸化进出水 COD 浓度随时间的变化

脉冲水解酸化池进水氨氮浓度为（31.3±8.8）mg/L，经脉冲水解酸化处理后，部分有机氮转变为氨氮，出水氨氮浓度增加到（38.6±7.3）mg/L（图 3-11）。这表明脉冲水解酸化可以改变进水的有机物组成，从而影响废水处理性能。

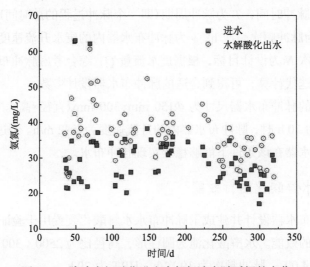

图 3-11　脉冲水解酸化进出水氨氮浓度随时间的变化

从脉冲水解酸化池进出水 VFA、SO_4^{2-} 及 S^{2-} 的浓度变化(图 3-12)可以看出，脉冲水解酸化池的水解酸化效果较好，将出水 VFA 浓度提高一倍以上；SO_4^{2-} 浓度降低，说明发生了厌氧水解酸化，导致 S^{2-} 浓度显著增加。这是因为脉冲水解酸化是一种利用水力搅拌强化厌氧水解酸化的技术，其本身并不能抑制有毒恶臭气体 H_2S 的产生。

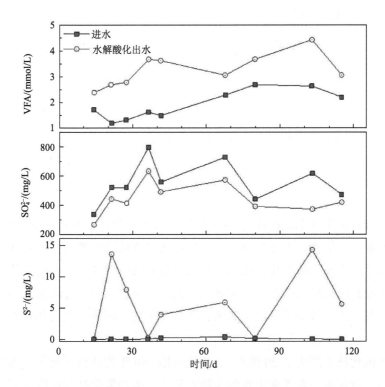

图 3-12　脉冲水解酸化进出水 VFA、SO_4^{2-} 和 S^{2-} 浓度随时间的变化

脉冲前后脉冲水解酸化池污泥浓度沿酸化池高度的分布情况如图 3-13 所示。由图可以看出，脉冲发生前，污泥层主要集中在反应器底部 0.5 m 的高度；脉冲发生后，污泥随水流向上运动。上部污泥浓度未见增加，底部污泥浓度降低，有助于泥水混合。沿反应器高度积分，得到脉冲前后反应器内污泥浓度分别为6950 mg/L 和 5200 mg/L。污泥浓度略有降低，说明脉冲水解酸化池控制不当容易造成污泥流失。

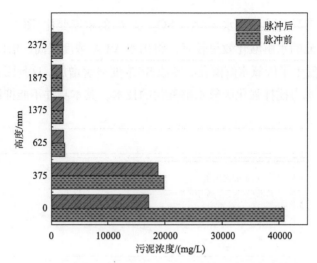

图 3-13　脉冲前后水解酸化池污泥浓度沿反应器高度分布图

3.2　生物处理强化技术

生物处理强化技术是指在生物处理系统中,通过投加具有特定功能的微生物、营养物或基质类似物,增强处理系统对特定污染物的降解能力,提高降解速率,达到有效处理含难降解有机物废水的目的(Ma et al., 2009)。生物强化技术的优势有:①提高对目标污染物的去除效果,改善了出水水质;②改善了污泥性能,增强了污泥活性,减少了污泥生成量;③提高了抗负荷冲击能力和系统稳定性;④与其他生物修复技术相结合,提高了运转效率。

生物强化技术产生于20世纪70年代中期,90年代获得了突飞猛进的发展和广泛应用。近年来,在工业废水的生物处理中,生物强化技术也取得了成功。这主要归功于其对于工业废水中的某种特定的难降解污染物具有较好的降解效果,而且较之原有工艺的改造更加低廉有效。随着对生物强化技术机理过程的深入研究,越来越多的作用形式被开发出来并成功应用于研究水平(小试或中试)及实际应用水平的污水处理厂,极大地促进了生物强化技术运用过程的优化控制。

3.2.1　生物处理强化技术简介

1. A/O 生物膜复合工艺

1)概念、特点及主要影响因素

水环境中的微生物可在任何适宜的载体表面牢固地附着、生长、繁殖,这些微生物细胞和一些非生物物质镶嵌在微生物分泌的胞外聚合物基质中形成生物膜。将生物膜法与其他污水处理工艺相结合，即在传统的活性污泥处理系统中加入生物膜载体，形成生物膜与活性污泥的共存体，称为复合生物反应器。这类工艺将生物膜法与活性污泥法有机地结合在一起，综合发挥两种方法的特点及优势，克服各自方法的不足，可达到节省用地和延长污泥龄的效果，使生物处理工艺能够发挥出更高的处理效率(Gebara，1999；Fitch et al.，1998；Wanner et al.，1988)。20 世纪 80 年代后期，为了满足污水处理日益严格的排放标准，发展出了 A/O 生物膜复合工艺。该工艺是指在传统 A/O 工艺的好氧池中投加填料形成生物膜工艺。

相比单纯的生物膜法及活性污泥法，A/O 生物膜复合工艺有以下优势：①复合生物反应器的脱氮效果比单纯活性污泥法要好，主要是由于系统内的载体可以为硝化菌和反硝化菌提供适宜的生长场所，并且该系统不需要设置污泥回流；②反应器内加入了填料，且附着生长的生物膜含水率较低，使得反应器内单位容积生物量较单纯活性污泥法成倍提高，从而使反应器的处理能力增强，净化功能显著提升；③反应器内微生物物种丰富、数量繁多，并且存在世代周期较长和高层次水平的微生物，除纤毛虫、轮虫类外，还存在着寡毛虫和昆虫等，所以反应器具有较长的食物链；④在相同的处理要求下，由于反应器内生物总量增加，水力停留时间缩短，系统的处理效率提高；⑤系统运行稳定性好，耐冲击负荷，有机物去除效果好(裴露，2011；王延涛，2010)。

A/O 生物膜复合工艺常用的填料有颗粒填料、软性填料、立体弹性填料、悬浮填料等。微生物附着生长在填料上，异养菌、硝化菌和反硝化菌间相互作用，将有机物和其他成分不断转化、摄取并合成细胞物质。因此，好氧池中的微生物活性是决定该系统性能的关键因素。

溶解氧和填料是影响该工艺中微生物生长的主要环境因素。充足的供氧有利于好氧生物降解过程的顺利进行。有机物在好氧微生物的作用下氧化分解，在脱氧酶和水解酶等一系列酶的作用下形成易代谢产物，进一步被降解。好氧阶段废水 COD 的去除率一般在 10%～20%。此外，适宜的填料选择，有助于优势微生物群落的形成。研究表明，聚氨酯生物膜的特殊结构不仅有利于溶解氧的渗透，还有利于基质的传递，溶解氧和基质在生物膜上由外至内逐级递减，形成不同的层状分布(Chu et al.，2014)。与此环境条件相适应的微生物群落，形成良好的种群配合和良好的沿程分布。不同区域的功能性和结构性的形成，避免了不同种群间的相互竞争和抑制，相辅相成，确保相应的微生物拥有适宜的生存环境，实现单一反应器内的微生物分相，对于生物基质的利用达到最大化。

2) A/O 生物膜复合工艺的应用

A/O 生物膜复合工艺兼有活性污泥法和生物膜法的特点，具有建设和运行成本低、基础设施构造简单、处理量大和效率高等优点。A/O 生物膜复合工艺中加入聚氨酯作为填料载体起源于 20 世纪 70 年代中期，由德国 Linden Aktiengesllschaft 公司研究开发，目的在于改进传统的活性污泥法工艺，即载体活性污泥法。1984 年，德国 Freising 公司建起了第一座以该工艺运行的污水处理厂。该工艺改用高孔隙的聚氨酯塑料泡沫块作为载体，将其投入活性污泥池中，利于聚氨酯形成粗糙的表面和致密的空隙，使微生物附着和生长在上面，提高活性污泥法的生物量。当填充的聚氨酯块体积约为活性污泥池体积的 10%～30% 时，系统中的微生物总量要比传统活性污泥法的微生物总量高出 2～3 倍，处理效率也得到大幅度的提高。

Hamoda 和 Al-Sharekh (2000) 考察了 HRT 对复合生物反应器去除生活污水中有机污染物效果的影响。研究发现，HRT 并非限制工艺效果的因素，可缩短 HRT 至 2 h；且在高有机负荷条件下，有机物去除率仍能保持较高水平，说明复合生物反应器具有较强的有机污染物去除能力。蒋展鹏等 (2002) 采用升流式一体化 A/O 生物膜反应器处理生活污水。结果表明，当缺氧区 HRT 为 5 h、好氧区 HRT 为 3 h 时，COD 去除率大于 80%，悬浮物去除率大于 95%；维持反应器内适宜的碱度可获得良好而稳定的脱氮效果，且剩余污泥少，无须频繁排泥。张万友等 (2009) 采用新型 Biofringe (BF) 填料结合 A/O 工艺处理石化废水，发现当 HRT 为 28 h、回流率为 100% 时，COD、氨氮和总氮 (total nitrogen, TN) 的去除率分别为 90%、95% 和 50%。同时，反应器具有启动周期短、污泥沉降性好、动力消耗低、抗冲击能力强等特点。郭梦瑾等 (2019) 采用 A/O 生物膜复合工艺处理石油炼化废水，同期对比传统 A/O 工艺的结果，发现 A/O 生物膜复合工艺在 COD、氨氮、TN 的去除率上明显优于传统 A/O 工艺，且能有效降解石油炼化废水中的烷烃类有机物。A/O 生物膜复合工艺污泥具有高生物活性和优良的沉降性能，通过对其微生物群落结构分析，发现 A/O 生物膜复合工艺可促进石油降解菌和脱氮菌的富集。A/O 生物膜复合工艺可作为一种改进 A/O 工艺的良好策略，用于石油炼化污水处理厂的低成本原位升级改造。

2. 微生物菌剂强化技术

1) 微生物菌剂

微生物菌剂是将具有特定功能的单一菌株或多种具有不同功能或具有互生、

共生关系的微生物，以合适的比例进行混合配制而成的复合微生物。关于微生物菌剂的研究和应用是近年来应用微生物学的一个重要内容。微生物菌剂最初被用在农业生产和水产养殖领域，随着相关技术的发展，其应用也拓宽到了环保领域，尤其是污水强化处理、河道水体原位修复等。此外，其在调节生态平衡和保护生态环境等作用上也取得了不错的效果。微生物菌剂的主要优点有：①能快速提升处理系统中的菌群浓度，进而大幅度缩短菌群驯化时间，提高处理效能；②操作便捷，实时处理，既安全又节能；③提高污水处理设施在极端环境（如低温条件下）下的运行稳定性（姜阅等，2015）。

微生物菌剂强化技术是现代微生物培养技术在废水处理领域的良好应用和扩展。生物强化过程中所投加的微生物可以来源于原来的处理体系，也可以是原来不存在的外源微生物。高效菌株的获取方式主要有以下三种：一是从污染现场或处理设施中筛选分离；二是通过构建基因工程菌获得；三是通过水平基因转移技术获得。三种高效菌株获取方式各有特点：运用常规手段分离出的高效降解菌种可能存在对各种环境、有毒物质耐受力不足的问题，但是其技术成熟、应用范围广；应用基因工程技术构造出的菌株对目标污染物降解效率稳定，并且针对性较好；水平基因转移技术获取的菌株在处理系统中处于优势地位，可以保持高数量和高活性；但目前基因工程菌的构造和水平基因转移技术都存在生物安全性方面的争议。

菌株经过筛选、培育、驯化后投入到生化处理体系中，以目标污染物为唯一碳源和能源，从而提高目标污染物的处理效率。具备生物强化作用的微生物应满足以下三个基本条件：①投加后，菌体活性高；②菌体可快速降解目标污染物；③在系统中不仅能竞争生存，而且可维持相当数量。在实际应用中，所投加微生物菌剂的组成及相对含量取决于原有处理体系中的微生物种群及目标体系的环境条件。

2）微生物菌剂的作用机制

（1）高效降解菌直接作用。微生物菌剂强化技术应用最为普遍的方式是直接投加对目标污染物具有特效降解能力的微生物。这种作用机制首先需要通过驯化、筛选、诱变和基因重组等生物技术手段得到一株或多株以目标降解物质为主要碳源和能源的高效微生物菌种，再经培养繁殖后，投放到具有目标降解物质的废水处理系统中。投加的微生物可以附着在载体上，形成高效生物膜，也可以以游离状态存在。从理论上讲，只要给予足够长的时间、适宜的生存环境，对于任何一种污染物都可以进化出其相应的降解菌。虽然许多纯菌对特定目标污染物有很好的降解效果，但在实际污水处理中，人们更倾向于采用混合菌群进行生物强化(Quan et al.，2004)。相对于纯菌，混合菌群的降解能力一般都较高，对底物的利用范围也较广(Dhouib et al.，2003)。

(2)微生物的共代谢作用。微生物的共代谢作用是指只有在初级能源物质存在时，才能进行的有机化合物的生物降解过程。许多难降解有机物的去除是通过易降解有机物作为碳源和能源的共代谢途径进行的。在应用微生物菌剂强化技术进行废水处理时，除了考虑微生物菌种本身的特性以外，投加适宜的共代谢底物对生物强化菌剂效果的发挥十分重要。瞿福平等(1998)在对氯代芳香烃化合物的研究中发现，氯苯类同系物共存时，对氯苯的生物降解性有一定程度的影响。邻二氯苯、间二氯苯的共存有利于整个体系的降解，但氯苯的耗氧速率有所降低。张晓健等(1998)的研究也表明易降解有机物的存在有利于受试物的降解。

(3)群体感应作用。在生物强化过程中，整个微生物群落结构的变化也可能是由高效菌株的群体感应能力所引起的(Zhang et al.，2017)。生物膜形成的其中一种机制是群体感应，微生物通过信号分子来调节种群附着和迁移，以此形成生物膜(温东辉等，2014)。微生物群体感应可以通过刺激生物膜的生长达到降解污染物的作用。

3)微生物菌剂强化的效果

微生物菌剂强化技术相比传统的废水处理方法，主要有以下效果。

(1)提高目标污染物的去除效果。投加适当的微生物菌剂往往能提高系统对BOD_5、COD、总有机碳(total organic carbon，TOC)或某种特定难降解物的去除效果。

(2)改善污泥性能，减少污泥产量。生物强化作用不仅可以有效地消除污泥膨胀，增强污泥沉降性能，而且还可以减少污泥产量，一般可使污泥容积降低17%~30%。此外，还可改善出水水质，减少污泥排放和污泥处理的能耗。

(3)缩短系统的启动时间，增强耐冲击负荷的能力和系统的稳定性。投加一定量的高效菌种，可增大处理系统中有效菌种的比例、缩短系统的启动时间、达到较高的快速处理效果，同时还可增强系统的耐冲击负荷能力以及处理系统的稳定性。

3.2.2　进水水质特征与处理要求

在石化综合污水处理厂工艺流程中，生物强化处理工艺通常位于水解酸化处理之后。根据前期研究，典型石化综合污水水解酸化处理出水的平均 COD 浓度为 (367.2±56.7) mg/L。水解酸化处理后的废水有机物种类减少，浓度降低，但也出现新增有机物。总体而言，石化综合污水水解酸化处理出水中仍存在苯系类等有机物，虽然有机物浓度不高，仍需要进行生物强化处理。

开发工业废水有毒有机物高效生物处理技术的关键在于培养和保持能够适应工业废水特点的高效菌群，如耐受高盐、高温、高冲击负荷、高毒性等特点的微生物。以典型石化综合污水水解酸化处理出水为研究对象，可采用 A/O 复合膜和 A/O 生物菌剂两种生物处理强化技术处理该废水，为石化综合污水处理厂生物处理系统强化改造提供技术支撑。

3.2.3　A/O 工艺运行优化研究

1. 装置与参数设计

A/O 工艺运行装置如图 3-14 所示。废水经蠕动泵进入 A/O 反应器，出水经沉淀池沉降后从顶部溢流堰排出，沉淀池底部的污泥经蠕动泵回流至缺氧 A 段。反应器分为平行运行的 A、B 两组。每组由一个 A 段和两个好氧段 O1、O2 组成，总体积为 45 L，A 段：O1 段：O2 段的比例为 1：2：2，沉淀池体积为 28 L。反应器在 A 段设有机械搅拌，O 段采用底部曝气。A 组反应器 O 段 DO 浓度控制在 2～3 mg/L，B 组反应器 DO 浓度控制在 5～6 mg/L，反应器温度为 23～26℃。

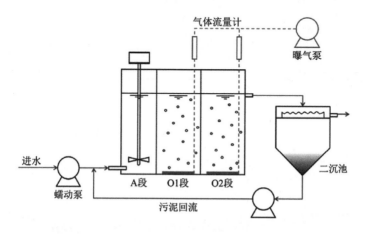

图 3-14　试验装置示意图

2. 影响因素研究

1)DO 浓度和 HRT 的影响

A/O 反应器启动成功后稳定运行近半年时间。A、B 两组反应器内的 A 段和 O 段的污泥浓度分别保持在 3000～4000 mg MLSS/L 和 5000～6000 mg MLSS/L，MLVSS/MLSS 值为 0.71～0.75，污泥活性均较高。图 3-15 和图 3-16 分别为进出水 COD 浓度和氨氮浓度及其去除率随时间的变化。不同 HRT 下，A、B 两组反应器出水的水质指标见表 3-3。可以看出，尽管进水的 COD 浓度波动较大，但 COD 的去除率保持稳定，且出水的 BOD$_5$ 均低于 5 mg/L，说明 A/O 反应器具有良好的抗冲击性，对有机物的生物降解也比较彻底。在 HRT 为 20 h 时，出水 COD 的去除效果优于 30 h；A 组反应器出水的 COD 浓度[(72.5±14.8) mg/L]略高于 B 组反应器出水[(68.7±14.6) mg/L]，COD 平均去除率分别为 67.0%和 68.8%；TOC 的去除率分别为 64.4%和 69.1%。由此说明，低 DO 浓度下运行对有机物的去除没有显著影响。

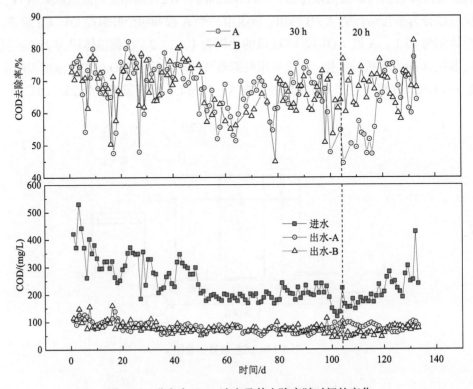

图 3-15　进出水 COD 浓度及其去除率随时间的变化

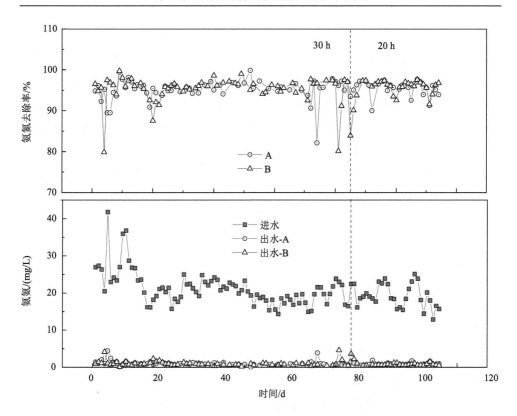

图 3-16 进出水氨氮浓度及其去除率随时间的变化

表 3-3 A、B 组反应器出水指标分析

	HRT/h	COD/(mg/L)	BOD₅/(mg/L)	氨氮/(mg/L)	硝态氮/(mg/L)	总氮/(mg/L)	总磷/(mg/L)
反应器 A	30	77.2±14.5	2.7±1.1	1.2±1.4	9.2±2.1	11.7±2.1	0.8±0.3
	20	72.5±14.8	4.9±0.3	0.8±0.3	14.4±3.0	22.0±1.0	1.2±0.2
反应器 B	30	78.9±17.0	3.4±2.4	1.0±0.6	10.1±2.3	12.5±2.9	1.0±0.3
	20	68.7±14.6	2.8±0.6	0.8±0.5	15.5±3.4	23.4±1.6	1.1±0.2

反应器运行初期，低 DO 运行的 A 组反应器出水的氨氮(NH_4^+-N)浓度较高，说明硝化菌的活性降低。但经过 3 个月的运行后，两组反应器出水的氨氮浓度已经没有显著差别，氨氮的去除率均在 90%以上。两组反应器出水的总氮以硝态氮（NO_3^--N)为主，亚硝态氮（NO_2^--N)一直保持在非常低的水平(小于 0.07 mg/L)，表明硝化反应进行较为完全。UV_{254} 下降率大约为 56%，说明反应器对大分子芳香性难降解有机化合物有一定的去除作用。

A、B 两组反应器各段 COD、氨氮、总氮和总磷的浓度变化如图 3-17 所示。A、B 两组反应器的降解趋势基本一致。考虑到 100%硝化液回流到 A 段，COD 和氨氮的降解主要发生在 O 段。有机物在 O 段基本完成降解，二沉池污泥絮凝沉降过程中，也会吸附一部分有机物，使 COD 浓度进一步降低。氨氮在 O 段发生硝化作用转化为硝态氮。TN 的去除主要发生在 A 段，硝态氮发生反硝化作用转变为氮气，O 段也有一定的去除作用，说明在 O 段也有一定数量的反硝化菌。A 组反应器 TN 的去除率(31%)高于 B 组(26%)。A/O 反应器对于总磷(total phosphorus，TP)的去除过程符合厌氧释磷、好氧吸磷的规律，A、B 两组反应器最终 TP 去除率分别为 34%和 39%，说明聚磷菌的活性较强。

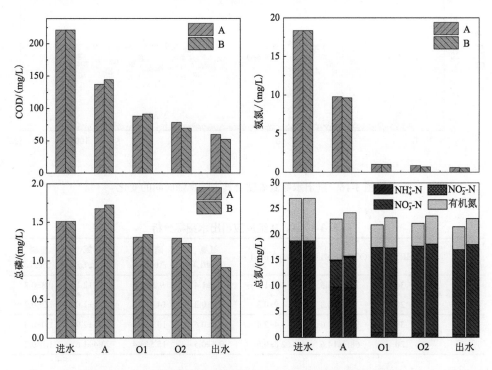

图 3-17　A、B 反应器沿程 COD、氨氮、总磷和总氮浓度变化图

对于总氮，左侧柱状图为反应器 A，右侧为反应器 B

溶解性微生物代谢产物(soluble microbial product，SMP)是由基质代谢(通常与生长相关)和污泥衰减释放的一类有机化合物,对于生化处理污水的出水水质和处理效率有重要影响,其主要成分为腐殖酸、多糖和蛋白质(Liang et al.，2007)。进水中 SMP 所占 COD 的比例为 30%左右,出水 SMP 对 COD 的贡献增至 70%～

75%。由三维荧光光谱(3D-EEM)谱图(图 3-18)可以看出，进水中主要有 3 个峰，A 峰为酪氨酸类物质，B 峰为色氨酸类物质，C 峰为 SMP 类物质。经过 A/O 反应器处理后，B 峰基本消失，出水中主要为酪氨酸和 SMP 类物质，并且两类物质峰的强度较进水均显著降低，表明这些物质已被生物降解。A 反应器出水中峰的强度略高于 B 反应器出水。

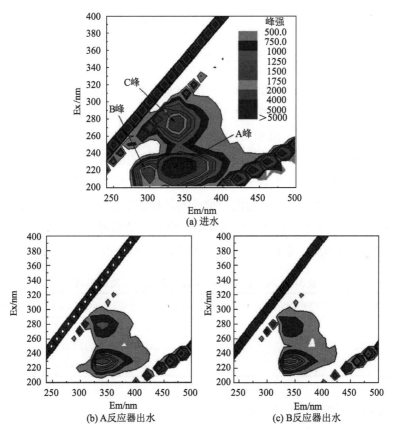

图 3-18　进水和 A、B 反应器出水的 3D-EEM 谱图(稀释 20 倍)

2) 污泥龄和污泥回流比的影响

污泥龄(θ_c)是活性污泥处理系统设计、运行的重要参数，可通过改变排泥量来调节污泥龄。从表3-4可以看出，当 θ_c 在 17 d 和 24 d 时，出水 COD 浓度在 65 mg/L 左右，而当 θ_c 在 9 d 和 46 d 时，出水水质变差，出水 COD 分别达到(97.3±6.4) mg/L 和(84.5±3.9) mg/L。污泥龄过短，污泥絮体容易破碎，造成世代时间长的硝化菌流失；污泥龄过长，污泥絮体会解体，不利于活性污泥发挥其对微生物的降解作用。因此，维持 θ_c 在 17 d 到 24 d 时 COD 去除效果最佳。

表 3-4　污泥龄对 A/O 工艺出水 COD 浓度的影响

序号	排泥量/(g/d)	MLSS/(g/L)	θ_c/d	COD/(mg/L)
1	1.521±0.032	2.860±0.25	9	97.3±6.4
2	0.771±0.038	3.860±0.37	17	65.9±5.3
3	0.673±0.024	4.730±0.33	24	67.7±4.7
4	0.442±0.022	6.418±0.27	46	84.5±3.9

表 3-5 为不同污泥回流比对 A/O 工艺出水水质的影响。由表可以看出，改变污泥回流比对出水有机物和氮的去除影响较大。当污泥回流比为 100%时，出水 COD 和 TOC 浓度较低，出水 COD 浓度为(79.5±8.5) mg/L，COD 去除率可达(84±4)%。污泥回流比在 50%和 150%时，COD 的去除率在 75%以上，出水 COD 浓度值较高，均在 100 mg/L 左右。总氮的去除率随污泥回流比增加而增加，主要是由于污泥回流比越高，回流污泥中携带的硝化液也越多，A 段反硝化的硝酸氮量增加。在实验的 3 个污泥回流比条件下，出水总氮均可达到国家一级 A 排放标准(GB 18918—2002)。综上分析可知，最佳污泥回流比应控制在 100%。

表 3-5　污泥回流比对 A/O 工艺出水水质的影响

序号	污泥回流比	COD/(mg/L)	COD 去除率/%	TOC/(mg/L)	总氮/(mg/L)	总氮去除率/%
1	50%	101.0±5.7	80±3	30.5±1.3	14.9±1.3	38±2
2	100%	79.5±8.5	84±4	20.7±1.4	12.1±1.7	40±3
3	150%	100.6±7.2	75±2	31.3±1.5	8.9±1.4	63±3

3.2.4　A/O 生物膜强化技术研究

1. 装置与参数设计

A/O 工艺在 HRT 为 30 h，污泥回流比为 100%，DO 浓度为 5～6 mg/L 的条件下，根据好氧段投加载体的区别，将 A/O 生物膜反应器分为 A、B 两组进行对比。A 组反应器在 A/O 工艺的 O2 段投加装有 1 cm³ 的改性聚氨酯泡沫的多孔塑料球载体，构成生物固定床；B 组反应器在 A/O 工艺的 O2 段直接添加聚氨酯泡沫载体，构成生物移动床，体积填充率为 30%～40%。通过在发泡配方中加入 N-甲基二乙醇胺，同时加入适量的酸性抑制剂，直接发泡制备亲水化阳离子改性的聚氨酯载体，促进微生物在载体表面的吸附。改性载体的接触角为 66°，总阳离子含量为 0.372 mmol/g。

接种污泥取自石化综合污水处理厂 A/O 工艺曝气池，启动阶段进水为污水厂水解酸化池的出水。反应器处理效果稳定后，运行分三个阶段：第Ⅰ阶段 45 d，进水为水解酸化池出水；第Ⅱ阶段 40 d，进水为污水厂进水；第Ⅲ阶段 25 d，进水为工业废水。三个阶段进水的主要水质指标见表 3-6。由表可知，随着工业废水比例的增加，进水 COD 浓度增大，C/N 值增大，BOD_5/COD 值在三个阶段没有显著差别，进水中总磷的含量较低。进水 pH 稳定在 7~8 之间，适合微生物生长。

表 3-6　进水主要水质指标

反应阶段	COD/(mg/L)	BOD_5/COD	总氮/(mg/L)	总磷/(mg/L)
阶段Ⅰ	256±37	0.31±0.14	26.2±4.6	1.6±0.4
阶段Ⅱ	287±76	0.28±0.16	31.4±9.6	1.3±0.3
阶段Ⅲ	466±102	0.33±0.15	30.2±3.2	1.9±0.8

2. 工艺运行效能

运行初期，装有改性聚氨酯泡沫的多孔塑料球载体漂浮在水面上。随着生物膜在载体表面和内部的附着和生长，载体浸没在水中，在水流和气体的作用下，在反应器内上下翻滚。反应器的污泥浓度保持在 5500~6900 mg/L，挥发性悬浮固体(volatile suspended solid，VSS)与总悬浮固体(total suspended solid，TSS)的比值在 70%~72%，污泥活性较高。

1) COD 去除效果

A/O 生物膜反应器进水 COD 浓度波动较大，但两组反应器对 COD 的去除率保持稳定(图 3-19)，说明 A/O 生物膜反应器具有较好的抗冲击负荷能力。第Ⅰ阶段和第Ⅱ阶段，出水 COD 浓度差别不大，A 组分别为(67±6) mg/L 和(63±12) mg/L，B 组分别为(72±8) mg/L 和(61±10) mg/L。到第Ⅲ阶段，进水全部为工业废水，进水 COD 浓度较高，A、B 两组反应器出水 COD 浓度分别增加到(107±18) mg/L 和(112±22) mg/L，但 COD 的去除率基本不变。A 组反应器三个阶段 COD 的平均去除率分别为 74%、78%和 77%，B 组反应器的平均去除率分别为 71.9%、78.7%和 76%。综合而言，第Ⅱ阶段进水为工业废水和生活污水混合的效果最好。移动床(B 组)比固定床(A 组)有较好的抗冲击能力，但在同一水质条件下稳定运行期间，固定床的 COD 去除效果优于移动床。

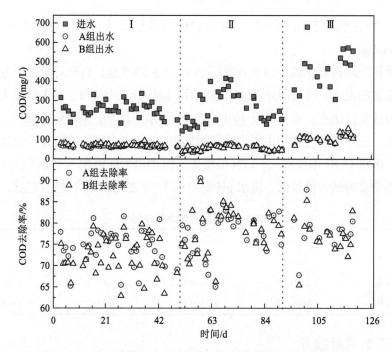

图 3-19　反应器进出水 COD 浓度和去除率随运行时间的变化

　　以 A 组反应器为例，各工段对 COD 的降解情况如图 3-20 所示。由于回流硝化液的稀释，A 段 COD 浓度约为进水的一半。COD 的降解主要在好氧 O 段，有机物在 O 段基本完成降解。二沉池污泥絮凝沉降过程中，也会吸附一部分有机物，使 COD 浓度进一步降低。

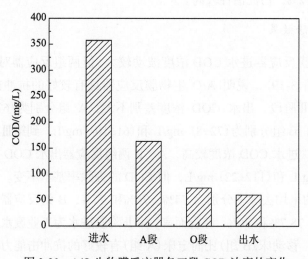

图 3-20　A/O 生物膜反应器各工段 COD 浓度的变化

2) 氨氮去除效果

稳定状态下，A/O 生物膜反应器进出水氨氮浓度和去除率随时间变化如图 3-21 所示。三个运行阶段 A 组反应器出水氨氮浓度分别为 (0.79±0.19) mg/L、(0.75±0.28) mg/L 和 (1.49±2.48) mg/L，B 组反应器出水氨氮浓度分别为 (0.99±0.23) mg/L、(0.77±0.35) mg/L 和 (1.30±1.28) mg/L。A 组反应器去除率分别为 96.2%、95.4%和 92.6%，B 组反应器分别为 95.2%、95.5%和 91.5%，均远高于 COD 去除率。单纯的工业废水成分复杂，对硝化细菌的活性有一定抑制作用，使第三阶段出水的氨氮浓度较前两个阶段有较大升高。总体来看，A/O 生物膜反应器对氨氮的去除效果好，固定床（A 组反应器）的氨氮去除效果优于移动床（B 组反应器）。

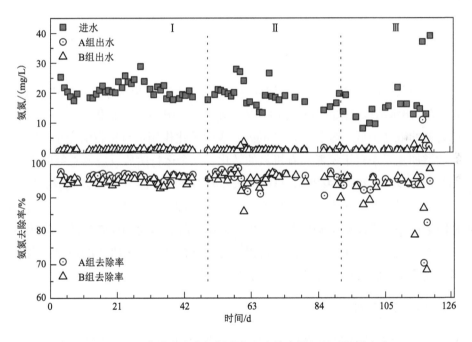

图 3-21 反应器进出水氨氮浓度和去除率随运行时间的变化

以 A 组反应器第 II 阶段运行为例，各工艺段对氨氮的降解如图 3-22 所示。由于回流硝化液的稀释，进水氨氮在 A 段迅速降低，大约被稀释了一倍；在好氧 O 段发生硝化作用，氨氮转化为硝酸氮；与 COD 降解趋势相似，氨氮降解主要发生在 O 段。

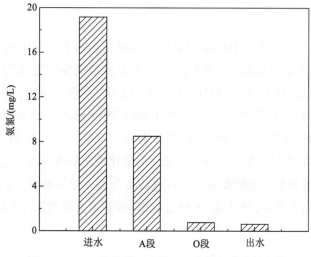

图 3-22 A/O 生物膜反应器各工段氨氮浓度的变化

3) 总氮与总磷去除效果

以 A 组反应器为例，三个运行阶段 A/O 生物膜反应器出水总氮主要以硝态氮的形式存在，出水硝态氮浓度分别为 (9.7±2.5) mg/L、(6.0±2.4) mg/L 和 (10.1±5.2) mg/L，亚硝态氮的浓度很低，均小于 0.05 mg/L，表明硝化作用进行得较为完全，出水硝态氮的增加主要来自于氨氮和有机氮的转化。三个运行阶段反应器总氮的去除率分别为 56.3%、58.2% 和 48.0%，总氮的去除基本在反应器 A 段工艺完成，总氮的去除主要是因为反硝化作用。单纯的工业废水 (第Ⅲ阶段) 尽管有机物含量高，但生物降解性差，难以被反硝化菌所利用，而第Ⅱ阶段硝化和反硝化速率均较高。A/O 生物膜反应器对于总磷的去除过程符合厌氧释磷、好氧吸磷的规律，出水中总磷浓度低于 1.0 mg/L，总磷的去除率在 79% 以上。

4) SMP 变化情况

三个反应运行阶段下，A/O 生物膜反应器 (A 组为例) 出水 SMP 占出水 COD 的比例分别为 46.5%，50.5% 和 36.1%。SMP 在第Ⅱ阶段所占比例最高，是由于进水中有一定的生活污水，水中容易降解的有机物很快被降解完成，更多的微生物进入内源呼吸阶段，产生较多的 SMP。在第Ⅲ阶段，由于工业废水中有害物质较多且难以降解，进入内源呼吸阶段的微生物相对较少，产生的 SMP 比例降低，出水中物质种类也更为复杂。以运行第Ⅱ阶段为例，发现反应器出水中 SMP 的主要成分为腐殖酸 (图 3-23)，是出水中需要进一步去除的主要物质。

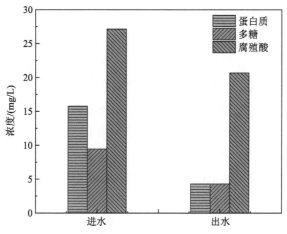

图 3-23　进出水 SMP 各组分的变化

3. 微生物种群结构研究

在门的水平上，生物膜的细菌种群分布如图 3-24 所示。由图可以看出，两组反应器的主要菌群为变形菌门(Proteobacteria)、浮霉菌门(Planctomycetes)、拟杆菌门(Bacteroidetes)、绿弯菌门(Chloroflexi)、酸杆菌门(Acidobacteria)、绿菌门(Chlorobi)、放线菌门(Actinobacterium)、蓝细菌门(Cyanobacteria)和硝化螺旋菌门(Nitrospirae)，其中变形菌门菌群所占比例最大(60.0%)，其次是浮霉菌门(16.9%)和拟杆菌门(9.8%)。

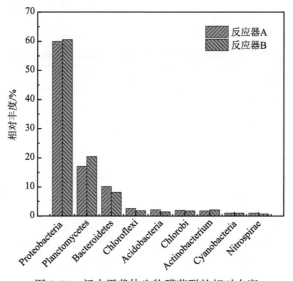

图 3-24　门水平载体生物膜菌群的相对丰度

　　生物膜中的优势菌群变形菌门是细菌中最大的一门，包括很多可以进行固氮的细菌，包含多种代谢种类，在常规活性污泥系统、脱氮系统、除磷系统中分别占 81%、80% 和 58%，在降解有机物的同时完成整个系统的脱氮除磷。浮霉菌门是一小门水生细菌，其中一类和浮霉菌属等关系较远的细菌 *Planctomycetes* sp.，能在缺氧的环境下利用亚硝酸盐氧化铵离子生成氮气来获得能量，被称作厌氧氨氧化菌，对系统脱氮起重要作用。本系统中检测少量 *Planctomycetes* 属细菌，所占比例为 0.9%。在种的水平，检测到 *Planctomycetes* sp.所占比例为 0.03%。拟杆菌门菌群常在除磷系统中被报道，可降解蛋白质、糖类等物质。绿弯菌门细菌是兼性厌氧生物，在光合作用中不产生氧气，不能固氮，主要利用和分解糖类物质，从而降低出水中糖类物质比例。一般处理工业废水的活性污泥中放线菌比例较高，能好氧吸磷，厌氧条件下以氨基酸为有机碳源，随原水中碳源种类的增多而增加。硝化螺旋菌是一类革兰氏阴性细菌，是重要的亚硝酸盐氧化菌。

　　表 3-7 列出了在属水平上鉴定出的优势菌以及氨氧化菌(ammonia oxidizing bacteria，AOB)、亚硝酸盐氧化菌(nitrite oxidizing bacteria，NOB)、反硝化菌及其丰度。检测到了氨氧化菌 *Nitrosomonas* 和亚硝酸盐氧化菌 *Nitrospira*。两组反应器 NOB 的比例较高，且 A 组多于 B 组，这与 A 组反应器较好的硝化作用相一致，亚硝酸氮基本上可以完全氧化为硝酸氮。*Azospira* 和 *Thermomonas* 具有反硝化功能，且 B 组比例明显高于 A 组，这与 B 组反应器较好的脱氮效果相一致。*Flexibacter* 属于拟杆菌门，*Gemmata* 属于浮霉菌门，*Defluviicoccus*、*Comamonas*、*Legionella*、*Azospira* 和 *Thermomonas* 都属于变形菌门。

表 3-7　属水平鉴定出的优势菌以及 AOB、NOB、反硝化菌及其丰度

细菌	A 组丰度/%	B 组丰度/%
Flexibacter	5.7	4.4
Gemmata	4.1	4.7
Defluviicoccus	2.0	1.9
Comamonas	1.5	4.5
Legionella	1.0	0.67
Nitrosomonas（AOB）	0.16	0.02
Nitrospira（NOB）	0.61	0.54
Azospira（反硝化菌）	0.51	1.2
Thermomonas（反硝化菌）	0.51	1.03
Thauera（反硝化菌）	0.14	0.03

3.2.5　A/O 生物菌剂强化技术研究

1. 高效菌剂 A 强化 A/O 工艺

1) 装置与运行参数

高效菌剂 A 强化 A/O 工艺流程如图 3-25 所示。A/O 池长 4.8 m、宽 1.8 m、高 2.6 m，装置共有 6 个廊道，其中 1 廊道为兼氧段，其余为好氧段，各廊道之间串联，系统污泥浓度均值为 4.5 g/L；处理水从二沉池排出，二沉池回流污泥返回至 1 廊道；在 2 廊道取泥水混合液进入生物强化反应器驯化培养，然后返回 2 廊道。

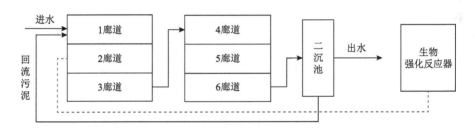

图 3-25　高效菌剂 A 强化 A/O 工艺流程

运行过程分为 4 个阶段：启动阶段、生物强化 I 阶段、生物强化 II 阶段和标定阶段(表 3-8)，工艺运行期间以药剂强化为主，同时加营养液等辅助进行 A/O 工艺强化。主要工艺运行参数见表 3-9。

表 3-8　高效菌剂 A 强化 A/O 工艺运行阶段

运行阶段	周期	内容
启动阶段	18 d	生化系统启动
生物强化 I 阶段	19 d	以药剂强化为主，同时 A/O 系统加营养液与 HN-100 药剂为辅
生物强化 II 阶段	26 d	以药剂强化为主，同时 A/O 系统加 HN-100 药剂为辅
标定阶段	4 d	以药剂强化，试验稳定运行

表 3-9　高效菌剂 A 强化 A/O 工艺主要运行参数

进水量 /(m³/h)	停留时间/h		溶解氧/(mg/L)		MLSS /(mg/L)	污泥回流比/%	温度/℃	pH
	A 段	O 段	A 段	O 段				
0.6	5.3	26.7	0.2～0.4	2～7	4000～5000	150	24～30	6～8

2）启动阶段运行效果

本阶段以药剂开展生物强化，启动阶段前 14 d 内集中开展强化 12 次，共强化混合液 1200 L。启动阶段运行效果见表 3-10 与图 3-26。

表 3-10　启动阶段运行效果

	COD/(mg/L)			氨氮/(mg/L)	
	进水	出水	Ⅳ系列出水	进水	出水
18 d	390～1100	66.0～91.6	62.4～94.1	18.27～39.2	<0.20
均值	488	76.2	79.8	23.4	<0.20

注：本阶段进水量 0.6 m³/h，A 段、O 段停留时间与大生产实际情况相同，分别为 5.3 h、26.7 h；MLSS 均值 4500 mg/L；污泥回流比 150%；温度 23.8～25.3℃。

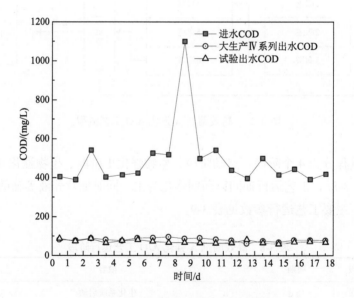

图 3-26　启动阶段废水 COD 处理效果

本阶段系统 COD 容积负荷为 0.312 kg/(m³·d)，COD 污泥负荷为 0.069 kg COD/(kg MLSS·d)。进水 COD 均值为 488 mg/L，试验出水 COD 均值为 76.2 mg/L，COD 去除率为 84.4%，同期大生产Ⅳ系列出水 COD 均值为 79.8 mg/L，试验出水 COD 同比降低 3.6 mg/L。进水氨氮均值为 23.4 mg/L，出水氨氮<0.20 mg/L。经过启动阶段药剂的集中生物强化，系统的抗冲击性得到显现：运行中期进水水质出现大幅波动，最高进水 COD 达到 1100 mg/L，但出水 COD 平稳，未受到影响。

3) 生物强化 I 阶段运行效果

本阶段以药剂开展生物强化,运行生物强化反应器 4 次,共强化混合液 600 L;向 A/O 系统内投加营养液、HN-100 药剂做辅助强化。本阶段运行效果见表 3-11 与图 3-27。

表 3-11　高效菌剂 A 生物强化 I 阶段运行效果

	COD/(mg/L)			氨氮/(mg/L)	
	进水	出水	Ⅳ系列出水	进水	出水
19 d	300~460	44.9~79.0	50.5~87.2	14.1~21.9	<0.20
均值	335	59.8	69.1	18.9	<0.20

注:本阶段进水量 0.6 m³/h,A 段、O 段停留时间与大生产实际情况相同,分别为 5.3 h、26.7 h;MLSS 均值 4.5 g/L;污泥回流比 150%;温度 25.1~27.3℃。

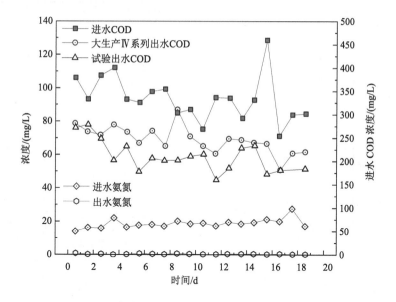

图 3-27　高效菌剂 A 生物强化 I 阶段废水处理效果

本阶段系统 COD 容积负荷为 0.208 kg/(m³·d),COD 污泥负荷为 0.046 kg COD/(kg MLSS·d)。进水 COD 均值为 335 mg/L,试验出水 COD 均值为 59.8 mg/L,COD 去除率为 82.1%,大生产Ⅳ系列出水 COD 均值为 69.1 mg/L,试验出水同比降低 9.3 mg/L。进水氨氮均值为 18.9 mg/L,出水氨氮<0.20 mg/L。本阶段在药剂强化的基础上,引入了营养液和 HN-100 药剂起辅助生物强化作用,加营养液是为了补充系统氮源,自 16~19 d,不断加大营养药剂的投加量(投加量从 30 mg/L 到

300 mg/L）。结果表明，营养液对改善出水没有影响。HN-100药剂机理在于诱导菌群产生应对难降解污染物的酶，由于投加时间较短，药剂效果还需要长时间观察。

4）生物强化Ⅱ阶段运行效果

本阶段以药剂开展生物强化，运行生物强化器5次，共强化混合液500 L；向A/O系统内投加HN-100药剂做辅助强化，运行效果见表3-12和图3-28。

表3-12　高效菌剂A生物强化Ⅱ阶段运行效果

	COD/(mg/L)			氨氮/(mg/L)	
	进水	出水	Ⅳ系列出水	进水	出水
26 d	311～497	44.0～100	54.8～93.2	11.3～25.0	<0.20
均值	405	67.0	76.7	17.1	<0.20

注：本阶段进水量0.6 m³/h，A段、O段停留时间与大生产实际情况相同，分别为5.3 h、26.7 h；MLSS均值4.5 g/L；污泥回流比150%；温度27.2～29.6℃。

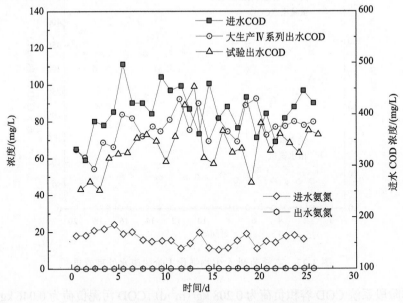

图3-28　高效菌剂A生物强化Ⅱ阶段废水处理效果

本阶段系统COD容积负荷为0.256 kg/(m³·d)，COD污泥负荷为0.057 kg COD/(kg MLSS·d)。进水COD均值为405 mg/L，试验出水COD均值为67.0 mg/L，COD去除率为83.5%，大生产Ⅳ系列出水COD均值为76.7 mg/L，试验出水同比降低9.7 mg/L。进水氨氮均值为17.1 mg/L，出水氨氮<0.20 mg/L。本阶段在药剂强化

的基础上，继续应用 HN-100 药剂做辅助生物强化剂。通过调整 HN-100 药剂的投加量、投加方式(由前段时间的一次性加注改为连续点滴方式)及投加位置(由前段时间的 A 段投加改为后段时间的 O 段 3 廊道投加)验证运行效果。从整体效果来看，药剂诱导没有作用。

5) 标定阶段运行效果

本阶段以 101、102 药剂开展生物强化，运行生物强化器 1 次，共强化混合液 100 L。运行效果见表 3-13 和图 3-29。

表 3-13　高效菌剂 A 生物强化标定阶段运行效果

	COD/(mg/L)			氨氮/(mg/L)	
	进水	出水	Ⅳ系列出水	进水	出水
4 d	311~497	44.0~100	54.8~93.2	16.8~23.2	<0.20
均值	455	74.0	84.7	20.1	<0.20

注：本阶段进水量 0.6 m³/h，A 段、O 段停留时间与大生产实际情况相同，分别为 5.3 h、26.7 h；MLSS 均值 4.5 g/L；污泥回流比 150%；温度 24.0~25.0℃。

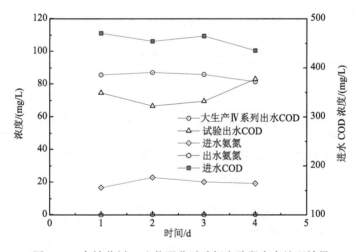

图 3-29　高效菌剂 A 生物强化试验标定阶段废水处理效果

本阶段系统 COD 容积负荷为 0.289 kg/(m³·d)，COD 污泥负荷为 0.064 kg COD/(kg MLSS·d)。进水 COD 均值为 455 mg/L，试验出水 COD 均值为 74.0 mg/L，COD 去除率为 83.7%，大生产Ⅳ系列出水 COD 均值为 84.7 mg/L，试验出水同比降低 10.7 mg/L。进水氨氮均值为 20.1 mg/L，出水氨氮<0.20 mg/L。

2. 高效菌剂 B 强化 A/O 工艺

1) 装置及与运行参数

高效菌剂 B 强化 A/O 工艺流程如图 3-30 所示。从配水井引入废水，进水量为 0.35 m³/h，A/O 段停留时间共 28 h，利用压差自流入 A/O 池，装置共有 7 个廊道，各廊道之间为串联关系。工艺运行分为连续开展的两个阶段，首先开展周期 40 d 的"4 段 A+3 段 O"的工艺运行(阶段 I)，然后进行周期 29 d 的"2 段 A+5 段 O"的工艺运行(阶段 II)。两种工艺条件都在 1 廊道兼氧池内定期加入生物强化剂，强化污泥系统。处理水从二沉池排出，二沉池回流污泥返回至 1 廊道。具体试验阶段划分情况见表 3-14。

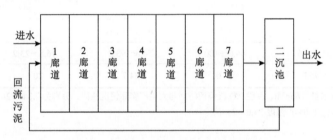

图 3-30　高效菌剂 B 强化 A/O 工艺流程

表 3-14　高效菌剂 B 强化 A/O 工艺运行阶段

阶段	周期	内容
I	40 d	生化系统启动，在"4 段 A+3 段 O"工艺条件下开展生物强化
II	29 d	在"2 段 A+5 段 O"工艺条件下开展生物强化

生物强化试验投加生物强化药剂频次、投加量、投加位置以及投加方式见表 3-15。

表 3-15　生物强化试验投加药剂操作条件

工艺阶段	生物强化药剂投加频次	10³A/O 系统每次投加量	投加位置	投加方式
阶段 I	1 次/4 d	4 L	1 廊道	间断
阶段 II	1 次/4 d	4 L	1 廊道	间断

阶段 I 运行 12 d 完成生化系统启动，从 13 d 起进入工艺稳定运行期，稳定期共计运行 28 d，阶段 I 期间系统运行条件见表 3-16。阶段 II 共计运行 29 d，其间发生轻度污泥膨胀，直至运行末期恢复正常，阶段 II 期间 A/O 系统运行条件见表 3-17。

表 3-16　A/O 系统阶段 I 运行条件

时间	进水流量 /(m³/h)	回流污泥量 /(m³/h)	HRT/h		1～4 廊道 DO/(mg/L)	5～7 廊道 DO/(mg/L)	污泥浓度 /(g/L)	温度/℃	排泥量 /L
			A	O					
40 d	0.35	0.35	16	12	<0.10	0.3～4.5	4.2～4.8	25～29	0

表 3-17　A/O 系统阶段 II 运行条件

时间	进水流量 /(m³/h)	回流污泥量 /(m³/h)	HRT/h		1～2 廊道 DO/(mg/L)	3～7 廊道 DO/(mg/L)	污泥浓度 /(g/L)	温度/℃	排泥量 /L
			A	O					
29 d	0.35	0.35	8	20	<0.10	0.3～6.0	5.0～5.4	22～27	400

2) 阶段 I 运行效果

该阶段共投加生物强化剂 10 次。该阶段启动期运行效果见表 3-18，稳定运行期间处理效果见表 3-19。该阶段系统 COD 容积负荷为 0.299 kg/(m³·d)，COD 污泥负荷为 0.066 kg COD/(kg MLSS·d)，进水 COD 均值为 409 mg/L。从图 3-31 可以看出，试验启动期出水效果略差于大生产同期出水；污泥系统经过一段时间的驯化调整后，自 13 d 起系统进入稳定期，试验出水效果优于同期大生产 IV 系列出水，该期间试验出水 COD 均值为 60.4 mg/L，COD 去除率为 85.2%，同期大生产 IV 系列出水 73.2 mg/L，试验出水同比降低 12.8 mg/L。进水氨氮均值为 17.0 mg/L，系统在稳定期的出水氨氮值均低于 0.20 mg/L；进水总氮均值为 30.5 mg/L，出水总氮均值为 10.4 mg/L。

表 3-18　阶段 I 启动期运行效果

	COD/(mg/L)			总氮/(mg/L)		氨氮/(mg/L)	
	进水	出水	IV系列出水	进水	出水	进水	出水
1～12 d	376～493	66.7～97.2	49.2～82.0	未检测	未检测	14.0～29.0	0.20～9.30
均值	423	79.2	69.8	未检测	未检测	20.5	<0.20

表 3-19　阶段 I 稳定运行期运行效果

	COD/(mg/L)			总氮/(mg/L)		氨氮/(mg/L)	
	进水	出水	IV系列出水	进水	出水	进水	出水
13～40 d	329～493	44.7～85.8	50.6～90.5	23.9～33.1	9.46～12.3	13.0～23.0	<0.20
均值	409	60.4	73.2	30.5	10.4	17.0	<0.20

注：试验进水量 0.35 m³/h，A 段、O 段停留时间分别为 16 h、12 h，大生产实际 A 段、O 段停留时间分别为 5.3 h、26.7 h；A 段、O 段总停留时间较大生产污水停留时间短 4 h；MLSS 均值 4500 g/L，污泥回流比 100%；温度 25～29℃。

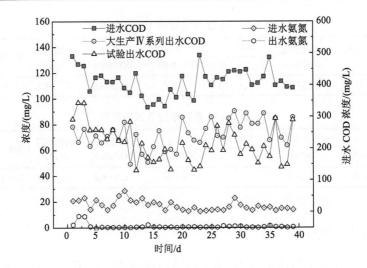

图 3-31　阶段 I 强化阶段废水处理效果

3) 阶段 II 运行效果

该阶段共投加生物强化剂 6 次, 运行效果见表 3-20。该阶段系统 COD 容积负荷为 0.278 kg/(m³·d), COD 污泥负荷为 0.053 kg COD/(kg MLSS·d), 进水 COD 均值为 403 mg/L。从图 3-32 可以看出, 本阶段试验出水效果差于同期大生产IV系列出水, 试验出水 COD 均值为 79.1 mg/L, COD 去除率为 80.4%; 同期大生产IV系列出水 COD 均值为 72.0 mg/L, 试验出水同比升高 7.1 mg/L。从表 3-20 可以看出, 进水氨氮均值为 15.0 mg/L, 出水氨氮值均低于 0.20 mg/L; 进水总氮均值为 30.2 mg/L, 出水总氮均值为 10.3 mg/L。

表 3-20　阶段 II 运行效果

	COD/(mg/L)			总氮/(mg/L)		氨氮/(mg/L)	
	进水	出水	IV系列出水	进水	出水	进水	出水
1～29 d	304～517	65.9～110	44.2～93.6	23.6～33.0	8.01～12.3	9.0～19.0	<0.20
均值	403	79.1	72.0	30.2	10.3	15.0	<0.20

注: 试验进水量 0.35 m³/h, A 段、O 段停留时间分别为 8 h、20 h, 大生产实际 A 段、O 段停留时间分别为 5.3 h、26.7 h; A 段、O 段总停留时间较大生产污水停留时间短 4 h; MLSS 均值 5200 mg/L, 污泥回流比 100%; 温度 22～27℃。

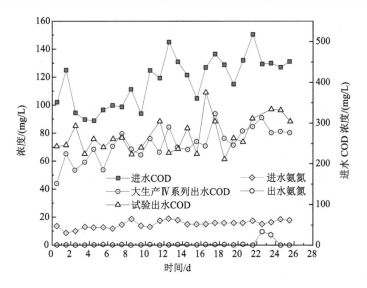

图 3-32　阶段 Ⅱ 废水处理效果

3.3　本章小结

石化综合污水水量大、水质复杂且含有众多有毒有机物，往往需要进行水解酸化处理来提高污水可生化性并降低污水毒性，并通过生物强化技术提高常规生物处理的污染物去除效果。

1. 石化综合污水水解酸化处理技术研究结果

(1)与厌氧水解酸化相比，微氧条件能够明显地抑制 SRB 的活性和种群多样性，减少 H_2S 的产生。微氧和厌氧水解酸化反应器 COD 的平均去除率分别为 31.2% 和 26.4%。厌氧水解酸化反应器出水的 SUVA 值为 0.025，明显高于微氧水解酸化反应器出水(0.017)，表明微氧环境可以提高兼性水解酸化菌的生理代谢功能，强化对难降解有机物的去除作用。

(2)脉冲水解酸化反应器出水 VFA 浓度比进水提高一倍以上，COD 去除效率在 10% 以上，表明脉冲水解酸化效果较好。污泥层主要集中在反应器底部 0.5 m 的高度。但脉冲水解酸化反应器出水 COD 浓度为(106±26) mg/L，出水氨氮浓度增加到(38.6±7.3) mg/L，出水 COD 未能达到预期水平，说明反应条件需进一步优化以降低出水 COD 浓度。

2. A/O 强化生物处理试验研究结果

(1)采用高效菌剂 A 强化 A/O 工艺,在最佳运行条件下,出水 COD 均值为 74.0 mg/L,COD 去除率为 83.7%,出水氨氮<0.20 mg/L。采用高效菌剂 B 强化 A/O 工艺,在最佳运行条件下,出水 COD 均值为 60.4 mg/L,COD 去除率为 85.2%,出水氨氮均值<0.2 mg/L。

(2)无论采用曝气和混合效果良好的 A/O 工艺、固定床生物膜强化技术、移动床生物膜强化技术还是高效菌剂强化 A/O 工艺,出水 COD 均不能满足 GB 31571—2015 标准要求(50 mg/L),仍需要深度处理。

参 考 文 献

陈新宇, 陈翼孙. 1996. 难降解有机物的水解-酸化预处理. 化工环保, 16(3): 152-155.

郭梦瑾, 梁家豪, 张思敏, 等. 2019. A/O 复合生物膜工艺处理石油炼化废水的实验研究. 工业水处理, 39(10): 93-96, 103.

姜阅, 孙珮石, 邹平, 等. 2015. 生物法污染治理的生物强化技术研究进展. 环境科学导刊, 34(2): 1-10.

蒋展鹏, 钟燕敏, 师绍琪. 2002. 一体化 A/O 生物膜反应器处理生活污水. 中国给水排水, 18(8): 9-12.

李正. 2009. 水解酸化-悬浮载体复合 MBR 处理抗生素废水的研究. 哈尔滨: 哈尔滨工业大学.

裴露. 2011. 分段进水多级 A/O 生物滤池处理低碳源城市污水. 扬州: 扬州大学.

瞿福平, 张晓健, 何苗, 等. 1998. 氯苯类同系物共基质条件下相互作用研究. 环境科学, 19(4): 52-55.

沈耀良, 王宝贞. 1992. 废水生物处理新技术: 理论与应用. 北京: 中国环境科学出版社: 197-251.

王佩超, 吴昌永, 周岳溪, 等. 2013. 石化废水微好氧水解酸化与厌氧水解酸化的运行对比. 环境工程技术学报, 3(5): 386-390.

王小强. 2009. 水解酸化-生物接触氧化工艺处理乳制品废水的试验研究. 西安: 长安大学.

王延涛. 2010. 复合生物反应器处理污水的试验研究. 太原: 太原理工大学.

魏良玉, 李亮, 祁佺, 等. 2021. 水解酸化工艺应用于难降解有机废水综述. 广州化工, 49(8): 14-16.

温东辉, 张楠, 于聪, 等. 2014. 环境中生物膜的菌群结构与污染物降解特性. 微生物学通报, 41(7): 1394-1401.

项昌婷. 2019. 脉冲布水-水解酸化池联合厌氧好氧工艺(A/O)处理石油化工废水调试研究. 中国资源综合利用, 37(6): 4-6.

徐美燕, 赵庆祥, 刘颖. 2005. 苯酚对生物硝化过程的抑制. 安全与环境学报, 5(1): 43-46.

薛念涛, 曹明利, 纪玉琨, 等. 2013. 水解酸化工艺的研究现状与发展趋势. 环境工程, 31(5): 50-54.

殷积芳, 宋宇, 毕艳妮, 等. 2016. 硫酸盐还原菌检测与应用研究进展. 中国微生态学杂志, 28(6): 737-740.

张万友, 于金山, 于海波, 等. 2009. A/O 生物摇动床处理石化废水的中试研究. 工业水处理, 29(12): 70-73.

张晓健, 瞿福平, 何苗, 等. 1998. 易降解有机物对氯代芳香化合物好氧生物降解性能的影响. 环境科学, 19(5): 26-29.

Bai J, Xu H, Zhang Y, et al. 2013. Combined industrial and domestic wastewater treatment by periodic allocating water hybrid hydrolysis acidification reactor followed by SBR. Biochemical Engineering Journal, 70: 115-119.

Chu L, Wang J, Quan F, et al. 2014. Modification of polyurethane foam carriers and application in a moving bed biofilm reactor. Process Biochemistry, 49(11): 1979-1982.

Dhouib A, Hamad N, Hassaïri I, et al. 2003. Degradation of anionic surfactants by *Citrobacter braakii*. Process Biochemistry, 38(8): 1245-1250.

Fitch M W, Pearson N, Richards G, et al. 1998. Biological fixed-film systems. Water Environment Research, 70(4): 495-518.

Gebara F. 1999. Activated sludge biofilm wastewater treatment system. Water Research, 33(1): 230-238.

Hamoda M F, Al-Sharekh H A. 2000. Performance of a combined biofilm-suspended growth system for wastewater treatment. Water Science and Technology, 41(1): 167-175.

Liang S, Liu C, Song L F. 2007. Soluble microbial products in membrane bioreactor operation: behaviors, characteristics, and fouling potential. Water Research, 41(1): 95-101.

Ma F, Guo J B, Zhao L J, et al. 2009. Application of bioaugmentation to improve the activated sludge system into the contact oxidation system treating petrochemical wastewater. Bioresource Technology, 100(2): 597-602.

Quan X C, Shi H C, Liu H, et al. 2004. Removal of 2,4-dichlorophenol in a conventional activated sludge system through bioaugmentation. Process Biochemistry, 39(11): 1701-1707.

Wanner J, Kucman K, Grau P. 1988. Activated sludge Process combined with biofilm cultivation. Water Research, 22(2): 207-215.

Xu X, Chen C, Wang A, et al. 2012. Enhanced elementary sulfur recovery in integrated sulfate-reducing, sulfur-producing rector under micro-aerobic condition. Bioresource Technology, 116: 517-521.

Zhang J, Zhang Y, Chang J, et al. 2013. Biological sulfate reduction in the acidogenic phase of anaerobic digestion under dissimilatory Fe(Ⅲ)-Reducing conditions. Water Research, 47(6): 2033-2040.

Zhang Q Q, Yang G F, Zhang L, et al. 2017. Bioaugmentation as a useful strategy for performance enhancement in biological wastewater treatment undergoing different stresses: application and mechanisms. Critical Reviews in Environmental Science and Technology, 47(19): 1877-1899.

第4章　石化综合污水深度处理技术研究

经生物强化处理后的出水水质虽已得到极大改善，但通常仍不能满足《石油化学工业污染物排放标准》(GB 31571—2015)。因此，后续需要增加深度处理工艺进一步降低废水中的难降解有机物。本章针对难降解有机物深度处理常用的芬顿(Fenton)技术、臭氧催化氧化技术和臭氧-曝气生物滤池(BAF)技术及其组合工艺进行研究。

4.1　进水水质特征与处理要求

石化综合污水深度处理工艺以某石化污水厂生物处理二沉池出水(石化二级出水)作为研究对象。图 4-1 是二沉池出水 COD 的变化情况。整个监测阶段内，二沉池水 COD 最高浓度为 136.0 mg/L，最低为 30.1 mg/L，平均浓度为 86.0 mg/L。

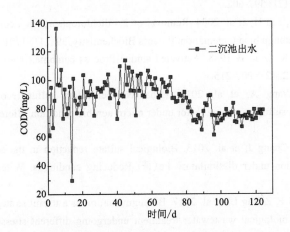

图 4-1　研究采用的某石化污水厂二沉池出水 COD 浓度

4.2　芬顿处理技术研究

芬顿技术是一种高级氧化技术。高级氧化是指在水处理过程中将羟基自由基(·OH)作为主要氧化剂的氧化过程。高级氧化技术通过自由基与有机化合物之间的取代、加成、电子转移、断键等形式，将废水中的难降解有机物大分子逐步氧化降解成低毒、易降解的小分子物质，甚至能直接降解成 CO_2、H_2O 以及其他无机盐，接近完全矿化。该类技术具有反应速率快、处理效率高、氧化彻底、无公害、适用范围广等特点。

4.2.1　芬顿处理技术简介

1. 芬顿技术

芬顿反应是指 Fe^{2+} 与 H_2O_2 在酸性条件下生成·OH，并与废水中有机物发生化学反应，破坏有机物结构，甚至矿化有机物的过程。芬顿工艺主要包括两个处理单元：氧化单元和中和单元，典型芬顿工艺流程如图 4-2 所示。

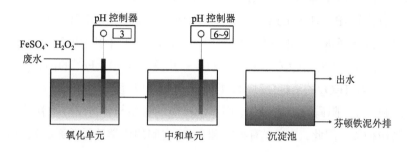

图 4-2　典型芬顿工艺流程

2. 芬顿反应机理

自从发现芬顿试剂后，很多研究人员研究了芬顿氧化的反应机理，并推出了多种可能性，其中，自由基理论被广为接受。研究人员将两个二甲基亚砜(dimethyl sulfoxide，DMSO)作为一个整体捕获自由基，利用核磁共振方法，对芬顿氧化碎片的氧化进行了研究，成功地捕捉到了·OH 的信息，从而提出了自由基和氧化碎片的生成机制(Kremer and Stein，1959；Barb et al.，1951)。后来，这一结论也被很多研究人员证实。

研究发现，pH 为 2～4 时有利于 Fe^{2+} 的催化作用，起催化作用的 Fe^{2+} 被氧化成 Fe^{3+}，另外，Fe^{2+}、Fe^{3+} 和有机物配体反应也可生成高价氧化铁中间物，其中铁的化合价为+4 或+5 价，有机物能被氧化铁中间物氧化。当 pH 合适时可形成 $Fe(OH)_3$ 胶体，絮凝水中的悬浮物。综合多数专家学者的研究成果，芬顿作用废水的主要机理包括自由基和絮凝。

1) 自由基机理

强活性·OH（$E=2.80$ V）（Babuponnusami and Muthukumar，2014）的产生和消耗是芬顿工艺氧化反应的主要机理（Neyens and Baeyens，2003）。

$$Fe^{2+} + H_2O_2 \longrightarrow Fe^{3+} + \cdot OH + OH^- \qquad k_1 = 63.50 \text{ L/(mol·s)} \tag{4-1}$$

$$Fe^{2+} + \cdot OH \longrightarrow Fe^{3+} + OH^- \quad k_2 = 3.20 \times 10^8 \text{ L/(mol·s)} \tag{4-2}$$

$$RH + \cdot OH \longrightarrow H_2O + R \cdot \longrightarrow 继续氧化 \quad k_3 = 10^7 \sim 10^{10} \text{ L/(mol·s)} \tag{4-3}$$

$$Fe^{3+} + H_2O_2 \longrightarrow Fe^{2+} + \cdot OOH + H^+ \quad k_4 = 10^2 \sim 10^3 \text{ L/(mol·s)} \tag{4-4}$$

$$\cdot OH + H_2O_2 \longrightarrow \cdot OOH + H_2O \quad k_5 = 3.30 \times 10^7 \text{ L/(mol·s)} \tag{4-5}$$

$$\cdot OH + \cdot OH \longrightarrow \cdot OOH + OH^- \quad k_6 = 6.00 \times 10^9 \text{ L/(mol·s)} \tag{4-6}$$

由上述反应（4-1）和反应（4-2）可知，Fe^{2+}被迅速氧化为 Fe^{3+}，生成·OH，·OH攻击废水有机物（R—H）中的 C—H、N—H 和 O—H 键，使其脱氢后形成 R·，R·具有高度活性从而进一步被氧化。氧化单元也同时存在许多竞争反应，主要包括：·OH 的消耗[反应（4-2）、反应（4-3）、反应（4-5）和反应（4-6）]、Fe^{2+}的消耗[反应（4-1）和反应（4-2）]和 H_2O_2 的消耗[反应（4-1）、反应（4-4）和反应（4-5）]。竞争反应会降低·OH 的利用率，阻碍有机物氧化，而竞争反应的强弱与各自反应物初始浓度和反应速率密切相关。因此，Fe^{2+}、有机物和 H_2O_2 之间的化学计量关系必须正确估计。

2) 絮凝机理

在实际应用过程中，芬顿试剂不仅会产生强氧化性的·OH，在一定条件下，还具有絮凝作用。芬顿试剂氧化废水中的有机物后，Fe^{3+}是催化剂存在的主要形式，这些催化剂在非酸性条件下，会形成胶体微粒，这些胶体微粒的吸附作用极强，其逐渐下沉可以有效地去除废水中的有机物（高迎新等，2006）。

芬顿试剂的絮凝反应机理为（Walling and Goosen，1973；Walling and Kato，1971）

$$[Fe(H_2O)_6]^{2+} + H_2O \longrightarrow [Fe(H_2O)_5OH]^{2+} + H_3O^+ \tag{4-7}$$

$$[Fe(H_2O)_5OH]^{2+} + H_2O \longrightarrow [Fe(H_2O)_4(OH)_2]^{2+} + H_3O^+ \tag{4-8}$$

在 pH 为 3～7 时，将会发生如下络合反应：

$$2[Fe(H_2O)_5OH]^{2+} \longrightarrow [Fe(H_2O)_8(OH)_2]^{2+} + 2H_2O \tag{4-9}$$

$$[Fe(H_2O)_8(OH)_2]^{4+} + H_2O \longrightarrow [Fe(H_2O)_7(OH)_3]^{3+} + H_3O^+ \tag{4-10}$$

$$[Fe(H_2O)_8(OH)_3]^{3+} + [Fe(H_2O)_7OH]^{2+} \longrightarrow [Fe(H_2O)_7(OH)_4]^{5+} + 2H_2O \tag{4-11}$$

反应(4-7)至反应(4-11)说明芬顿试剂具有絮凝性能。芬顿的絮凝会去除大部分废水中的 COD，所以，芬顿试剂处理废水时既有·OH 的氧化作用又有芬顿试剂的絮凝作用。

3. 芬顿反应影响因素

温度对芬顿工艺氧化速率的影响较小，尤其在 10～40℃时，芬顿反应降解效率几乎不受影响，而影响芬顿工艺氧化效率的主要因素包括 pH、Fe^{2+}浓度、H_2O_2浓度和氧化时间。

1) pH

芬顿工艺氧化单元的反应效率很大程度依赖于溶液 pH，最佳 pH 一般在 3 左右。pH 过低，Fe^{2+}的主要形态为$[Fe(H_2O)_6]^{2+}$，与其他络合物相比，$[Fe(H_2O)_6]^{2+}$与 H_2O_2反应速率更慢，有机物氧化效率降低。同时，H^+对 H_2O_2的猝灭效应增强。pH 升高，H_2O_2的自分解[反应(4-12)]加速，利用率降低；另外，Fe^{3+}会产生活性低的含氧铁氢氧化物和 $Fe(OH)_3$沉淀，游离 Fe^{2+}减少导致·OH 浓度降低；而且高 pH 会降低·OH 的氧化电位，削弱其氧化能力。pH 过高或过低，都会降低芬顿降解有机物的能力，芬顿工艺氧化单元需要调控溶液 pH。

$$2H_2O_2 \longrightarrow O_2 + 2H_2O \qquad (4\text{-}12)$$

许多学者针对提高芬顿工艺氧化单元的效率展开研究。课题组采用芬顿工艺处理石化废水生化出水，发现初始 pH 为 6 时，其处理效果最佳，与其他文献的最佳初始 pH 为酸性(pH 为 3～4)不同，这种差异可能与处理水质有关。通过单因素分析芬顿工艺初始 pH 时，建议将 pH 的考察范围由酸性拓宽至中性。

2) Fe^{2+}浓度

芬顿工艺氧化单元的主要反应过程为 Fe^{2+}与 H_2O_2 反应产生·OH，Fe^{2+}的投加量对芬顿工艺氧化反应的进行具有重要作用。Fe^{2+}的浓度过低，Fe^{2+}不能完全催化 H_2O_2产生高浓度的·OH；芬顿降解有机物的能力随 Fe^{2+}浓度的增加而提高，Fe^{2+}浓度增加到一定值时，芬顿降解有机物的能力会达到限值，超过一定浓度后，芬顿工艺降解有机物的能力下降。Fe^{2+}浓度决定了·OH 的生成速率，高浓度的 Fe^{2+}生成·OH 的速率大于·OH 的消耗速率，导致溶液中·OH 过剩，·OH 之间反应产生氧化能力较弱的·OOH[反应(4-6)]，与·OH 氧化有机物形成竞争，降低了芬顿工艺的氧化效率；另外，高浓度的 Fe^{2+}氧化生成更多 Fe^{3+}[反应(4-1)]，不仅增大出水色度，影响出水水质，也会在中和单元形成更多沉淀。因此，适量的 Fe^{2+} 既能减少芬顿工艺氧化竞争，提高氧化效率，又能避免 Fe^{3+} 过剩引起产泥量增大等问题。

3）H_2O_2 浓度

芬顿工艺中，H_2O_2 的浓度影响生成的·OH 的量，对于芬顿降解有机物起到至关重要的作用。低浓度的 H_2O_2 导致反应（4-1）产生·OH 的量少，削弱芬顿工艺的氧化能力；提高 H_2O_2 浓度可有效提升有机物去除效果，但过量的 H_2O_2 不仅会引起竞争反应[反应（4-5）]，消耗溶液中的·OH，未利用的 H_2O_2 也会贡献 COD，最终导致芬顿工艺处理废水效果变差。此外，H_2O_2 对于大部分微生物有毒害作用，芬顿工艺作为生物处理单元的预处理时，过量 H_2O_2 对后续生物处理单元的降解效率有显著影响。为了保证芬顿工艺氧化效率，H_2O_2 浓度需要调整在适当范围。

4）氧化时间

芬顿氧化法处理废水的主要特点就是反应迅速。研究表明，在芬顿反应开始阶段，降解有机物的速度非常快，随着时间的延长，COD 去除率增加，一定时间后 COD 去除率达到最高，然后 COD 去除率基本保持不变。芬顿工艺氧化时间太短，反应不完全；氧化时间过长，又会增加芬顿工艺的运行成本，所以合理的氧化时间既可以保证芬顿工艺的氧化效率，又可以节约芬顿工艺处理废水的成本。

4. 芬顿处理技术特点

1）芬顿处理技术的优点

（1）强氧化性。在反应中，芬顿试剂产生的·OH 具有很强的氧化性，普通氧化剂的氧化能力远远不及芬顿试剂，其可以降解废水中绝大多数有机污染物质，诱发各种链式反应，易使有机污染物降解完全。

（2）反应迅速。H_2O_2 分解成·OH 的速度非常快，而·OH 的氧化速率又很高，·OH 与有机物的反应速率常数较大，甚至超过 10^8 L/s，反应很快。

（3）絮凝作用可进一步去除污染物。反应时可产生 $Fe(OH)_3$ 胶体，其具有的吸附絮凝作用可以继续不同程度地去除有机污染物，大大提高了去除效率。

（4）无二次污染，处理效率较高。芬顿试剂产生的·OH 最终会将有机污染物氧化成 CO_2、水及无机盐，而且没有其他污染物生成，是环境友好型材料。

(5)设备简单,易于管理,便于控制。芬顿反应条件温和、设备比较简单、操作方便、运行较稳定,由于其反应为物理化学反应过程,所以控制反应过程比较容易。

(6)应用范围比较广。芬顿氧化过程不仅可以作为一个独立的污水处理技术,也可以与其他废水处理技术,如活性炭吸附、光催化、混凝沉淀法等结合,既可以应用到生化处理的预处理中,也可以应用到废水处理的深度处理中,会使处理成本降低,处理效率提高。

2)芬顿处理技术的主要缺点

(1)成本高。在芬顿氧化过程中,H_2O_2 的利用率很低且价格昂贵,因此芬顿处理污水的成本较高。

(2)易加大出水的色度。虽然 Fe^{2+} 具有较强的催化能力,但过量地使用 Fe^{2+} 会使出水颜色深,色度加大。

(3)反应过程可控性差。芬顿反应速率较快,但是反应速率很难控制,无法让反应中断,直至反应剂反应完全,且一般要求反应时,pH 小于 4。

(4)芬顿试剂的储存与运输问题。H_2O_2 与 Fe^{2+} 盐是两种不稳定的试剂,比较容易变质,降低其纯度,使物资造成无形的损耗;又由于 H_2O_2 的强氧化性,在运输过程中会有一定的危险性。

(5)污泥产生量大。由于反应过程中需要投加大量的亚铁盐,反应过程中形成大量的剩余化学污泥,增加了污泥处理的费用。

4.2.2　芬顿处理技术分类

根据反应相的形态,芬顿处理技术可分为均相芬顿技术和非均相芬顿技术。传统芬顿技术是典型的均相芬顿技术。为了克服传统芬顿技术的缺点,研究者们将一些外加能量引入芬顿体系,形成了光-芬顿、电-芬顿等。

1. 光-芬顿

由于传统芬顿技术受到 Fe^{3+}/Fe^{2+} 转化速率的影响,科学家们不断尝试利用多种方法促进芬顿反应中 Fe^{3+}/Fe^{2+} 原位循环。例如,Zepp 等(1992)发现在传统芬顿技术中引入紫外光可以促进其产生更多的·OH。分析机理可知,在芬顿反应后生成的 Fe^{3+} 主要与溶液中的羟基形成配合物,而在 pH 为 2.8～3.5 时,其主要以 $Fe(OH)^{2+}$ 形式存在。在紫外光照射下,$Fe(OH)^{2+}$ 可被还原为 Fe^{2+},从而实现芬顿体系中的铁循环并促进其氧化降解有机物。另外，H_2O_2也能在紫外光的照射下生成·OH，使芬顿体系中·OH 的浓度增加，提高了有机污染物的降解速率。除此之外，经光-芬顿反应降解后生成的有机小分子产物可能被紫外光直接分解，或者生成小分子酸与 Fe^{3+} 络合，进一步促进铁循环。许多学者都发现，光-芬顿体系只对低浓度的有机废水具有较好的降解效果，这是因为有机物浓度过高会减少 Fe^{3+} 络合物对光的吸收，因此需要较长的辐射时间和更多的 H_2O_2 投加量。然而，高浓度的 H_2O_2 能轻易地捕获生成的·OH，为了提高对高浓度有机废水的降解效率，科研人员对光-芬顿进行有用的改性，利用 Fe^{3+}-有机羧酸阴离子(草酸和柠檬酸)的光催化活性，两者在光照条件下络合时，Fe^{2+} 的还原产率会显著增加。这是因为生成的铁络合物争夺紫外光的能力很强，并能在较宽的波长范围内吸收光子，光诱导的配体与金属通过电荷转移从而实现 Fe^{3+}/Fe^{2+} 的转化，提高有机物的降解效率。Katsumata 等(2006)对比了体系 pH 为 5 时，乙二胺四乙酸(ethylenediamine tetraacetic acid，EDTA)和草酸对光-芬顿反应降解甲草胺的影响。结果发现，光-芬顿反应在 60 min 内能降解 60%的甲草胺，加入 EDTA 和草酸后，甲草胺的降解率分别在 30 min 和 15 min 后达到 100%；而且草酸在 pH 为 2~8 的范围内都能有效促进 UV-芬顿体系降解甲草胺。相比于传统芬顿反应，光-芬顿反应存在很多优点。例如，由于光-芬顿过程可以实现铁循环，因此需要外加的 Fe^{2+} 或者 Fe^{3+} 的总量较少，这样可以有效减少铁泥的生成。同时，紫外光可以增加 H_2O_2 的利用率且对部分小分子物具有直接光解的作用。然而，光-芬顿反应也存在一些缺点。例如，其对可见光利用率低，在实际运行中需要长时间提供紫外光，导致能耗较高、成本较高。

2. 电-芬顿

电-芬顿的实质是利用电化学法产生的 Fe^{2+} 和 H_2O_2 作为芬顿试剂的持续来源。电-芬顿氧化法利用 O_2 在阴极发生双电子还原生成 H_2O_2，然后与外加的 Fe^{2+} 反应生成活性物种降解污染物。同时，反应生成的 Fe^{3+} 也能在阴极上被还原为 Fe^{2+}，继续与 H_2O_2 发生芬顿反应，这样就保证了反应持续不断地进行。分析电-芬顿反应的原理可知，电-芬顿反应与传统芬顿反应相比具有一定的优越性，主要包括：①阴极电解生成 H_2O_2，从而避免外加 H_2O_2 所带来的储存和运输风险；②Fe^{2+} 经电化学还原作用在阴极再生，从而避免铁泥生成；③实现有机物降解途径较多，除了经芬顿作用产生·OH 氧化外，还有阳极氧化、絮凝、电吸附等过程。Pipi 等(2014)对比了传统芬顿和电-芬顿反应降解甲草胺的效率，电-芬顿反应降解和矿化甲草胺的效率均高于传统芬顿反应。虽然电-芬顿反应在处理难降解有机污染物方面具有一定优势，但是要真正实现工业化应用还有一些问题需要解决。首先，受 O_2 在电解质中溶解度和电极材料的限制，阴极表面还原 O_2 生成 H_2O_2 速度迟缓，效率很低；其次，电流密度低，提高电流密度能提高总反应速率。但是，Qiang 等(2002)认为电生成 H_2O_2 的极限电流密度为 6.4 A/m^2，再增加阴极电流密度也很难提高 H_2O_2 的生成效率，因为增加的电流密度主要消耗在阳极 H_2O_2 还原成 H_2O 和阴极析氢反应上。

3. 超声-芬顿

超声-芬顿技术是将超声波和芬顿结合在一起的一种新型高级氧化技术，该过程虽然是简单地将超声和芬顿技术耦合，但是其对有机物降解具有明显的协同效应。一方面，超声热解或超声空化能够产生空化效应，使水或者溶解氧发生裂解反应并产生大量的·OH、·O、·OOH 等活性自由基，进而氧化降解有机物；另一方面芬顿反应生成的 Fe^{3+} 在水溶液中可继续与 H_2O_2 反应，而另一部分 Fe^{3+} 则是以 $Fe-OOH^{2+}$ 的中间体形式存在，其协同效应主要是由于在超声作用下 $Fe-OOH^{2+}$ 可以迅速地分解为 Fe^{2+} 和·OOH，从而促进 Fe^{3+}/Fe^{2+} 间的快速循环。除此之外，超声的机械效应可以起到搅拌和传质作用，促进反应物、生成物在溶液中的扩散，提升芬顿氧化速度。陶长元等(2005)研究了超声-芬顿体系对甲基橙的降解过程。研究发现，单独超声体系对甲基橙的降解率仅为 5%，而单独芬顿体系对甲基橙的降解率为 45%，当两者联合使用时，甲基橙的降解率显著提升到 90% 以上。这一结果表明，甲基橙的降解可以归因于超声和芬顿体系的协同作用。然而，超声技术要应用到实际废水处理，仍存在着成本高、能耗大等问题。因此，在实际应用中受到一定的限制。

4. 非均相芬顿技术

电-芬顿和光-芬顿等技术在一定程度上可以实现芬顿反应过程中的铁循环，提高反应效率，减少铁泥的产生，但是这些均相芬顿技术仍存在许多缺点。例如，反应结束后催化剂难以回收及重复利用、能耗高等。针对均相芬顿反应中的种种不足，为了加速 Fe^{2+} 和 Fe^{3+} 的循环，人们尝试了多种办法，用来避免铁泥的形成，并扩大芬顿反应有效的 pH 范围。例如，利用零价铁代替 Fe^{2+}，尝试使 Fe^{3+} 固定在固体载体上作为芬顿反应的催化剂，或者制备铁基的晶体催化剂等。目前，各种类型的非均相芬顿催化剂如图 4-3 所示。

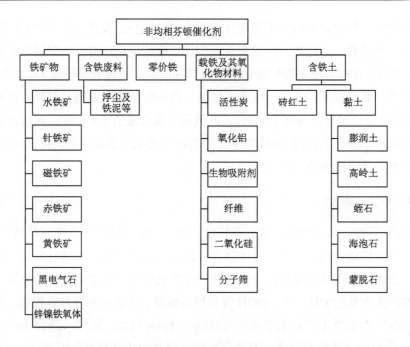

图 4-3　铁基类非均相芬顿催化剂种类(Nidheesh，2015)

1)零价铁类芬顿催化剂

零价铁(Fe⁰)因其催化活性高、能耗低等优点而被广泛用于非均相芬顿反应对有机污染物的降解。由于 Fe⁰ 在空气中可在其表面形成一层氧化物，使其核为金属铁而壳为氧化物，独特的双功能表面性质使其可作为有效的非均相芬顿催化剂。酸性条件下，Fe⁰ 的表面能原位生成 Fe^{2+}，在 H_2O_2 存在下可诱发芬顿反应[反应(4-13)](Fu et al.，2010)。

$$Fe^0 + H_2O_2 \longrightarrow Fe^{2+} + 2OH^- \qquad (4\text{-}13)$$

芬顿反应产生的 Fe^{3+}，会与 Fe⁰ 发生如下的反应[反应(4-14)]，从而加强 Fe^{2+} 的产生(Pagano et al.，2011)。

$$Fe^0 + 2Fe^{3+} \longrightarrow 3Fe^{2+} \qquad (4\text{-}14)$$

Fe⁰ 与过渡金属配合物制备的催化剂有很大的发展前景。Choi 和 Lee(2012)制备了 Cu-Fe⁰ 非均相催化剂，并用于降解三氯乙烯。结果显示，在最佳条件下，该催化剂对三氯乙烯的降解率达到 95%，而单独使用 Fe⁰ 对三氯乙烯的降解效果仅为 25%。目前关于 Fe⁰ 的研究仅停留在实验室阶段，这主要是因为 Fe⁰ 表面活性很高,非常容易氧化和团聚,而且 Fe^0 颗粒尺寸太小,不利于回收分离,给实际应用带来了困难。

2）铁（氢）氧化物非均相芬顿催化剂

铁氧化物不同的物理化学性质（比表面积、孔径、孔结构和晶体结构等）决定了它们不同的氧化能力。Hermanek 等（2007）研究了具有不同结晶度和比表面积的 Fe_2O_3 催化 H_2O_2 分解产生·OH 的效率。研究发现,比表面积最大的无定形 Fe_2O 催化 H_2O_2 分解的效率反而低于比表面积小但结晶度高的 α-Fe_2O_3。铁基材料在一定条件下可以高效降解有机污染物,但是反应结束后需要对催化剂进行分离。磁性 Fe_3O_4 颗粒由于易分离、热稳定性好且回收后可以重复利用等优点,近年来也被广泛用于非均相芬顿反应。羟基铁中被研究最多的主要是 α-FeOOH,这是因为其他羟基铁的热稳定性较差,不利于实际应用。Matta 等（2007）对比了不同铁氧化物及铁氢氧化物催化 H_2O_2、分解及氧化 2,4,6-三硝基甲苯的活性,发现含有 Fe^{2+} 的铁材料降解活性均要高于只含 Fe^{3+} 的铁基材料。之后他们还发现即使通过比表面积归一化处理后,磁铁矿的活性也要高于磁赤铁矿和针铁矿。

3）其他铁基材料非均相芬顿催化剂

由于非均相芬顿反应催化氧化有机物的效率主要还是由铁基材料的性能决定,因此可以通过铁基催化剂的设计与构筑来提高非均相芬顿反应的催化活性及稳定性。可从以下几方面开发高效非均相芬顿催化材料。①铁-负载型材料:即利用简单方法将铁负载在多孔材料上,如碳纳米管、黏土、分子筛等。这些材料比铁材料更廉价易得、拥有较高的比表面积、较多的活性位点及反应后易于回收等优点而被认为是更具潜力的非均相芬顿催化剂。②新型含铁材料:在非均相反应中加入其他金属元素（Fe^{3+}、Cu^{2+}、Mn^{2+}、Co^{2+}、Ag^+）或者金属配合物[柠檬酸盐、草酸盐、EDTA、腐殖酸、乙二胺二琥珀酸（ethylenediaminedisuccinic acid, EDDS）等],从而构建提高催化剂催化降解效果的高级氧化体系,促进 Fe^{2+} 和 Fe^{3+} 的循环,减少铁泥产生。

4.2.3　芬顿处理技术在石化废水处理中的应用

国内外很多研究使用芬顿技术处理工业废水,其中不乏石化废水的处理。芬顿技术在废水处理中的应用方式可分为两方面:一是单独作为氧化技术使用;二是与其他方法联用,如混凝沉淀法、活性炭法、生物处理法等。芬顿技术可以氧化降解废水中难降解物质或有毒有机物，形成完全的或部分的氧化产物。即使这些污染物只被部分氧化，但它们的产物(如乙醇、酸等)与最初的有机物相比，毒性也大幅降低且更利于生物降解，使得含这些污染物的废水能更好地进行后续生化处理。目前的研究中，影响芬顿工艺处理效果的运行参数主要包括废水初始 pH、H_2O_2 投加量和 $FeSO_4 \cdot 7H_2O$ 投加量等，工艺参数的优化方法多集中于正交设计方法和响应曲面分析法。

芬顿技术一般选择酸性环境(pH 为 3～4)，但有学者采用传统芬顿技术处理石化废水二级出水时，通过正交分析法优化芬顿工艺参数，发现废水初始 pH 为 6～7.7 时，芬顿处理效果更好，这样就省去了调节废水 pH 的步骤，可直接对废水进行芬顿处理，分析原因可能与废水水质特性与 Fe^{3+} 的生成导致水质 pH 降低有关(魏继苗，2013)。因此，针对不同水质进行芬顿工艺参数优化很有必要。

赵俊杰(2009)利用絮凝-芬顿联合工艺深度处理石化废水，目的在于利用絮凝剂聚硅硫酸铁(polymeric ferric silicate sulfate，PFSS)中的 Fe^{3+} 作为催化剂，加入 H_2O_2 引发芬顿反应，絮凝剂投加量为 1 L 水样中加入约 1 mL 絮凝剂，沉降 30～60 min 后再加入 H_2O_2 进行氧化。研究发现，絮凝处理后的水样不需要调节 pH，可直接加入 H_2O_2 氧化，而且絮凝-芬顿联合工艺处理石化废水需要的 H_2O_2 的投加量明显少于单独芬顿工艺。絮凝-芬顿联合工艺克服了单独芬顿工艺受水样 pH 约束的问题，减少了操作步骤和运行成本。张欣(2012)采用芬顿-混凝沉淀组合工艺预处理某石化公司的 CLT 酸生产废水，且对芬顿处理单元和混凝沉淀单元分别进行正交优化试验。其中，芬顿预处理单元所优化的工艺参数包括：废水初始 pH、H_2O_2 的投加量、$FeSO_4 \cdot 7H_2O$ 的投加量以及反应时间等。当废水初始 pH 为 3、H_2O_2 投加量为 20 mL/L、$FeSO_4 \cdot 7H_2O$ 投加量为 10 g/L、芬顿反应时间为 30 min 时，芬顿预处理单元的 COD 去除率达 55.3%；而芬顿-混凝沉淀组合工艺可提升 COD 去除率至 73.3%，BOD_5/COD 由 0.07 升高至 0.34，处理后的废水适合继续进行生物处理。郭小熙等(2017)采用芬顿氧化法处理石化含油废水生化出水，通过正交试验优化芬顿反应条件，各因素对 COD 去除率的影响大小顺序为：溶液初始 pH>H_2O_2 投加量>H_2O_2：$FeSO_4$(摩尔比)>反应温度。在优化工况条件下[初始 pH 为 4，H_2O_2 投加量为 3.0 mL/L，H_2O_2：$FeSO_4$(摩尔比)为 10：1，反应温度为 35℃]，经过 60 min 芬顿处理后，石化废水的 COD 降至 60.33 mg/L，去除率可达 61.33%。在最佳工况下，分别采用 US-芬顿氧化和 UV-芬顿氧化技术处理含油废水，COD 去除率均明显提高，分别为 76.77%和 80.23%。

除了上述联合工艺，研究者为了降低废水处理成本，尝试利用非均相芬顿技术处理石化废水。Vosoughi 等(2017)研究石化苯乙烯装置中的废催化剂时,通过 X 射线衍射(X-ray diffraction,XRD)、能量色散 X 射线(energy dispersive X-ray,EDX)、X 射线荧光(X-ray fluorescence,XRF)等表征手段发现废催化剂主要含有 Fe_3O_4、Fe_2O_3 和 CeO_2,催化剂失活的主要原因是其表面活化位点上的焦炭沉积,因此将废催化剂采用 700℃焙烧后重新作为非均相芬顿催化剂与 H_2O_2 反应处理石化废水中的苯酚。试验采用响应面法的中心设计(central composite design,CCD)优化催化剂投加量、H_2O_2 浓度、温度和反应时间。在优化工况下(催化剂投加量为 20 g/L,H_2O_2 浓度为 0.16 mol/L,反应时间 92 min,反应温度 47℃),石化废水中苯酚去除率可达 98.53%。该方法也为非均相芬顿技术中废旧催化剂资源化利用提供了借鉴思路。

4.2.4 芬顿处理技术工艺优化及其产泥特性

石化综合污水经过集中式污水处理厂生物处理后,出水中仍然存在难降解有机物,为了满足现行排放要求,保护自然水体,亟需对工业废水二级出水进行深度处理。芬顿处理技术(连续流芬顿工艺)成为目前石化综合污水深度处理技术的热门选择。

1. 连续流芬顿工艺运行优化

1)进水水质特征

研究期间进水主要水质特征为 pH:7~8;COD 浓度:60~120 mg/L;平均 TOC 浓度:24.56 mg/L;PO_4^{3-}-P 浓度:0.6~1.08 mg/L;浊度:3~7 NTU;色度:55~66 度。

2)连续流芬顿工艺装置和主要参数

石化二级出水由蠕动泵注入直径为 6.0 cm,高为 12.0 cm 的圆柱形管道混合器内,同时向混合器内用蠕动泵注入适量浓度的 $FeSO_4$ 溶液,使二级出水与 $FeSO_4$ 在混合器内混合均匀,然后再流入到主反应器中。主反应器为 15.0 cm× 12.0 cm×30.0 cm 的长方体,内设有长方形隔板。在混合器和主反应器上分别设有加药口,主反应器第一格有 H_2O_2 投加口,投加适量的 H_2O_2 进行芬顿反应。在主反应器上部各个池子分别设有小型磁力搅拌器,水流以推流完全混合式的方式流入反应器末端的斜板沉淀池,最后由泥路及水路各自排出。其反应装置示意图见图 4-4。

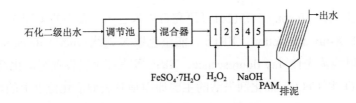

图 4-4　连续流芬顿氧化反应装置

　　连续流芬顿反应器的进水流量为 60 L/h，在主反应器中的 HRT 为 30 min，调节主反应器每个池子上方的搅拌器以适量的速度进行搅拌，使反应充分进行，并调节加药泵的流量为 2 mL/min。通过正交试验设计，约束指标为 COD，优化 H_2O_2 投加量、$FeSO_4 \cdot 7H_2O$ 投加量、pH 和聚丙烯酰胺(polyacrylamide，PAM)投加量四个因素。在 HRT 为 30 min 时取 100 mL 水样，调节其 pH>10，随后立刻将其放入 40℃的恒温水浴锅里水浴 30 min，将水样经过定性中速滤纸过滤后，测定 COD 浓度。

　　3) 影响因素研究

　　通过正交试验分析，得出 pH、H_2O_2 投加量、$FeSO_4 \cdot 7H_2O$ 投加量和 PAM 投加量对废水 COD 的平均去除影响(图 4-5)。由图可以看出，废水的初始 pH 由 4 升到 7 时，COD 的平均去除率随着 pH 的升高而逐渐降低，当 pH=4 时，COD 的平均去除率最高，为 23.5%，当 pH>4 时，COD 的平均去除率逐渐下降。这是由于随着 pH 的升高，H_2O_2 易分解为 H_2O 和 O_2，使·OH 的生成浓度降低，从而影响对 COD 的去除效果；当 pH 为中性时，OH^- 的浓度会有所增加，与 Fe^{2+} 结合生成 $(FeOH)^+$ 的络合物，而后又很容易被水中溶解氧氧化为 Fe^{3+} 的水合物，从而使 Fe^{2+} 的催化作用减弱，造成废水 COD 的平均去除率降低。

　　H_2O_2 投加量由 0.2 mL/L 升至 0.5 mL/L 时，COD 的平均去除率随着 H_2O_2 的投加量的增加呈现先增加后降低的趋势。当 H_2O_2 投加量为 0.3 mL/L 时，COD 的平均去除率最高。这是因为当 H_2O_2 投加量较低时，会使反应(4-1)受到阻碍，由于产生的·OH 太少，反应对 COD 的平均去除率不高；但随着 H_2O_2 投加量的增加，·OH 的产生量也会增加，从而会使 COD 的平均去除率升高，当 H_2O_2 投加量增加到一定程度时，又会促进反应(4-4)的进行，产生大量的·OOH，从而使 COD 的去除率降低，故正交试验中选取 H_2O_2 的最优投加量为 0.3 mL/L。

　　$FeSO_4 \cdot 7H_2O$ 投加量由 0.4 g/L 增加至 1.0 g/L 时，COD 平均去除率随 $FeSO_4 \cdot 7H_2O$ 投加量的增加呈先升高后降低的趋势，当 $FeSO_4 \cdot 7H_2O$ 投加量为

0.8 g/L 时，COD 的平均去除率达到高。

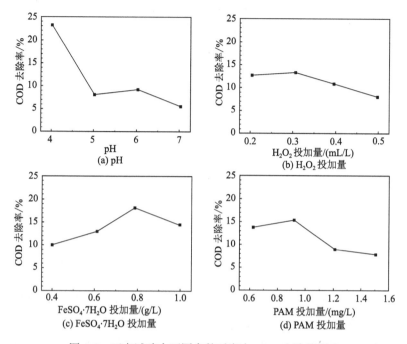

图 4-5 正交试验中不同参数对废水 COD 去除的影响

PAM 投加量由 0.6 mg/L 升至 1.5 mg/L 时，COD 的平均去除率随着 PAM 投加量的增加呈现先升高后下降的趋势，当 PAM 投加量为 0.9 mg/L 时，COD 的平均去除率达到最高。这是因为在较低的 PAM 投加量下，随着 PAM 投加量的增加，PAM 对水中有机物的絮凝作用增大；当 PAM 投加量过高时，由于 PAM 表面所带电荷过剩，絮体之间相互斥力增大，造成有机物不易与 PAM 絮凝剂结合，从而降低 COD 的平均去除率。

正交试验设计所选的初始 pH、H_2O_2 投加量、$FeSO_4 \cdot 7H_2O$ 投加量、PAM 投加量四个因素中，影响芬顿氧化降解 COD 的因素的重要性依次为：初始 pH>$FeSO_4 \cdot 7H_2O$ 投加量>PAM 投加量>H_2O_2 投加量；最优参数组合为：初始 pH 为 4，H_2O_2 投加量为 0.3 mL/L，$FeSO_4 \cdot 7H_2O$ 投加量为 0.8 g/L，PAM 投加量为 0.9 mg/L。

4) 最优运行条件下废水处理效果

在最优条件下，连续流芬顿氧化废水 COD 的去除情况如图 4-6 所示。芬顿反应器运行过程中进水平均 COD 浓度为 61.73 mg/L，出水平均 COD 浓度为 49.53 mg/L，其间 COD 最高去除率为 26.4%，最低去除率为 15.3%，平均去除率为 19.7%，平均去除量为 12.2 mg/L。单位 H_2O_2（1 mL）投加量对 COD 的平均去除为 30.50 mg/L。

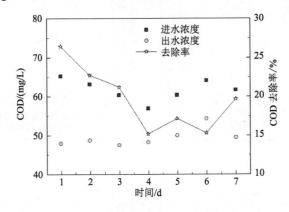

图 4-6　最优参数下连续流芬顿工艺对废水 COD 处理效果

对连续流芬顿反应器的沿程出水进行测定，测定结果取平均值，得到连续流芬顿氧化反应沿程 COD 的平均浓度，如图 4-7 所示。从图可以看出，试验所取阶段进水平均 COD 为 63.14 mg/L，反应沿程经每个池子至最后出水对废水中 COD 的平均去除量分别为 2.34 mg/L、5.10 mg/L、3.30 mg/L、2.94 mg/L、0.19 mg/L、0.15 mg/L，其去除量呈现逐渐下降的趋势，经芬顿氧化后的出水 COD 平均浓度为 49.4 mg/L。COD 的平均去除量在进水至 4#池子间有明显下降趋势，降低量为 13.68 mg/L，在 4# 至出水间 COD 的去除量略有下降，但降低量不明显。

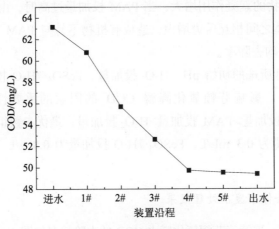

图 4-7　沿程 COD 去除情况

2. 连续流芬顿工艺产泥特性

芬顿氧化工艺的产泥量通常较大，处置成本较高，这也是制约该工艺应用的重要因素之一。工艺运行过程中对连续流芬顿氧化处理石化综合污水的产泥量进行了测定，对反应后产生的浓缩污泥的水分、灰分及挥发分等理化性质进行了研究，并通过扫描电镜对污泥的形貌进行了观察及分析。为研究污泥沉降性，取 1000 mL 原水调节 pH 为 6，在 H_2O_2 投加量为 0.4 mL/L、$FeSO_4 \cdot 7H_2O$ 投加量为 0.6 g/L 条件下，采用六联搅拌机进行搅拌，设定搅拌方式为快搅 2 min(转速为 300 r/min)，慢搅 20 min(转速为 50 r/min)，将搅拌后的混合液倒入 1000 mL 量筒中进行静置沉降，通过记录不同时间的污泥沉降高度(以毫升计)计算污泥的沉降速度。

1)连续流芬顿工艺优化运行下的产泥量

连续流芬顿工艺在最优的运行参数下运行，连续监测运行阶段内反应器的污泥量产生情况，该阶段污泥产量平均值如图 4-8 所示。

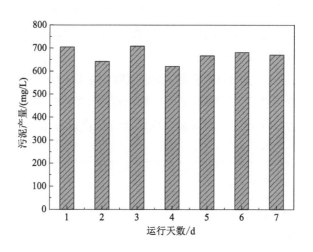

图 4-8　连续流芬顿工艺最优运行参数下的产泥量

由图中可以看出，在最优条件下运行过程中的最低产泥量为 621.1 mg/L，最高产泥量为 704.6 mg/L，平均产泥量为 670.7 mg/L。由于反应体系中既投加了 $FeSO_4 \cdot 7H_2O$，又投加了一定量的 PAM，运行过程中污泥的产量较高。从理论上计算，所投药剂中的 42%左右可转化为化学污泥产出，湿污泥的产率约为 3.4%。

2) 芬顿污泥沉降高度和沉降速度的关系

污泥沉降高度和污泥沉降速度随时间变化情况如图 4-9 和图 4-10 所示。分析可得如下结论。①污泥沉降高度和沉降速度存在对应关系：污泥的沉降高度在 6～12 min 内的变化幅度最明显，由 906 mL 降至 505 mL，之后的变化趋势不明显；污泥沉降速度在 12 min 时出现最大值，为 93.5 mL/min，之后迅速降低且变化趋势不明显，呈现缓速压密状态特征，与沉降高度变化相吻合。②沉降过程可分为三个阶段：第一阶段发生在 0～12 min 内，为"快速沉降阶段"，在这一阶段由于颗粒的自絮凝作用，絮体颗粒增大，使污泥进行快速沉降，污泥界面高度迅速降低；第二阶段发生在 12～24 min 内，为"减速沉降阶段"，在这一阶段由于污泥的压密作用，污泥界面高度的下降只与从颗粒间的空隙中逐步排挤出来的水有关，因此污泥的沉降速度逐渐变慢，污泥的高度变化也趋于缓慢；第三阶段发生在 24～40 min 内，为"零速沉降阶段"，这一阶段絮体颗粒的相对运动逐渐变弱甚至消失，污泥的沉降速度基本不再变化，高度也不再变化。③将第一、二阶段看作沉淀池中的沉淀区，由污泥沉降速度曲线可以得出污泥颗粒的最小去除速度，通过污泥产量可以得出沉淀区污泥高度；将第三阶段看作沉淀池中的污泥区，通过污泥产量和池底坡度可计算出污泥区高度。沉淀池总高度为超高、沉淀区高度、缓冲区高度以及污泥区高度的总和。

综上可得，本次工艺运行中芬顿污泥的沉降大多集中在开始的 4～16 min 内，其后的沉降速度变得缓慢。沉降速度的高峰出现在 10～12 min 内，也可以通过污泥沉降试验参数为污泥处理中的沉淀、浓缩装置提供设计依据。

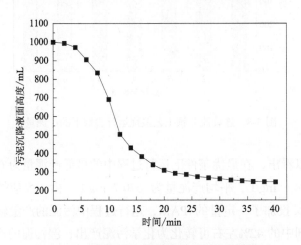

图 4-9　芬顿污泥沉降高度随时间变化情况

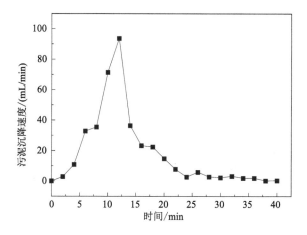

图 4-10　芬顿污泥沉降速度随时间变化情况

3) 芬顿污泥理化特性

(1) 含水率。

污泥中所含的水分所占的百分比称为污泥含水率。取一定量污泥放入已干燥至恒重的坩埚(W_0)中称重(W_1)，然后将其放入干燥箱(105～110℃)内烘干 1 h，使其干燥至恒重(W_2)，计算污泥含水率：

$$M = \frac{W_1 - W_2}{W_1 - W_0} \times 100\% \tag{4-15}$$

其中，M 为污泥含水率。

图 4-11 为污泥含水率随堆放时间的变化图。由图可以看出，含 PAM 的污泥经离心浓缩后含水率仍高达 97.3%，而不含 PAM 的污泥离心浓缩后含水率为86.3%。污泥中含 PAM，会发挥再絮凝作用使污泥包裹结合水，导致污泥初始的离心脱水效率不高；随着污泥堆放至第 20 d，含 PAM 污泥的含水率明显降低至79.9%；之后含水率上升，直至 30 d 之后污泥的含水率变化比较平稳，最终稳定在 86.5%左右。而不含 PAM 污泥的含水率则稳定保持在 86%左右。由此结果分析得出，有机高分子絮凝剂(如阳离子 PAM)如果作为改善污泥特性的药剂，只能增加脱水速度，不能提高脱水程度，即只要给予足够长的脱水时间，是否投加混凝剂得到的污泥饼含固率是一样的。所以，应该寻找能改变脱水程度的调理药剂，这种药剂应该是可以破坏污泥絮体结构或改变絮体表面性质的药剂，从而使污泥中更多的水分转化为易被脱除的自由水。

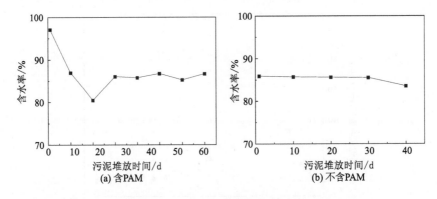

图 4-11　污泥含水率随堆放时间的变化

(2)灰分。

取适量污泥于干燥箱(105～110℃)中烘干,用研钵研磨过筛(100 目)后,将筛下料放入磨口瓶内备用。取一定量污泥样品于已干燥至恒重的瓷坩埚(W_0)中用分析天平准确称重(W_3)。将瓷坩埚放入马弗炉中 600℃灼烧 2 h,置于干燥器中干燥、冷却后取出,再放入干燥箱内烘干,最后放入干燥器内冷却至恒重(W_4),计算污泥灰分:

$$灰分 = \frac{W_4 - W_0}{W_3 - W_0} \times 100\% \qquad (4\text{-}16)$$

图 4-12 为污泥灰分随堆放时间的变化细节。对比图 4-12(a)和(b)发现,污泥中的灰分随着堆放时间的延长有缓慢升高的趋势,在 70%～80%之间变化不明显,说明污泥所含无机物成分含量比较固定,堆放时间对其影响很小。

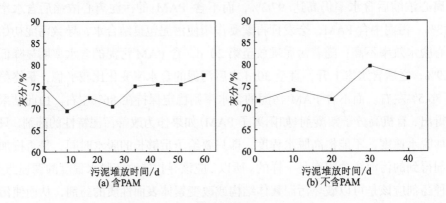

图 4-12　污泥灰分随堆放时间的变化

（3）挥发分。

首先需要测定污泥的分析基水分。用分析天平称取一定量污泥分析试样，放入已干燥至恒重的瓷坩埚（W_0）中称重（W_5），将瓷坩埚置于干燥箱内干燥至恒重，取出放入干燥器中干燥、冷却称重（W_6），计算污泥分析基水分：

$$分析基水分 = \frac{W_6 - W_5}{W_5 - W_0} \times 100\% \tag{4-17}$$

以污泥灰分的测定和污泥分析基水分的测定数据为依据，计算出污泥挥发分：

$$污泥挥发分 = 100\% - 灰分 - 分析基水分 \tag{4-18}$$

图 4-13 为污泥挥发分随堆放时间的变化细节。对比发现，不含 PAM 污泥的挥发分随堆放时间的延伸变化平缓，含 PAM 污泥中挥发分随堆放时间的延长先升高后降低。初始浓缩污泥的挥发分在 23.3%左右，在堆放的前 30 d 污泥中挥发分的比例增高，30 d 增加至 27.9%。这一方面是含水率变化的影响，另一方面可能是由于污泥中含有 PAM 等高分子有机物和吸附沉淀的部分水中有机物在堆放过程中经水解变成可挥发的有机物，随着堆放时间的延长，该部分有机物持续挥发散失，从而使得污泥中挥发分的比例逐渐降低，最终稳定在 20%左右。

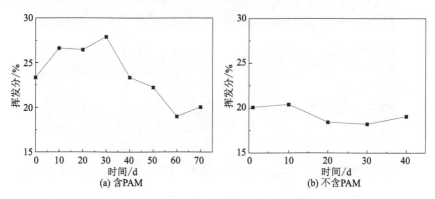

图 4-13　污泥挥发分随堆放时间的变化

对污泥理化特性的分析，可以为更广阔的污泥再利用奠定充分、必要的理论基础。

（4）芬顿污泥的表面形态。

采用扫描电子显微镜（scanning electron microscopy，SEM）对连续流芬顿处理石化综合污水产生的化学污泥表面形态进行观察，不加 PAM 的连续流芬顿工艺产生的污泥样品的 SEM 观察结果见图 4-14。由图 4-14（a）可知，当放大倍数为 1200 倍

时，污泥表面有很多微小的小孔，且物质表面有微小晶状颗粒物质。由图 4-14(b)
至(e)可知，当放大倍数逐渐由 3000 倍增加至 20000 倍时，基团里面的物质呈现不
规则的形状分布且比较松散。由图 4-14(f)至(h)可知，物质组成的基团比较密实，
基团内部物质间基本上没有空隙，基团的表面比较光滑。

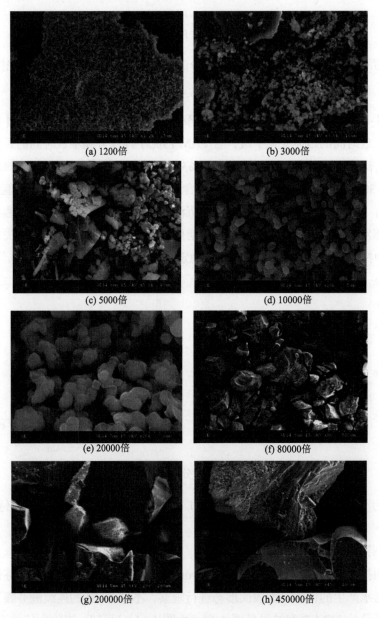

图 4-14　不加 PAM 的连续流芬顿工艺产生的污泥 SEM 图

4.3　微絮凝砂滤-臭氧催化氧化处理技术研究

4.3.1　微絮凝砂滤技术研究

1. 微絮凝砂滤技术简介

1) 工艺流程

微絮凝砂滤工艺是一种将混凝反应、沉淀截留、反冲洗排水集中在同一滤柱体系内同步完成的高效水处理工艺(阳佳中等，2013；殷永泉等，2006)。该工艺是在过滤器前投加少量混凝剂后，在管道内通过静态混合器充分混合絮凝，形成粒径相似的微絮体，而后直接进入内循环连续式砂滤器进行过滤。废水通过提升泵进入反应器底部的布水器，经过布水器进行均匀布水，水从下到上流经砂层进行过滤，二级出水的污染物质被滤床截留，滤后清水上升最后排出，废水过滤完成。过滤的同时进行反冲洗，压缩空气从提砂管底端进入，从提砂管上端喷出，同时携带提砂管内污砂和污水上升到提砂管上端口，落入洗砂器内部，提砂管内部的气、液、固三相受到紊流作用和机械碰撞作用，落下的污砂与过滤后的清水在洗砂器内完成清洗，提砂管内的气提水与洗砂器内的清洗水一起流出反应器，滤砂再次回到滤床。至此，系统地完成了过滤和反冲洗过程，实现砂滤反应器连续运行。连续流微絮凝砂滤工艺图如图 4-15 所示。

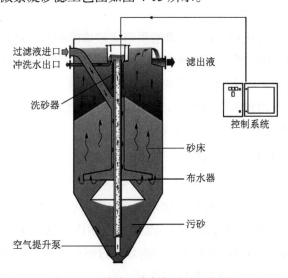

图 4-15　连续流微絮凝砂滤工艺图

2) 微絮凝砂滤过程机理

(1) 混凝机理。

改变水中悬浮物的表面状态和 ζ 电位，连续过滤中的絮凝体在 ζ 电位达到最高时进入滤池，使得压缩双电层作用深入到滤料层中。当投药量达到一定的数值时，微粒间的吸引力使颗粒开始快速絮凝。从水力学方面来看，滤料孔隙内水流连续过滤时呈层流状态，产生的速度梯度会使微絮凝体不断旋转，当其脱离流线时会与砂粒接触，从而产生足够的吸引力被滤料吸附而去除。从胶体化学方面来看，投加的絮凝剂提供的大量正离子将会扩散进入胶体扩散层甚至吸附层，ζ 电位降低，从而加强了颗粒间的范德华力 (冯令艳和吕岩林，2002)。

(2) 化学除磷机理。

工业上常用的絮凝剂为聚合氯化铝 (poly aluminium chloride, PAC) 和聚合氯化铝铁 (poly aluminium ferric chloride, PAFC)。其中，PAC 是一种无机高分子絮凝剂，具备规模的矾花可在较短时间内形成，适应水质能力强，沉淀性能好 (石宝友和汤鸿霄，2000)；适宜的 pH 为 5~9，水温低时，仍可保持沉淀效果稳定；碱化度高，可延长设备使用周期，适合北方地区使用。而 PAFC 是在 PAC 的基础上，引入 Fe^{3+} 与 Al^{3+} 水解发生共聚反应形成聚合物的一种新型絮凝剂，兼具铝盐、铁盐的共性，拓宽了无机絮凝剂的应用领域 (王炳建等，2002)。

废水中的磷包括聚磷酸盐、正磷酸盐和有机磷，主要来源于工业废水，其中以聚磷酸盐和正磷酸盐占绝大部分 (范振中等，2004)。磷可以在多种形态之间互相转换，但不改变价态。

铁系絮凝剂除磷机理：Fe^{3+} 与磷酸根形成较难溶的盐，同时在剧烈水解过程中发生聚合反应，生成多核羟基络合物。多核羟基络合物迅速吸附水体中带负电荷杂质，利用自身正电荷中和，形成压缩双电层，快速使各物质出现脱稳过程，在网捕作用下相互凝聚而形成沉降，水体混凝除磷的目的就此达成 (张凯松等，2004)。铁盐除磷反应方程式如下所示：

$$Fe^{3+} + PO_4^{3-} \longrightarrow FePO_4\downarrow \qquad 3Fe^{2+} + 2PO_4^{3-} \longrightarrow Fe_3(PO_4)_2\downarrow \qquad (4\text{-}19)$$

$$Fe^{3+} + 3HCO_3^- \longrightarrow Fe(OH)_3\downarrow + 3CO_2 \qquad (4\text{-}20)$$

铝系絮凝剂除磷机理：废水中加入铝系絮凝剂后，在化学反应下形成沉淀，同时 Al^{3+} 水解生成单核络合物，如 AlO_2^-、$Al(OH)_2^+$、$Al(OH)^{2+}$ 等。多核络合物 $Al_n(OH)_m^{(3n-m)+}$ ($n>1$，$m<3n$) 是由单核络合物通过挤压碰撞形成 (陈仲清等，2004)。水体中胶体的电位被多核络合物快速消减，经过一系列机理作用后，胶体凝聚形

成沉淀，将磷加以去除。铝盐除磷的反应方程式如下所示：

$$Al^{3+} + H_nPO_4^{(3-n)-} \longrightarrow AlPO_4\downarrow + nH^+ \tag{4-21}$$

（3）过滤机理。

以接触絮凝作用为主，机械筛滤及沉淀作用为辅。接触絮凝作用主要依赖于表面能和范德华力，其中微絮凝体 ζ 电位的改变有利于污染物的附着。

（4）反冲洗机理。

在空气提升管内，砂、泥、水流、空气在向上流动的过程中，利用水流及空气流的剪切力以及颗粒间的摩擦力作用，进行了短期却剧烈的反冲洗。在中心提砂管内的滤料的清洗主要靠碰撞和摩擦作用，水流剪切作用是次要的。尽管在空气提升管内发生了剧烈的反冲洗过程，但由于时间短，反冲洗并不彻底，需要在洗砂器内进行二次清洗。在洗砂器内，砂粒由于水流剪切力的作用与洗砂器相碰撞，此时砂粒在洗砂器内以错开的环形轨迹向下运动，同时由于颗粒与器壁碰撞产生的震动及颗粒间的摩擦作用，泥与砂分离，脱离的污物随上升水流排出。

3）技术特点

微絮凝砂滤工艺通常应用于污水深度处理前的预处理。加入絮凝剂，能够去除污水中胶体、悬浮物等颗粒及部分 COD，使污水污染物浓度降低；同时整体除磷的效果显著。因此，具有同步去除总磷、浊度和部分 COD 的功能（陈士明和刘玲，2011）。微絮凝砂滤工艺易操作管理（徐竟成等，2007），在滤柱内同步完成混凝反应、沉淀截留、反冲洗排水三部分，降低了占地面积及运营成本。与传统过滤相比，微絮凝砂滤工艺可节省约 35%的建设投资、减少 80%的构筑物体积和30%～50%的运行维护费用，是一种高效经济的污水处理工艺（郑福灵等，2009；傅金祥等，2006；Jonsson et al.，1997）。但微絮凝砂滤工艺也存在不足，如微絮凝直接过滤会导致砂滤池的水头损失快、反冲洗的周期较短。

4）微絮凝砂滤工艺的影响因素

微絮凝砂滤工艺的主要影响因素可以从絮凝和过滤两个过程进行分析。

（1）絮凝过程的影响因素。

水温。水温影响水的黏度。黏度随水温的降低而变大，水分子的布朗运动随之减弱，不利于污水中胶体脱稳和凝聚，不易形成絮凝体。另外，无机混凝剂的水解是吸热反应，水温低时会导致混凝剂水解变缓。

pH。pH 关系着水体酸碱度。铁、铝盐在水解反应过程中会不断产生 H^+，水中必须有 OH^- 中和 H^+ 以保持水解反应充分进行，如水中 OH^- 不足，水的 pH 将下降，水解反应不充分，不利于发生絮凝(常青，2003)。

水利条件 G 值(速度梯度)和时间。投加絮凝剂后，絮凝剂与水体接触，形成细小矾花。此过程要求水流产生一定的湍流，一般靠水力或机械法，在较快的时间内使水与药剂混合充分(穆荣，2005)。所形成的矾花会随着时间慢慢变大，在反应阶段，水流适当的 G 值既要为微絮凝的成长提供优良的碰撞机会，又要防止已形成絮体不被打碎。

絮凝剂种类。絮凝剂种类对絮凝作用影响很大。处理工业废水常见的絮凝剂包括无机盐絮凝剂和无机高分子絮凝剂。絮凝剂的聚合度越大，其吸附架桥功能和电中和能力就越强(江霜英等，2000)。

絮凝剂投加量。不同的投加量会影响絮凝效果，过量会造成胶体再稳，效果降低，用量不足，则絮凝不彻底(Stumm and Morgan，1962)。

(2)过滤过程的影响因素。

进水水质。所选絮凝剂的投加量、种类、滤柱的运行周期以及出水水质等多个方面均与进水水质情况有关。例如，进水中溶解性物质过高，相应的絮凝剂用量就会加大；进水各指标过高，会加速滤柱堵塞，滤柱内不能正常运转，也加大了反冲洗次数(Hahn and Stumm，1968)。

过滤速度(滤速)。滤速对过滤过程也有影响，进入滤层的悬浮颗粒物量与滤速有关，滤速的改变，会影响到单位时间内进入滤层的污物量。滤层是否容易堵塞、滤柱水力停留时间的长短、水流冲刷力的大小及絮体的絮凝时间长短等(Stumm and O'Melia，1968)都是决定出水水质是否变化的因素。因此，滤速是过滤过程的关键环节之一，一般滤速控制在 7～9 m/h。

气水比。气水比是指工艺设备进气量和进水量的比值(赵奎霞等，2003)。根据设备参数条件，气水比会有最佳控制范围。合适的气水比既能控制滤料不流失(张自杰等，1986)、承托层稳定，又能确保设备工艺循环稳定、保证设备产水量，是过滤过程的关键环节。

滤层滤料。滤层滤料是影响过滤效果最直接的因素。滤料条件包括滤料粒径、种类、形状等。合理条件下的滤料会使滤层截污能力变强、反冲洗效率提高，过滤效果也随之提高(顾夏声等，1985)；反之，出水变差。

此外，过滤过程的影响因素还包括滤层厚度、进水进气设备选择等方面，应根据现场试验情况来确定最佳工况。

2. 微絮凝砂滤工艺的研究进展

目前，微絮凝砂滤技术在污水深度处理中的研究与应用主要在于除磷以及降低悬浮物和 COD 浓度。从 20 世纪 70 年代开始，微絮凝过滤技术被用于化学除磷。在瑞典的 HenLriKsl 和 Bromma 污水处理厂，Josson（1965）的中试研究表明，出水中 PO_4^{3-}-P 浓度经微絮凝直接过滤处理工艺可降到 0.05 mg/L 以下，出水中总磷浓度下降至 1 mg/L 以下。Hahn 和 Stumm（1984）在瑞士用于城市污水深度处理的微絮凝直接过滤技术试验结果表明，经微絮凝直接过滤工艺，可将水中总磷含量降到 0.05～0.2 mg/L。

目前我国在污水深度处理中运用微絮凝砂滤工艺的研究主要针对滤料改进、滤池形式、工艺应用效果等方面，还处于起步阶段。在滤料改进方面，采用变更空隙滤料可获得更好的处理效果，将少量 0.5～1.0 mm 的细砂掺入在粒径为 2.0 mm 的粗砂中，在 PAC 投药量为 1.7 mg/L 时，对色度、浊度、COD 的去除率分别达到 85%、98.8%、61.8%。选用的滤料为核桃壳，出水悬浮物低于 3 mg/L，平均含油浓度低于 1 mg/L，处理石化废水效果好（严煦世等，1995）。滤料采用聚苯乙烯珠粒时具有较强的纳污能力，使絮凝和沉淀进一步结合。对比石英砂，过滤时间更长、水头损失增长稳定（马敏杰等，2007）。由于二氧化硅的内部缺陷，对比结晶石英砂，使用河砂更有利于表面吸附，过滤性能更好（黄树辉和吕军，2003）。在滤池形式方面，在石化污水深度处理中采用流砂过滤器微絮凝滤池去除效果良好，出水的总磷、COD 和氨氮平均浓度分别达到 0.38 mg/L、26.6 mg/L 和 7.2 mg/L（杨燕等，2008）。陈志强等（2001）所开发的内循环连续式砂滤器采用体内循环洗砂系统进行连续过滤、反冲洗，同时对影响内循环连续式过滤器效率的工况参数进行了研究，就过滤前后水处理情况进行了试验，为该装置的应用创造了条件。在具体应用方面，周媛媛等（2008）采用微絮凝-曝气生物滤池工艺处理污染水源，可将总磷、COD 的去除率提高到 85%以上。陈士明和谢群（2005）验证了微絮凝过滤工艺在处理电厂工业废水时可取得较好的处理效果。孙璐和周孝德（2001）验证了采用微絮凝砂滤工艺作为印染污水深度处理工艺使出水达到 GB 8978—1996 一级 A 排放标准。

3. 微絮凝砂滤处理石化二级出水研究

1）装置和主要参数

如图 4-16 所示，砂滤反应器容积为 0.159 m^3，主体高 2000 mm，直径 300 mm，

提砂管高 1900 mm，外圈布水管高 1400 mm，提砂管顶部 100 mm 高度内设错流板。沉砂室底部高 250 mm，直径 90 mm，上部直径扩大至 150 mm，高 130 mm，过渡段采用 45°连接。中心提砂管 DN50，外圈配水管 DN80。十字花布置 4 根配水管，DN32，每根配水管长 100 mm；每隔 20 mm 开一个直径为 4 mm 的配水孔，孔口向下。砂罩为一圆锥，锥角 60°，底部距离反应器壁 30 mm。汽提管进气管管径 DN20，深入提砂管内 50 mm，汽提管头部设喉管，缩小直径至 5 mm。提砂管底部距离反应器外壁 20 mm。排水管管径为 DN40，直接排至连续流试验车间下层初沉池水桶，滤水管管径为 DN30，滤水管进入车间下层初沉池水桶，并在平台处设置取样口。

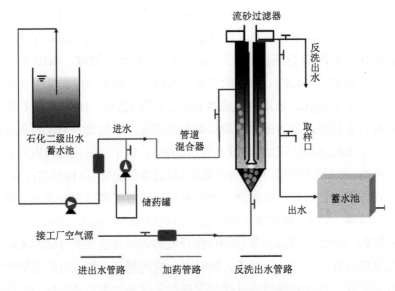

图 4-16　微絮凝砂滤工艺流程示意图

微絮凝砂滤装置运行时进水量为 1.5 m³/h，砂层高 0.75～0.8 m，砂子采用海砂，粒径为 0.5～1.2 mm。海砂具有硬度高、耐磨、耐腐蚀以及化学性能稳定等特点，被广泛用于水处理行业，是目前应用最广、最为经济的过滤介质。

装置进水为石化综合污水处理厂的二级生化出水，其主要水质特征为 pH：6～8；COD 浓度：55～120 mg/L；平均 TOC 浓度：24.56 mg/L；总磷浓度：0.6～2.3 mg/L；浊度：7～12 NTU；色度：55～66 度。

工艺运行过程如下。

第一阶段：药剂投加量的确定。在滤速为 500 L/h 的条件下，砂滤器固定气水比为 3∶1，絮凝剂为 PAC、PAFC 两种，投药量分别设定为 5 mg/L、10 mg/L、15 mg/L、20 mg/L、25 mg/L、30 mg/L。在不同药剂投加量下，分析微絮凝砂滤单元对 COD、TOC、氨氮、总磷、悬浮物的去除效果，同时还考察了进出水和反洗出水中有机物的变化。

第二阶段：滤速的确定。在第一阶段得出最佳投加量的基础上进行第二阶段试验，通过调节不同进水流量，分析滤速对处理效果的影响。

第三阶段：气水比的确定。在第一阶段和第二阶段试验的基础上进行第三阶段试验，调节进气量、分析气水比对处理效果的影响。

2) 药剂投加量对处理效果的影响

设定进水流量为 500 L/h、气水比为 3∶1 时，投加剂分别选择 PAC 和 PAFC。分别投加 5 mg/L、10 mg/L、15 mg/L、20 mg/L、25 mg/L、30 mg/L 后，通过工艺优化得出最佳投加量。

(1) COD 去除。

微絮凝砂滤工艺处理前后的 COD 随投药量的变化如图 4-17 和图 4-18 所示。运行期间进水 COD 浓度范围为 67.3～113.4 mg/L，平均值为 92.8 mg/L，COD 波动比较大。从图中可以看出，PAC 和 PAFC 的投加量由 5 mg/L 升至 30 mg/L 时，随着 PAC 和 PAFC 投加量的增加，COD 的去除率均呈现先升高后降低的趋势。

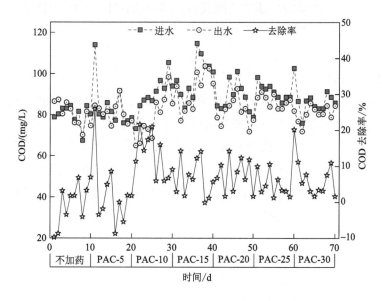

图 4-17　PAC 投加量对 COD 去除的影响

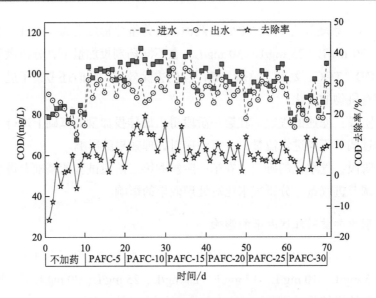

图 4-18　PAFC 投加量对 COD 去除的影响

投加 PAC 时，COD 的平均去除率为 5.8%；投加 PAFC 时，COD 的平均去除率为 7.1%。当 PAC 投加 10 mg/L 时，COD 去除率较高，为 12.9%；当 PAFC 投加 10 mg/L 时，COD 去除率较高，为 13.8%。PAFC 比 PAC 表现出对 COD 更高的去除率。这主要是因为投加 PAFC 比 PAC 生成的矾花体积大，易沉降（徐永利等，2012）。投加絮凝药剂后，微絮凝砂滤工艺能截留大部分的胶体 COD 和悬浮物，但因为较微弱的生化作用，并不能很好地去除溶解性的 COD，导致 COD 整体去除效果不佳。

（2）TOC 去除。

微絮凝砂滤工艺处理前后的 TOC 随投药量的变化如图 4-19 和图 4-20 所示。进水 TOC 的浓度范围为 14.6～29.3 mg/L，平均值为 22.7 mg/L。投加 PAC 时，TOC 平均去除率为 1.1%；投加 PAFC 时，TOC 平均去除率为 1.7%。总体来看，PAC 和 PAFC 的投加量由 5 mg/L 升至 30 mg/L 时，TOC 的去除率变化不明显。主要是由于 TOC 测定的是溶解性有机物，而微絮凝砂滤反应器是通过物理截流作用去除水中悬浮物和有机胶体，对溶解性有机物去除效果较差。

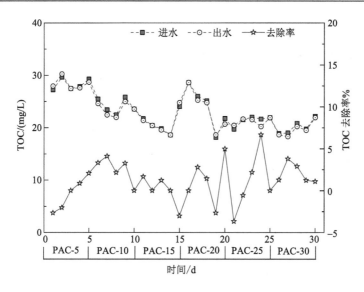

图 4-19　PAC 投加量对 TOC 去除的影响

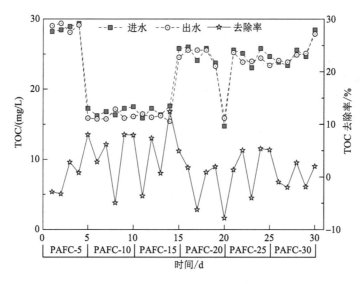

图 4-20　PAFC 投加量对 TOC 去除的影响

（3）氨氮去除。

微絮凝砂滤工艺处理前后的氨氮随投药量的变化如图 4-21 和图 4-22 所示。进水氨氮浓度范围为 0.54～2.71 mg/L，平均值为 1.12 mg/L。PAC 和 PAFC 的投加量由 5 mg/L 升至 30 mg/L 时，随着 PAC 和 PAFC 投加量的增加，氨氮的去除率均呈现先升高后降低的趋势。当PAC投加5 mg/L时，氨氮去除率较高，为23.0%；PAFC投加10 mg/L时，氨氮去除率为26.5%。

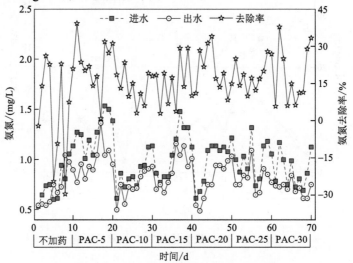

图 4-21　PAC 投加量对氨氮去除的影响

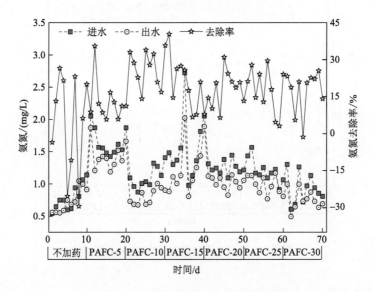

图 4-22　PAFC 投加量对氨氮去除的影响

(4)总磷去除。

微絮凝砂滤工艺处理前后的总磷随投药量的变化如图 4-23 和图 4-24 所示。

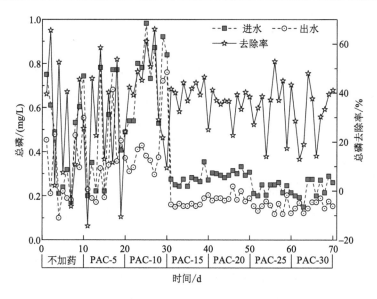

图 4-23　PAC 投加量对总磷去除的影响

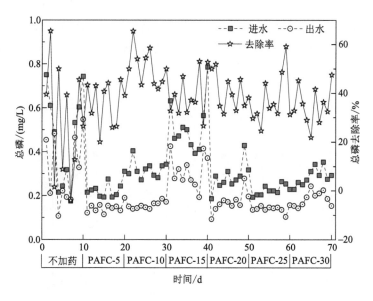

图 4-24　PAFC 投加量对总磷去除的影响

进水总磷波动比较大，浓度范围为 0.17～0.98 mg/L，平均值为 0.35 mg/L。PAC 和 PAFC 的投加量由 5 mg/L 提高到 30 mg/L 时，随着两种絮凝剂投加量的增加，总磷的去除率均呈现先增大后降低的趋势。当 PAC 投加 10 mg/L 时，总磷去除率较高，为 41.3%；PAFC 投加 10 mg/L 时，总磷去除率为 50.6%。投加絮凝剂后，其阳离子水解产物通过吸附电中和作用去除水中的 PO_4^{3-}。投加过量会引起 PO_4^{3-} 表面覆盖的粒子过多，从而改变电性，发生再稳现象(辛璐等，2012)。投加 PAFC 比 PAC 表现出对总磷更好的去除效果，是由于絮凝剂中阳离子 Al^{3+} 和 Fe^{3+} 的双重作用比单一 Al^{3+} 去除总磷的效果好。总体来看，投加药剂后的出水总磷浓度均低于 0.5 mg/L，微絮凝砂滤对总磷去除效果较好。

(5)悬浮物去除。

微絮凝砂滤工艺处理前后的悬浮物随投药量的变化如图 4-25 和图 4-26 所示。进水悬浮物浓度波动较大，浓度范围为 24.8～42.2 mg/L，平均值为 30.1 mg/L。在 PAC 和 PAFC 的投加量由 5 mg/L 提高到 30 mg/L 时，随着两种絮凝剂投加量的增加，悬浮物的平均去除率均呈现先增大后降低的趋势。絮凝剂投加量过少时，其电中和、吸附架桥、网捕絮凝等作用偏弱，形成的絮体细小，不宜沉降；而絮凝剂投加量过多会使胶体所带电荷发生变化，造成胶体再稳，处理效果变差。当 PAC 投加 10 mg/L 时，悬浮物去除率较高，为 49.7%；PAFC 投加 10 mg/L 时，悬浮物去除率为 50.6%。投加 PAFC 比 PAC 生成的矾花体积大，沉降速度快，生成的体积较大的矾花在过滤中易被滤料截流，因此 PAFC 比 PAC 表现出对悬浮物更好的去除效果。

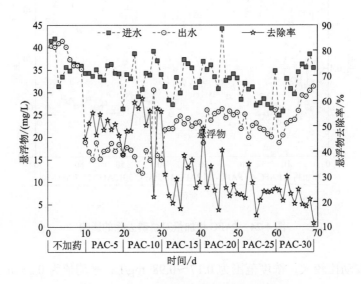

图 4-25　PAC 投加量对悬浮物去除的影响

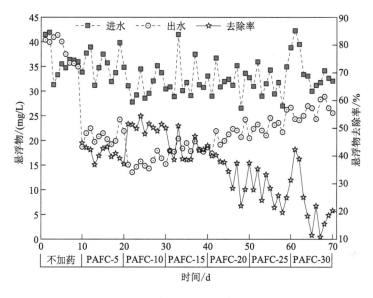

图 4-26　PAFC 投加量对悬浮物去除的影响

此外，由图 4-17～图 4-26 可以看出，当投药量较小时，各项指标的去除效果均较差；随着投药量的增加，各项指标的去除效果逐渐提高。当投药量过小时，形成的絮体颗粒粒度较小，微细絮体容易穿透滤层，不能被滤层全部截留，致使出水水质下降，严重时会导致过滤后反应装置出水中含有大量的微絮凝絮体。然而，当絮凝剂投加量过大时，絮凝过程中反应形成的絮体颗粒也较大，容易直接造成滤柱堵塞，导致滤层形成单一表层过滤，滤层截污能力随之降低，较大絮体粘连悬浮物形成污泥团，进而导致过滤、反冲负荷加大。同时，未及时反应的絮凝剂也进入滤层，形成新的胶状物质，并和滤料黏附在一起，难以洗净脱离，造成滤料过滤性能严重下降。

综合以上分析可以得出，优化微絮凝砂滤工艺运行应选用 PAFC，投加量为 10 mg/L。

3) 滤速对处理效果的影响

滤速是影响微絮凝砂滤工艺过滤效果的重要影响因素之一。滤速是指滤柱的水力负荷，也是设计滤柱时的一个基本参数指标。滤速大小决定了单位时间内单位面积产水量，同时也是决定滤柱造价的一个重要指标。当滤速较大时，过滤所需水力停留时间变短，较强的水流使得吸附在滤层表面的絮体或悬浮物被洗脱的数量显著增多，增加了絮体穿透滤层的概率，影响絮凝效果以及出水水质。当滤速较低时，过滤所需水力停留时间比较长，水流较弱，滤层能够较好地截留絮体和悬浮物，絮体也能够更好地被滤料吸附，因此过滤出水的水质较好；但当滤速较低时，产水量也在下降。合理的滤速应满足出水水质达标且水损（排水）增长较小的最大滤速。

运行过程中，PAFC 投加量设置为 10 mg/L，气冲强度确定为 16.5 L/(m²·s)，气水比为 3∶1。滤速分别控制为 5 m/h、7 m/h、9 m/h、11 m/h，对应流量分别为 360 L/h、500 L/h、640 L/h、785 L/h。

(1)COD 去除。

进水 COD 浓度范围在 91.3~106.7 mg/L 之间，出水的 COD 范围在 68.2~83.6 mg/L 之间，去除率范围在 15.15%~25.3%之间；在滤速为 7 m/h 时，COD 去除率达到最大值，为 25.3%（图 4-27）。平均 COD 去除率整体呈现先上升后下降的趋势。在其他因素不变的条件下，滤速过大时出现 COD 去除效果明显降低的现象，这是因为经加药混合后的原水迅速进入滤柱，在滤柱内完成后续絮凝，过速导致缩短了滤层表面的水力停留时间，不能保证絮凝剂完全发挥作用。此外，若滤速过大，水流对滤料表面的絮体冲刷增强，在滤层的内部，截留的絮体对溶解性的 COD 的拦截、吸附作用降低，从而导致出水 COD 值变大。

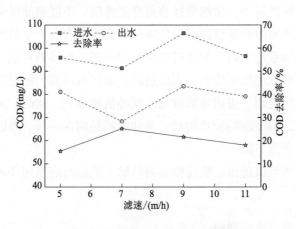

图 4-27　滤速对 COD 去除的影响

(2)总磷去除。

随着滤速的增加，平均总磷去除率整体呈现缓慢下降的趋势。进水总磷浓度在 1.401~1.561 mg/L 之间，出水的总磷范围在 0.364~0.606 mg/L 之间；当滤速为 7 m/h 时，平均总磷去除率为 71%；当滤速为 9 m/h 时，平均总磷去除率为

74.02%；而当滤速为 11 m/h 时，总磷去除率明显下降，为 60%（图 4-28）。这是因为，滤速过大时，铝离子不能顺利发生聚合反应生成多核羟基络合物。多核羟基络合物吸附水体杂质并中和胶体电荷，使得压缩双电层过程受阻，进而使悬浮物和胶体的脱稳凝聚过程受阻，难以形成沉降，使得水体混凝除磷变差。

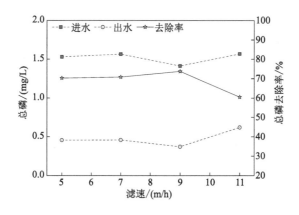

图 4-28　滤速对总磷去除的影响

4）气水比对处理效果的影响

气水比是指反冲洗气冲强度和进水流量的比值，合适的气水比既能控制滤料不流失，承托层稳定，又能确保将吸附在海砂颗粒上的污浊物彻底、及时冲洗干净，同时持续稳定提升脏砂至洗砂槽，确保洗砂污水顺利通过上方排水管排出，保持滤柱内滤水层稳定，保证设备产水量，以此达到反应器内部加药—布水—砂滤（滤水）—洗砂（排水）的正常动态循环。在 PAFC 投加量为 10 mg/L，滤速为 7 m/h，即进水流量为 500 L/h 的条件下，气水比分别设置为 2∶1，3∶1，4∶1，5∶1。确定气水比首先要确定气冲强度，气冲带来反冲洗内循环，因此，反冲洗的研究有助于进一步确定合适的气水比。

（1）COD 去除。

随着滤速的改变，COD 去除率整体呈现先上升后下降的趋势。进水 COD 范围在 91.3～115.9 mg/L 之间，出水的 COD 范围在 68.2～98.5mg/L 之间，平均 COD 去除率范围在 16.39%～25.3%之间；当气水比为 3∶1 时，COD 的去除率达到最大，最大值为 25.3%（图 4-29）。当气水比较小时，滤料反冲洗周期和进水停留时间不匹配，过滤后的脏砂不能及时有效被气提至洗砂层进行反冲洗，滤料吸附的污物不能及时冲洗排出，截污能力恢复变慢，导致工艺运行效果减弱。当气水比过大时，因气冲的作用导致砂滤层被扰动，滤料之间剪切力增大，造成已吸附的稳定絮体破裂，而絮体和悬浮物更容易穿透滤层，影响絮凝效果以及出水水质。

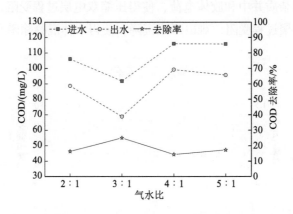

图 4-29　气水比对 COD 去除的影响

(2)总磷去除。

随着气水比的改变，总磷的平均去除率逐渐下降，进水总磷范围在 1.561～2.081 mg/L 之间，出水的总磷范围在 0.441～0.631 mg/L 之间，去除率范围在 68.56%～73.29%之间；气水比在 3∶1 时总磷的去除率为 71.11%(图 4-30)。增大气水比，扰动流砂过滤内循环稳定性，除磷过程稳定持续进行，使得总磷去除率下降。

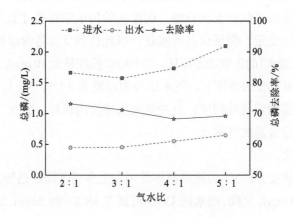

图 4-30　气水比对总磷去除的影响

(3)产水率变化。

产水率是指在进水流量稳定的状态下，反应器滤水量和排水量的比值。产水率较高时，意味着滤水量高，确保经过工艺处理后的水能够有效利用，减少二次排污。由图 4-31 可知，投加 PAC 为 30 mg/L，进水流量为 500 L/h 的条件下，随着气水比的增加，产水率逐渐下降，产水率范围在 87.5%～98.2%之间。当气水比为 3∶1 时，产水率为 96.77%，达到了该工艺处理的要求。排水主要是将洗砂器内的冲洗水混合提砂管内的气提水一同排出滤柱。产水率明显下降是因为气冲加大，气冲带动的气提排水增多，滤水就会相应减少。

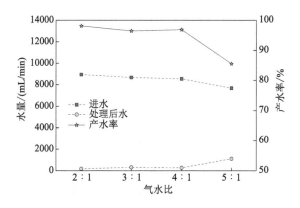

图 4-31　气水比对产水率的影响

在实际的工艺运行过程中发现，造成滤料的扰动、膨胀以及互相摩擦的主要原因是增大了气冲强度，也同时说明在承托层滤料稳定的前提下，应将气冲的作用发挥到最大程度，采用的气源为车间进气管道空气。通过工艺研究得出，在保证滤料不会流失、承托层也无扰动的前提下，气冲强度达到 16.5 L/(m²·s)（即 1500 L/h）时，气水比为 3∶1，滤料附着污泥可以得到最大程度的清洗和去除。因此，气冲强度确定为 16.5 L/(m²·s)，气水比为 3∶1。

为满足出水水质条件经济性和产水率等条件，在连续流运行状态下，优化最佳运行参数条件为：进水流量为 500 L/h，即滤速为 7 m/h；PAFC 投加量为 10 mg/L；气量为 16.5 L/(m²·s)；气水比为 3∶1。此时，COD 的去除率达到最大值 33.28%，COD 浓度从 91.3 mg/L 降至 60.9 mg/L；总磷的去除率达到最大值 81.11%，总磷浓度从 1.561 mg/L 降至 0.295 mg/L。经过微絮凝砂滤工艺深度处理的废水部分常规监测指标尚未完全稳定达标，这是厂区进水波动和水力冲击负荷带来的影响。

5) 有机物去除特性

在微絮凝砂滤工艺连续运行状态及最佳参数运行条件下取样，即进水流量

500 L/h，滤速 7 m/h，PAFC 投加量 10 mg/L，气水比 3∶1。对微絮凝砂滤工艺处理前后水样的有机物分子量分布、三维荧光变化特性以及特征有机物去除情况进行测定。

水中有机物分子量的分布反映出水中有机物的特性，同时也与水处理的效果有着密切的关系。研究石化污水二级出水中有机物分子量的分布情况，对确定采用何种工艺进行深度处理具有重要意义。采用超滤膜法测定有机物的分子量分布，即利用已知截留分子量大小的超滤膜对水样进行过滤，分子量小于超滤膜截留分子量的有机物可以通过膜进入水中，而大于超滤膜截留量的则无法进入水中。通过测量过滤水的 TOC 值加以判断该分子量区间有机物在原水中占据的比例，进而得知水中有机物分子量的分布。有研究指出，石化二级出水中所含有机物分子量大都在 1 kDa 以下。

石化二级出水中微絮凝砂滤处理前后有机物分子量分布情况如图 4-32、图 4-33 所示。测得石化二级出水中 TOC 浓度为 31.24 mg/L。由图 4-32 可以看出，有机物分子量小于 1 kDa 的居多，用 TOC 表示其含量为 20.49 mg/L，占二级出水有机物分子量分布的 62.9%；而二级出水中大于 1 kDa 的有机物分子量占出水总量的 37.1%，且在每一个分子量级所占的二级出水总量的百分比均不超过 8.5%。分子量为 1～3 kDa、3～5 kDa、5～10 kDa、10～30 kDa、30～100 kDa 和大于 100 kDa 的有机物占石化二级出水总量的百分比分别为 8.1%、4.4%、4.7%、7.5%、5.4% 和 7%。

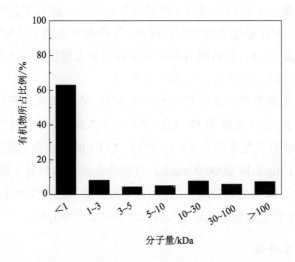

图 4-32　微絮凝砂滤处理前进水中有机物分子量分布（以 TOC 计）

在 PAFC 投加量为 10 mg/L、进水流量为 500 L/h、滤速为 7 m/h、气水比为 3∶1 的条件下，连续运行微絮凝砂滤后的出水中，TOC 含量为 19.89 mg/L。由图 4-33 可以看出，分子量小于 1 kDa 的有机物以 TOC 表示含量为 14.02 mg/L，占微絮凝砂滤出水的百分比也较高，达到 70.5%。分子量大于 1 kDa 的有机物占微絮凝砂滤处理后出水 TOC 的 29.5%。分子量为 1~3 kDa、3~5 kDa、5~10 kDa、10~30 kDa、30~100 kDa 和大于 100 kDa 的有机物占微絮凝砂滤出水的百分比分别为 9.3%、2.4%、2.7%、5.5%、4.6%和 5%。对比处理前水样，整体来说，大于 1 kDa 的有机物占比略有降低。

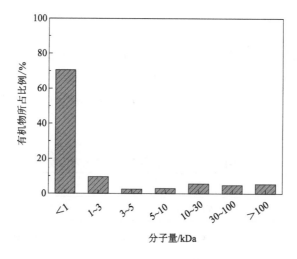

图 4-33　投加 PAFC 处理后出水中有机物分子量分布(以 TOC 计)

三维荧光分析技术能够同时获得激发波长和发射波长的荧光强度信息，这里通过激发波长(Ex)和发射波长(Em)两个变量函数来表示荧光强度，即三维荧光光谱。三维荧光光谱同时获得的激发波长和发射波长的荧光强度信息呈现出指纹状荧光光谱图，通过对图谱进行分析，获知样品特性。基于有机物中含有能产生荧光相应的官能团，如不饱和脂肪链和芳香环结构，有机物含有的官能团类型、结构等信息均可以通过荧光光谱特性体现出来。三维荧光光谱技术具有灵敏度高、测样方便、选择性好等特点，适合用来研究有机物的化学和物理特性。连续运行微絮凝砂滤工艺处理石化二级出水前后水中溶解性有机物的三维荧光光谱如图 4-34 所示。

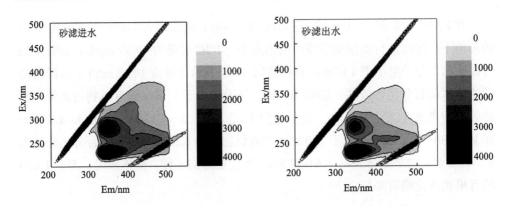

图 4-34　微絮凝砂滤处理前后废水中溶解性有机物的三维荧光光谱图

由图 4-34 可以看出，进、出水特征荧光峰的中心位置分别在类芳香族蛋白质荧光区域（Ex/Em=230/345 nm）和类溶解性微生物代谢产物区域（Ex/Em=280/345 nm）。分析三维荧光的光谱数据得到两个主要荧光峰对应的荧光强度，结果如表 4-1 所示。

表 4-1　三维荧光主要峰位置和荧光强度

荧光峰	进水		出水	
	峰位置（Ex/Em）/nm	强度	峰位置（Ex/Em）/nm	强度
类芳香族蛋白质荧光峰	230/345	9367	230/345	9248
类溶解性微生物代谢产物峰	280/345	3513	280/345	3356

由图 4-34 可知，在最优参数条件下投加絮凝剂 PAFC 后，微絮凝砂滤处理过的水中的有机污染物并没有得到有效的去除，主要是由于石化废水所含有机物多以苯环刚性结构居多，微絮凝砂滤处理工艺并不能有效去除此类大分子的芳香族蛋白质类有机物。

6）特征有机物去除特性

气相色谱-质谱联用仪（gas chromatograph-mass spectrograph，GC-MS）能够对有机物进行定性定量分析。它利用气相色谱仪将水中不同物质加以区分，并利用质谱仪对其进行定性定量分析。GC-MS 可以分析二级出水中有机物结构、种类，从而全面把握水质特性。石化综合污水厂主要担负着上游各类化工企业生产废水，成分复杂多变，毒性较大，在污水厂的生化处理阶段同时又会产生较大量的溶解性微生物产物以及中间产物。最终出水中包含了有机酸、酮、醛、酯、芳香族等多种类型的有机物，部分物质还难以降解。因此，可通过 GC-MS 对二级出水中含有的有机物定性，确定需要重点去除的有机物。

在 PAFC 投加量为 10 mg/L 条件下，取微絮凝砂滤进水、出水以及反冲洗出水来测定不同水样中的特征有机物，所得 GC-MS 图谱如图 4-35、图 4-36 和图 4-37 所示。对图谱进行检出有机物的定性分析以及对几种代表性物质峰面积分析，得到特征有机物结果，如表 4-2、表 4-3 和表 4-4 所示。

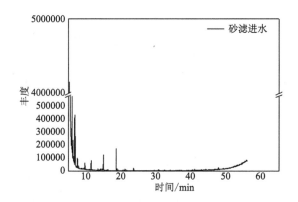

图 4-35　微絮凝砂滤处理前有机物 GC-MS 谱图

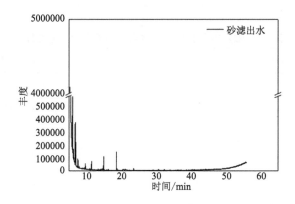

图 4-36　微絮凝砂滤处理出水有机物 GC-MS 谱图

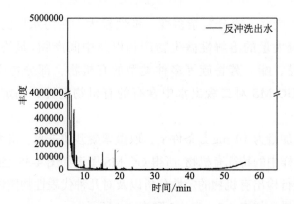

图 4-37 微絮凝砂滤反冲洗出水有机物 GC-MS 谱图

表 4-2 微絮凝砂滤处理前有机物 GC-MS 定性分析

序号	峰面积	CAS 编号	物质种类
1	8468245	563-80-4	3-甲基-2-丁酮
2	7839828	594-36-5	2-氯代-2-甲基丁烷
3	1775581	13417-43-1	1-氯-2-甲基-2-丁烯
4	1856049	507-45-9	2,3-二氯-2-甲基丁烷
5	3456589	14376-81-9	反-1,2-二氯环戊烯
6	5026530	78-67-1	偶氮二异丁腈
7	1098575	18720-65-5	5-甲基-3-庚醇

表 4-3 微絮凝砂滤处理出水有机物 GC-MS 定性分析

序号	峰面积	CAS 编号	物质种类
1	7282872	563-80-4	3-甲基-2-丁酮
2	7063408	616-20-6	3-氯戊烷
3	1585794	13417-43-1	1-氯-2-甲基-2-丁烯
4	1751995	507-45-9	2,3-二氯-2-甲基丁烷
5	2967138	14376-81-9	反-1,2-二氯环戊烯
6	4423220	78-67-1	偶氮二异丁腈
7	1045973	708-06-5	2-羟基-1-萘甲醛

表 4-4　微絮凝砂滤处理反冲洗出水有机物 GC-MS 定性分析

序号	峰面积	CAS 编号	物质种类
1	9092133	563-80-4	3-甲基-2-丁酮
2	8136891	616-20-6	3-氯戊烷
3	2464116	507-45-9	2,3-二氯-2-甲基丁烷
4	900270	2568-30-1	氯乙醛缩乙二醇
5	1234178	31038-06-9	1,1-二氯环戊烷
6	3842576	14376-81-9	反-1,2-二氯环戊烯
7	4708911	3333-52-6	四甲基琥珀腈
8	755862	54460-97-8	2,3-二氯异丁酸甲酯

根据上述图表结果，进行微絮凝砂滤处理前后进、出水及反冲洗出水对比，发现有机物去除量较少（表 4-5）。这是因为微絮凝砂滤主要是去除水中胶体和悬浮物，对有机物去除较差。砂滤反冲洗出水中的有机物比原来增多，但是增加较少，这对应于微絮凝砂滤对溶解性有机物的去除较少，砂滤反冲洗出水中有机物增加较少。

表 4-5　微絮凝砂滤处理前后检出有机物去除情况

物质	进水	出水	反冲洗出水	去除率/%
3-甲基-2-丁酮	√	√	√	14.0
2,3-二氯-2-甲基丁烷	√	√	√	5.6
反-1,2-二氯环戊烯	√	√	√	14.2
1-氯-2-甲基-2-丁烯	√	√	—	10.7
偶氮二异丁腈	√	√	—	12

4.3.2　臭氧催化氧化技术研究

1. 臭氧催化氧化技术简介

臭氧催化氧化是基于臭氧的高级氧化技术。臭氧是 O_2 的同素异构体，分子式为 O_3，在标态下为浅蓝色气体，具有特殊的臭味，能够刺激呼吸道器官的黏膜，具有毒性。臭氧是强氧化剂，其氧化能力仅低于氟，强于氯、芬顿试剂和高锰酸钾等其他常用的氧化剂。臭氧在水溶液中极不稳定，半衰期较短，为 15～40

min(Singer，1990)，会迅速分解成氧气，分解过程如反应(4-22)至反应(4-26)所示(Masschelein，1992)。臭氧氧化过程能够破坏难生物降解物质的分子结构，将大分子物质氧化为小分子，降低有机物的浓度，从而提高污水的可生化性。

$$O_3 + H_2O \longrightarrow 2HO\cdot + O_2 \qquad k_2 = 1.1 \times 10^{-4} \ L/(mol\cdot s) \ (20℃) \qquad (4\text{-}22)$$

$$O_3 + OH^- \longrightarrow O_2^- \cdot + HO_2\cdot \qquad k_2 = 70 \ L/(mol\cdot s) \ (20℃) \qquad (4\text{-}23)$$

$$O_3 + HO\cdot \longrightarrow O_2 + HO_2\cdot \longleftrightarrow O_2^- + H^+ \qquad (4\text{-}24)$$

$$O_3 + HO_2\cdot \longleftrightarrow 2O_2 + HO\cdot \qquad k_2 = 1.6 \times 10^9 \ L/(mol\cdot s) \qquad (4\text{-}25)$$

$$2HO_2\cdot \longrightarrow O_2 + H_2O_2 \qquad (4\text{-}26)$$

在实际工程中臭氧氧化主要以臭氧分子与有机物直接氧化为主，而且对有机物选择性较强，氧化过程缓慢且不完全，很难实现有机物的彻底矿化，往往会出现臭氧投加量大、有机物去除率低等问题。因此，优化臭氧分子的产生及在反应中的利用是很有必要的。研究人员开发通过催化剂来提高臭氧氧化效率的臭氧催化氧化技术。臭氧催化氧化技术将臭氧的强氧化性和催化剂的吸附、催化特性结合起来，能较为有效地解决有机物降解不完全的问题。臭氧催化氧化法是通过催化剂促进臭氧分解产生大量·OH，高氧化性的·OH 可有效矿化水中的有机污染物(Wang and Chen，2020；Zhang et al.，2019；Ghuge and Saroha，2018)。因此，臭氧催化氧化技术是一种高效的污水深度处理技术。根据催化剂的存在状态臭氧催化氧化技术可分为均相臭氧催化氧化和非均相臭氧催化氧化(邓凤霞，2014)。

1)均相臭氧催化氧化

均相臭氧催化氧化是将催化剂均匀混合于体系中，仅气、液两相反应，即催化剂以过渡金属离子，如 Fe^{2+}、Mn^{2+}、Ni^{2+}、Co^{2+}、Cd^{2+} 等形态存在于液相中。过渡金属离子的性质不仅决定了反应速率，还决定了反应的选择性和臭氧的消耗率。Trapido 等(2005)研究了 Fe^{2+} 和 Ni^{2+} 催化臭氧氧化二硝基苯，这两种催化剂显示出了很高的催化活性。但也有研究称 Cu^{2+} 在催化氧化纯净水中的丙酮酸时并没有显示出高的催化活性(Carbajo et al.，2007)。

一般来说，均相臭氧催化氧化的机制主要有以下两种：第一种为臭氧在这些过渡金属离子的作用下分解生成羟基自由基来与水中的有机物反应，臭氧分解过程中形成的 $HO_2\cdot$ 可将金属离子氧化再生，反应过程如反应(4-27)、反应(4-28)所示。Sánchez-Polo 和 Rivera-Utrilla(2004)研究在 Mn(Ⅱ)、Cr(Ⅲ)、Fe(Ⅱ)、Zn(Ⅱ)和 Ni(Ⅱ)这 5 种金属离子存在下，均相臭氧催化氧化磺酸衍生物。研究发现，自由基清除剂叔丁醇(*tert*-butanol，TBA)的存在降低了磺酸衍生物的降解效率，表明反应遵循羟基自由基机理。第二种为臭氧氧化过程中，催化剂与有机物之间发生的复杂配位反应(Sauleda and Brillas，2001；Beltrán et al.，2006；Beltrán et al.，2003)。Pines 和 Reckhow(2002)研究在 Co^{2+} 存在的条件下臭氧催化氧化，发现草酸的矿化度很高，同时提出了金属-配位机制，即 Co^{2+} 可与草酸生成 CoC_2O_4 络合物，随后 CoC_2O_4 直接被臭氧氧化分解成 Co 和 $·C_2O_4^-$，而 $·C_2O_4^-$ 和产物在此过程中被氧化。

$$M^{n+} + O_3 + H^+ \longrightarrow M^{(n+1)+} + ·OH + O_2 \tag{4-27}$$

$$O_3 + ·OH \longrightarrow O_2 + HO_2^-· \tag{4-28}$$

$$M^{(n+1)+} + HO_2^-· + OH^- \longrightarrow M^{n+} + H_2O + O_2 \tag{4-29}$$

$$M^{n+} + ·OH \longrightarrow M^{(n+1)+} + OH^- \tag{4-30}$$

然而，大多数过渡金属离子对环境存在有害影响，在反应后的分离难度大，使得过渡金属离子在均相系统中的使用受限。研究者们发现固体催化剂易于分离并且可以更长时间地保持催化活性，可以克服均相催化剂的缺点(Wang and Chen，2020)。

2)非均相臭氧催化氧化

在非均相臭氧催化氧化体系中，最主要的几种催化剂有：金属氧化物(MnO_2、TiO_2、Al_2O_3、CeO_2 和 FeOOH)、金属或金属氧化物载体($Cu\text{-}Al_2O_3$、$Cu\text{-}TiO_2$、$Ru\text{-}CeO_2$ 等和 $TiO_2\text{-}Al_2O_3$、$Fe_2O_3\text{-}Al_2O_3$ 等)、金属改性沸石以及活性炭(Nawrocki and Kasprzyk-Hordern，2010)。

对于以金属氧化物以及金属氧化物载体作为催化剂时的非均相臭氧催化氧化一般有两种可能的机制：一种是臭氧因与 Lewis 酸的吸附作用而分解成为具有很强氧化性的表面结合 O^-；另一种是臭氧因与 Lewis 酸的吸附而分解生成羟基自由基，见反应(4-31)至反应(4-35)。而当金属载体作为催化剂时，可能的机制为：金属载体作为电子供体，臭氧分子作为电子受体，从而产生 $HO_3^-·$ 和最终的羟基自由基，然后与废水中的有机物发生反应。

$$O_3 + Me\text{-}OH_2^+ \longrightarrow Me\text{-}OH^+· + HO_3· \tag{4-31}$$

$$2O_3 + Me\text{-}OH \longrightarrow Me\text{-}O_2^-· + HO_3^-· + O_2 \tag{4-32}$$

$$Me\text{-}OH^+· + H_2O \longrightarrow Me\text{-}OH_2^+ + ·OH \tag{4-33}$$

$$Me\text{-}O_2^-· + O_3 + H_2O \longrightarrow Me\text{-}OH + O_2 + HO_3· \tag{4-34}$$

$$HO_3· \longrightarrow ·OH + O_2 \tag{4-35}$$

　　Kasprzyk-Hordern 等(2006)研究了 Al_2O_3 为催化剂时对天然有机物(natural organic matter，NOM)的去除情况。研究结果表明，Al_2O_3 显示出了对 NOM 很高的吸附性，臭氧催化氧化条件下对 NOM 的去除率是单独应用臭氧时的两倍；而且催化过程运行了62次循环，每次3 h，NOM 的降解效率并没有降低。Sui 等(2010)研究了 FeOOH 作催化剂时臭氧催化氧化对草酸的去除影响。研究结果表明，在酸性和中性 pH 条件下，FeOOH 可以显著提高羟基自由基的生成从而增加了草酸的去除率；还发现草酸盐可以被吸附在 FeOOH 表面，而磷酸盐离子与表面羟基基团之间的配位交换减弱了草酸盐与 FeOOH 的吸附性以及降低了 FeOOH 的催化性能。Li 等(2018)评估了铁基材料(Fe-MCM-48)作为催化剂用于臭氧氧化双氯芬酸的矿化效率，发现 Fe-MCM-48 催化剂表面存在配位不饱和铁氧化物，促进了吸附水相中的水分子形成表面羟基，进而引发 O_3 分子分解形成·OH，遵循羟基自由基反应机理。

2. 臭氧催化氧化技术在工业废水深度处理中的应用进展

　　随着国家与地方排水标准的日益严格与规范，目前很多工业废水采用生化法处理后仍含有很多难降解的有机物而难以达标。此外，各企业产品品种增多、产量提高，生产污水的量和质均发生变化，远远超过原处理设施的处理能力。因此，大多数企业和工业园区污水处理产业不得不对工业废水处理设施进行提标改造。臭氧催化氧化技术因其可去除废水中难降解的有机物(Bing et al.，2015)、降低废水的色度、进一步去除二级出水中的有机物而在工业废水的深度处理中被广泛应用(邵强等，2015；张志伟，2013)。

　　黎兆中和汪晓军(2014)以锰负载于陶瓷高温烧结成催化剂，臭氧催化氧化深度处理印染废水，在臭氧投加量为 30 mg/L 时，出水效果与空塔运行时臭氧投加量为 40 mg/L 时的出水效果相当，节省了运行成本约 0.12 元/m^3。耿长君等(2016)采用臭氧催化氧化深度处理综合化工污水处理厂二级出水。研究结果表明，采用此工艺处理综合化工污水厂二级出水是可行的，出水的 COD 可以达到新标准中规定的直排标准。研究结果还表明废水的流向对臭氧消耗成本基本无影响。林肯等(2020)应用 Mn^{2+} 催化臭氧氧化化工园区石化废水二级出水，臭氧催化塔有效容积为 15.7 L，在 Mn^{2+} 和 O_3 投加量分别为 1.5 mg/L、84 mg/L 条件下，处理 20 min后 COD、TOC 和色度的去除率分别为 42%、36%和 99%，出水满足《污水综合排放标准》(DB 31/199—2018)的一级标准。何灿等(2016)研究以负载型双组分金属氧化物作为催化剂，臭氧催化氧化深度处理焦化废水，处理进水流量为 250 L/h，进行了为期 68 d 的连续试验,结果证实 COD 平均去除率高于 60%,出水满足《炼焦化学工业污染物排放标准》(GB 16171—2012)的要求;对比未改造前使用的强制混凝沉淀技术,运行费用可降低 1/2~3/4,表现出优异的经济适用性。陈中英(2015)采用臭氧催化氧化深度处理大庆炼化公司丙烯腈废水,丙烯腈废水有机物含量高、生物毒性强。该公司废水处理能力为 20 m³/h,在实际进水 COD 远高于设计浓度下,COD 均值从 250 mg/L 降至 156 mg/L,COD 的平均去除总量达到 1.88 kg/h,远高于设计值(1 kg/h)。运行结果表明,此技术在系统高负荷条件下的处理效果优于预期。何灿等(2019)以双组分金属氧化物负载于 γ-Al$_2$O$_3$ 作为催化剂,臭氧催化氧化混合高含盐废水(以糖精钠生产废水为主)的生化出水。进水流量为210 m³/h,两年多的工程运行结果表明,处理效果稳定、无二次污染、系统出水水质稳定,出水 COD、色度分别低于 50 mg/L、30 度,同时为高盐废水后续的分盐结晶进行了预处理。该工艺对低浓度、难降解、高含盐有机废水提供了工程应用经验。

3. 臭氧催化氧化处理石化二级出水研究

1)装置及运行参数

研究所用臭氧催化氧化工艺装置见图 4-38。臭氧催化氧化塔有两级,分别为一级氧化塔和二级氧化塔。氧化塔为圆柱形,采用不锈钢(316 L)制成,直径 0.6 m、高 4.5 m。其中一级氧化塔填充 68%催化剂,二级氧化塔填充 52%催化剂,催化剂为活性氧化铝负载型催化剂。臭氧发生器臭氧产量为 80 g/h,臭氧发生系统包括空气源、臭氧发生器、气体流量计和臭氧浓度检测仪。以空气源为臭氧发生气源,经过臭氧发生器高压放电生成 O$_3$ 与空气的混合气体,混合气体经过臭氧浓度检测仪检测,然后通过气体流量计调节流量后进入氧化塔。氧化塔内曝气的方式为穿孔管曝气,尾气采用碘化钾溶液(质量分数为 20%)吸收。

氧化塔有两种运行模式:连续流臭氧催化氧化和两级曝气臭氧催化氧化。当运行连续流不同回流比臭氧催化氧化试验时,一级氧化塔曝气,二级氧化塔以水中残余臭氧运行。打开臭氧进气阀门 A 和水路阀门 C,使得一级氧化塔和二级氧化塔串联起来,运行不同回流比时,通过调节阀门 F,调节流量,来达到不同回流比。当运行连续流两级曝气臭氧催化氧化试验时,一级氧化塔和二级氧化塔投加不同比例臭氧运行。打开水路阀门 C,使得一级氧化塔和二级氧化塔串联起来,打开臭氧进气阀门 A 和 B,通过阀门和流量计调节一级氧化塔和二级氧化塔进臭氧的比例。一级氧化塔有 4 个取样口,从上到下依次为 1、2、3、4;二级氧化

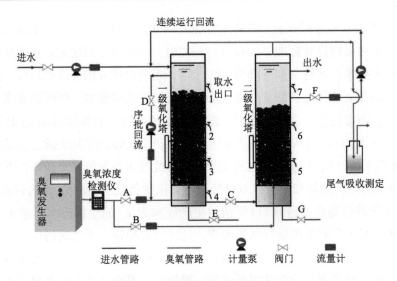

图 4-38　臭氧催化氧化工艺流程

塔有 3 个取样口,从下到上依次为 5、6、7,其中取样口 1、4、7 没有催化剂,取样口 2、3、5、6 有催化剂。两种运行方式的水样采集方法相同,一级氧化塔出水在 4 号取样口采集,二级氧化塔出水在总出水口采集,其他取样口为沿程取样口。

2) 催化剂

通过 SEM、Brunauer-Emmett-Teller(BET)比表面积、孔容和孔径、XPS 等测试方法对所用臭氧催化剂进行微观分析。催化剂基本特性如表 4-6 所示,催化剂形貌特征如图 4-39 所示。催化剂为淡蓝色,平均粒径为 3 mm,孔结构比较发达,2000 倍放大倍数下(500 nm)催化剂表面展现了褶皱孔隙,比表面积为169.28 m²/g,孔径为 11 nm。催化剂的 XPS 分析结果显示,催化剂表面存在Al、Cu、C、O 四种元素(图 4-40),各元素原子含量百分比分别为 27.35%、2.00%、60.26%、10.39%(表 4-7)。Al_2O_3 为催化剂的载体,Cu 为催化剂的活性组分。催化剂的质量滴定曲线如图 4-41 所示,测定催化剂的零点电势为 8.0。

表 4-6　臭氧催化剂特性

项目	单位	数值
粒径	mm	2~4
密度	g/mL	0.66
BET 比表面积	m²/g	169.28
孔容	cm³/g	0.467

续表

项目	单位	数值
孔径	nm	11
抗压强度	N/颗粒	137
磨耗率	%	0.31
零点电势(pH_{pzc})	—	8.0±0.2
表面羟基密度	mol/$(L \cdot m^2)$	2.7×10^{-5}

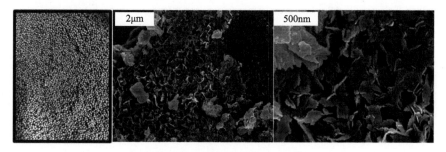

图 4-39 催化剂的 SEM 图

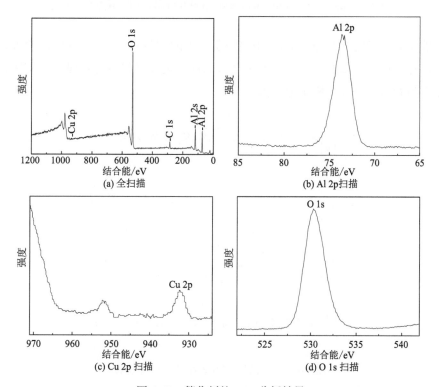

图 4-40 催化剂的 XPS 分析结果

表 4-7　催化剂表面各元素原子含量百分比　　　　　（单位：%）

元素	Al 2p	Cu 2p	C 1s	O 1s
百分比	27.35	2.00	60.26	10.39

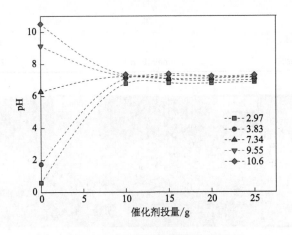

图 4-41　催化剂的质量滴定曲线

主要参数：KNO$_3$ 浓度为 0.01 mol/L；KNO$_3$ 体积为 50 mL；初始 pH 为 2.97～10.6

催化剂的稳定性是考察催化剂性能的一个重要指标，也是工程应用中极为看重的指标。如图 4-42 所示，经过连续 7 次的催化臭氧氧化运行处理，废水中 TOC 去除率为 66%～76%，整体运行稳定。

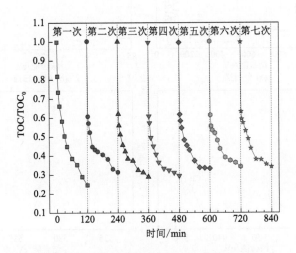

图 4-42　臭氧催化氧化连续 7 次运行效果

3）悬浮物对臭氧催化氧化的影响

分别用悬浮物浓度约为 0 mg/L、20 mg/L、30 mg/L、40 mg/L、50 mg/L 的进水进行臭氧催化氧化，固定臭氧投加量为 36 mg/L，接触氧化时间为 1 h，每隔 10 min 取样一次。

不同进水悬浮物浓度下臭氧催化氧化对 COD 的去除变化和去除单位 COD 消耗臭氧量变化如图 4-43 和图 4-44 所示。COD 含量都随着臭氧投加量的增加而降低，但是 COD 去除率与进水悬浮物浓度的增加关系不明显，原因可能是：①气冲对催化剂表面物质有一定的冲刷，COD 含量的测定采用的是分光光度法，吸光度值可能会受影响；②在臭氧催化氧化作用下，石化废水中的难降解大分子物质可能会被氧化成为小分子物质，而这部分小分子物质则以 COD 的形式表现出来，这时候 COD 含量反而会增大，去除率也会相应地降低。

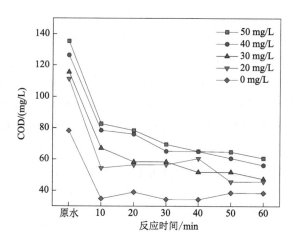

图 4-43　不同进水悬浮物浓度下臭氧催化氧化对 COD 的去除变化

随着悬浮物浓度的增加，去除单位 COD 消耗臭氧量逐渐增加。当进水悬浮物浓度为 0 mg/L 时，去除单位 COD 消耗臭氧量为 1.16 g O_3/g COD；当进水悬浮物浓度增加到 30 mg/L 时，去除单位 COD 消耗臭氧量增加到 1.66 g O_3/g COD，消耗臭氧量增加了约 43%。悬浮物的存在会增加臭氧的消耗，原因可能是：①这与臭氧和不同有机物反应倾向有关；②废水中的悬浮物会吸附在催化剂表面，阻碍了 O_3 与催化剂的作用从而影响催化剂催化性能。

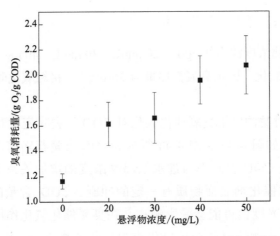

图 4-44　不同进水悬浮物浓度下处理单位 COD 消耗臭氧量的变化图

　　不同进水悬浮物浓度下溶解有机碳(dissolved organic carbon，DOC)随着臭氧催化氧化的变化和 DOC 的去除率变化如图 4-45 和图 4-46 所示。随着进水悬浮物浓度的增加，臭氧催化氧化对 DOC 的去除率逐渐降低，进水悬浮物为 0 mg/L 时，DOC 的平均去除率为 63.84%，而当悬浮物浓度增加到 50 mg/L 时，DOC 的平均去除率降低到了 50.43%。进水悬浮物浓度增加会导致 DOC 去除率降低的原因可能是：悬浮物是结合着黏性胞外聚合物(extracellular polymeric substance，EPS)的生物有机絮体，它们在臭氧催化氧化过程中会消耗一定的臭氧。DOC 理论上是指能透过 0.45 μm 滤膜的有机物，悬浮物存在会与 DOC 去除有竞争作用。也有研究表明，悬浮物存在会降低臭氧氧化效率从而影响有机物的去除率。

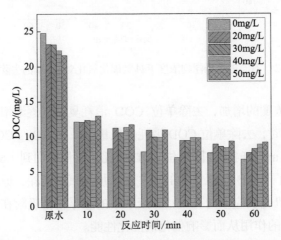

图 4-45　不同进水悬浮物浓度下 DOC 随着臭氧催化氧化的变化

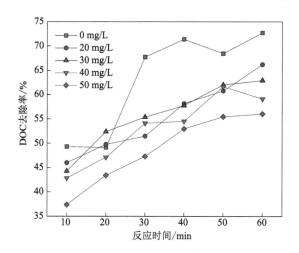

图 4-46　不同进水悬浮物浓度下臭氧催化氧化对 DOC 的去除率变化

　　不同进水悬浮物浓度下无臭氧条件和投加臭氧条件下出水絮体粒径的变化如图 4-47 所示。在臭氧的作用下，絮体粒径呈现减小的趋势；有研究表明臭氧作用会使絮体分散，这证明臭氧与悬浮物之间存在反应，进一步证实了悬浮物的存在会消耗臭氧。悬浮物浓度增加，投加臭氧前后的粒径差也呈现减小的趋势。

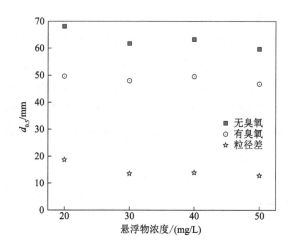

图 4-47　不同进水悬浮物浓度下臭氧催化氧化对出水絮体粒径的变化

　　不同进水悬浮物浓度下絮体 ζ 电位随着臭氧催化氧化的变化如图 4-48 所示，随着接触时间增加，ζ 电位呈现负值绝对值先增大后减小，然后又增大的趋势。

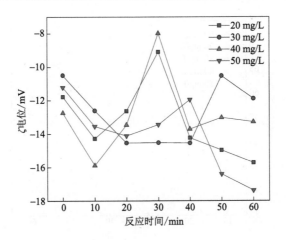

图 4-48　不同进水悬浮物浓度下絮体 ζ 电位随着臭氧催化氧化的变化

　　ζ 电位的变化与絮体表面的 EPS 有关。絮体表面的 EPS 可分为疏松 EPS（LB-EPS）和紧密 EPS（TB-EPS）。TB-EPS 与细胞表面结合较紧密，能够较稳定地附着于细胞壁表面，具有一定外形；而 LB-EPS 相对 TB-EPS 来说疏松，并可以向周围环境中扩散，含有较多水分，具有流动特性。当 LB-EPS 与 TB-EPS 含量的比值发生变化时，ζ 电位值会受到显著影响。此外，EPS 的含量对 ζ 电位影响显著，EPS 电荷减少会使 ζ 电位降低。

　　ζ 电位的变化还与粒径大小有关，ζ 电位的负值绝对值越大，说明小粒径的絮体含量越多，絮体越分散。ζ 电位随着接触时间呈现先负值绝对值增大后减小然后又增大的趋势，原因可能与臭氧与水中有机物的作用顺序有关。推测臭氧先与水中的溶解性微生物代谢产物（SMP）反应，然后与絮体表面的 EPS 反应；当臭氧与水中 SMP 反应时，SMP、LB-EPS 和 TB-EPS 之间又会发生溶解平衡的变化。而 ζ 电位最后的负值绝对值增大也与絮体粒径减小的结果相对应。

　　通过以上分析可知，悬浮物存在会降低臭氧氧化效率，从而影响有机物的去除率。为提高臭氧催化氧化工艺中有机物矿化率，有必要在臭氧催化氧化前增加预处理工艺。

4）回流比对臭氧催化氧化的影响

　　在连续运行过程中，一级氧化塔投加臭氧，臭氧投加量为 36 mg/L；二级氧化塔以水中残留臭氧运行，总停留时间 1 h，进水流量 1 m^3/h。以回流比 0%、50%、100%、150%、200% 运行，优化双塔连续流臭氧催化氧化工艺条件。

(1)COD 去除。

连续流臭氧催化氧化不同回流比进出水 COD 浓度变化如图 4-49 所示。运行期间,进水 COD 浓度在 72~86 mg/L 范围内波动.随着回流比从 0%提高到 100%,COD 去除率升高, 去除单位 COD 消耗臭氧量降低。在回流比为 100%时, 一级氧化塔出水 COD 浓度平均值为 51.6 mg/L, 二级氧化塔出水 COD 浓度平均值为 46.0 mg/L, COD 去除率最高, 平均去除率为 41.6%, 去除单位 COD 消耗臭氧量最低, 为 1.10 g O₃/g COD。但是, 随着回流比继续提高, COD 去除率降低, 去除单位 COD 消耗臭氧量也升高。通过回流和双塔运行有利于臭氧、催化剂和废水中的有机物充分接触, 臭氧和·OH 可以继续氧化分解水中的 COD。但是, 回流比过高时, 有机物在臭氧催化氧化体系中停留时间过短, 不利于 COD 高效去除, 也导致臭氧利用率较低。此外, 回流比过大, 能耗较高, 运行方式也不经济。

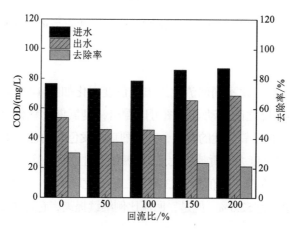

图 4-49　连续流臭氧催化氧化不同回流比进出水 COD 浓度变化

(2)TOC 去除。

连续流臭氧催化氧化不同回流比进出水 TOC 浓度变化如图 4-50 所示。运行期间, 进水 TOC 浓度在 16~19 mg/L 之间波动。由图可知, 一级氧化塔 TOC 显著去除, 二级氧化塔 TOC 去除率很低。在一级氧化塔内, 催化剂同时吸附有机物和臭氧, 在催化剂表面的催化点位上臭氧分解产生羟基自由基, 臭氧和羟基自由基同时氧化有机物, 对 TOC 去除显著。随着回流比的提高, TOC 的去除率升高。当回流比为 100%时, 一级氧化塔出水 TOC 浓度为 5.9 mg/L, 二级氧化塔出水 TOC 浓度平均值为 4.9 mg/L, 出水 TOC 平均去除率为 71.4%。随着回流比提高, TOC 去除率继续降低, 但是去除率增加效果有限;回流比过大, 能耗较高，运行方式欠经济。

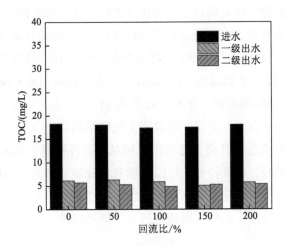

图 4-50　连续流臭氧催化氧化不同回流比进出水 TOC 浓度变化

(3) 色度去除。

连续流臭氧催化氧化不同回流比进出水色度变化如图 4-51 所示。运行期间，进水色度在 45～48 度之间波动。由图可以看出，臭氧催化氧化对色度去除显著，主要是因为臭氧具有强氧化性的特点，其强烈攻击发色和助色基团，促使水中色度去除。一级氧化塔对色度去除贡献较大，二级氧化塔对色度去除较少。回流比为 100% 时，一级氧化塔出水色度平均值为 26.3 度，二级氧化塔出水色度平均值为 23.8 度，出水色度平均去除率为 52.0%。但是，回流比例继续提高，色度去除率下降。

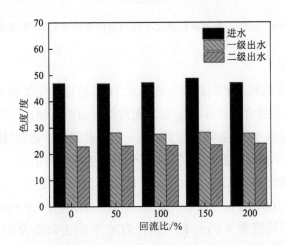

图 4-51　连续流臭氧催化氧化不同回流比进出水色度变化

(4)不同回流比下荧光类有机物去除变化特性。

连续流臭氧催化氧化在最优条件下运行，回流比为 100%时，对进出水中溶解性有机物利用三维荧光光谱仪进行分析。由图 4-52 和表 4-8 进出水图谱可知，特征荧光峰的中心位置分别在 Ex/Em=235/345 nm（类芳香族蛋白质荧光峰）和 Ex/Em=280/345 nm（类溶解性微生物代谢产物峰区域）。经对比可以看出，臭氧催化氧化对类芳香族蛋白质和类溶解性微生物代谢产物去除较为明显，这也是臭氧催化氧化条件下有机物去除效果提高的原因。

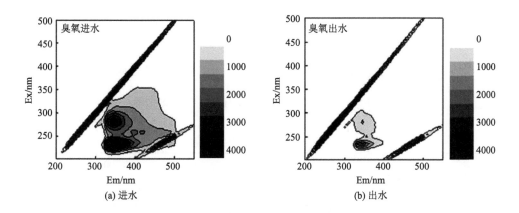

图 4-52　臭氧催化氧化进出水溶解性有机物的三维荧光光谱

表 4-8　三维荧光主要峰位置和荧光强度

荧光峰	进水		出水	
	峰位置(Ex/Em)/nm	强度	峰位置(Ex/Em)/nm	强度
类芳香族蛋白质荧光峰	235/345	9354	235/345	3484
类溶解性微生物代谢产物峰	280/345	2589	280/345	1041

(5)特征有机物去除。

不同回流比下对臭氧催化氧化进出水水样中的特征有机物通过 GC-MS 进行分析，其谱图见图 4-53。通过图 4-53 与美国国家标准与技术研究所（National Institute of Standards and Technology，NIST）质谱图数据库定性对比分析，得到臭氧催化氧化进出水中特征有机物，如表 4-9 所示。通过对回流比为 100%条件下的臭氧催化氧化进出水中特征有机物的分析可知，臭氧催化氧化去除了大部分特征有机物。出水中检出的主要特征有机物为四甲基琥珀腈，由于进水中未检出该物质，推测该物质为原水中特征有机物氧化生成的中间产物。

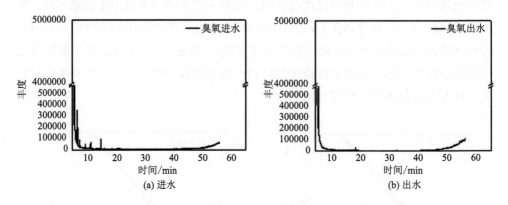

图 4-53　臭氧催化氧化进出水有机物 GC-MS 谱图

表 4-9　臭氧催化氧化进出水主要特征有机物

序号	CAS 编号	物质种类	峰面积	
			进水	出水
1	563-80-4	3-甲基-2-丁酮	7070612	—
2	594-36-5	2-氯代-2-甲基丁烷	6855887	—
3	13417-43-1	1-氯-2-甲基-2-丁烯	1434566	—
4	507-45-9	2,3-二氯-2-甲基丁烷	1670798	—
5	14376-81-9	反-1,2-二氯环戊烯	2785329	—
6	3333-52-6	四甲基琥珀腈	—	593534

(6)臭氧转移率和利用率。

连续流臭氧催化氧化不同回流比下的臭氧转移率和利用率见表 4-10。无回流的臭氧转移率和利用率相对较低，随着回流比提高，臭氧转移率和利用率也相应提高，但是回流比继续提高，臭氧转移率和利用率有所下降。其中，回流比为 100%时臭氧转移率和利用率最高，臭氧转移率比无回流时提高了 0.6 个百分点，利用率提高了 0.4 个百分点。回流方式可提高有机物的氧化程度，提高臭氧利用率。随着回流比提高，臭氧与水的接触时间变短，可能导致传质效果变差，降低了臭氧的转移率和利用率。

表 4-10　连续流不同回流比臭氧转移率和利用率

回流比/%	水中臭氧/(mg/L)	尾气臭氧/(mg/L)	臭氧投加量/(mg/L)	转移率/%	利用率/%
0	0.54	0.53	36	97.8	98.5
50	0.48	0.47	36	98.0	98.6
100	0.38	0.39	36	98.4	98.9
150	0.60	0.55	36	97.7	98.3
200	0.74	0.51	36	97.9	97.9

5) 两级曝气臭氧催化氧化运行优化

运行过程中，臭氧总投加量为 36 mg/L，停留时间为 1 h，进水流量为 1 m³/h。两级氧化塔以不同曝气比例运行，在维持臭氧总投加量不变的情况下，一级氧化塔和二级氧化塔投加臭氧比例为 1∶1、2∶1、3∶1、4∶1、5∶1，探索最优投加比例。

(1) COD 去除。

两级曝气臭氧催化氧化进出水 COD 变化如图 4-54 所示。运行期间,进水 COD 浓度在 68~82 mg/L 范围内波动，臭氧催化氧化对 COD 的去除效果显著。在两级氧化塔中，催化剂吸附有机物和臭氧，在催化剂表面的催化点位上臭氧分解产生·OH，共同分解废水中的 COD。在一级氧化塔中投加臭氧，对水中难降解有机物的结构进行破坏；在二级氧化塔中投加臭氧，部分没有被氧化的难降解有机物进一步被去除。两级曝气比例为 4∶1 时，COD 的去除率较高，一级氧化塔出水 COD 浓度平均值为 51 mg/L，二级氧化塔出水 COD 浓度平均值为 46 mg/L，出水平均去除率为 42%，去除单位 COD 消耗臭氧最少，为 1.20 g O₃/g COD。

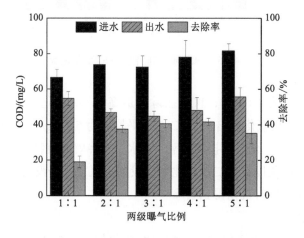

图 4-54　两级曝气进出水 COD 变化情况

在维持臭氧总投加量不变的情况下，通过控制两级氧化塔的臭氧投加比例，一级氧化塔投加臭氧较多，二级氧化塔投加量相对较少。由于一级氧化塔中的催化剂填充率比二级氧化塔中的高，COD 的去除主要发生在一级氧化塔中，因此两级曝气臭氧投加比例最宜为 4∶1。若一级氧化塔中臭氧投加太多导致二级氧化塔中的臭氧投加减少，未有效利用二级氧化塔中的催化剂；若一级氧化塔中臭氧投加太少，则影响 COD 的去除。

（2）TOC 去除。

两级曝气臭氧催化氧化进出水 TOC 变化如图 4-55 所示。运行期间，进水 TOC 浓度在 16.4～23.7 mg/L 范围内波动，臭氧催化氧化对 TOC 去除效果显著。在一级氧化塔中 TOC 的去除率显著，二级氧化塔对 TOC 去除率很低。臭氧在两级氧化塔中都有投加，但是一级氧化塔中臭氧投加较多，导致了一级氧化塔 TOC 去除率较高，二级氧化塔的 TOC 去除率很低。

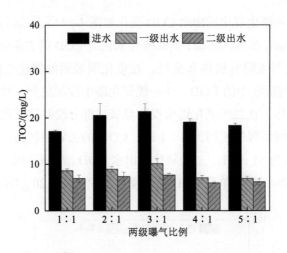

图 4-55　两级曝气进出水 TOC 变化情况

两级曝气比例为 4∶1 时，TOC 去除率最高，一级氧化塔出水 TOC 浓度平均值为 6.5 mg/L，二级氧化塔出水 TOC 浓度平均值为 5.3 mg/L，出水平均去除率为71.3%。通过在一级氧化塔中投加臭氧，对水中难降解有机物的结构进行破坏，提高水中有机物的矿化度；在二级氧化塔中投加臭氧对部分没有被氧化的有机物进一步被催化氧化，使有机物得到去除。

（3）色度去除。

两级曝气臭氧催化氧化进出水的色度变化如图 4-56 所示。运行期间，进水色度在 47.5～52.7 度范围内变化，臭氧催化氧化对色度去除效果显著。臭氧具有强氧化性，可对发色和助色基团进行攻击，破坏这类官能团以去除水中色度。色度的去除主要是在一级氧化塔完成，二级氧化塔对色度也有去除，但是去除率不高，这主要是因为一级氧化塔投加臭氧比例较高而二级氧化塔投加比例较低。两级曝气比例为 4：1 时出水色度去除效果最好，一级氧化塔出水色度平均值为 26.6 度，二级氧化塔出水色度平均值为 22.9 度，出水色度平均去除率为 51.8%。

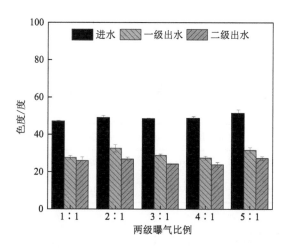

图 4-56　两级曝气进出水色度变化情况

(4)荧光类有机物去除变化特性。

两级曝气臭氧催化氧化试验在最优条件下运行，即在两级曝气比例为 4：1 时，对进出水中溶解性有机物利用三维荧光光谱仪进行分析。由图 4-57 可看出，特征荧光峰的中心位置在 EX/Em=230/345 nm 和 EX/Em=280/345 nm 区域，分别为类芳香族蛋白质荧光峰和类溶解性微生物代谢产物峰。经过分析三维荧光的光谱数据得到两个主要荧光峰对应的荧光强度，结果如表 4-11 所示。臭氧催化氧化进水中荧光类有机污染物主要有色氨酸类芳香族蛋白质和类溶解性微生物代谢产物。经过进出水对比可以看出，臭氧催化氧化对类芳香族蛋白质和类溶解性微生物代谢产物去除较为明显，这也是臭氧具有强氧化性，同时在催化剂协同下提高臭氧利用率、对有机物去除效果较好的原因。

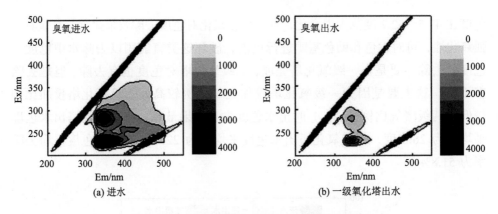

图 4-57　进水溶解性有机物的三维荧光光谱图

表 4-11　三维荧光主要峰位置和荧光强度

荧光峰	进水		出水	
	峰位置(Ex/Em)/nm	强度	峰位置(Ex/Em)/nm	强度
类芳香族蛋白质荧光峰	235/345	8476	235/345	2732
类溶解性微生物代谢产物峰	280/345	3316	280/345	1116

(5)特征有机物去除。

连续流两级曝气臭氧催化氧化进出水试验在最优条件下运行时,对进出水中的特征有机物进行分析,得到 GC-MS 谱图(图 4-58)。与 NIST 质谱图数据库进行对比分析,得到臭氧催化氧化进出水中特征有机物(表 4-12)。

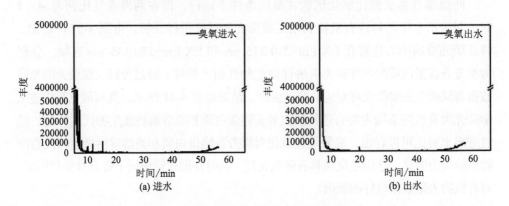

图 4-58　进出水有机物 GC-MS 谱图

表 4-12　臭氧催化氧化进出水主要特征有机物

序号	CAS 编号	物质种类	峰面积	
			进水	出水
1	563-80-4	3-甲基-2-丁酮	8573225	—
2	594-36-5	2-氯代-2-甲基丁烷	8036272	—
3	5166-35-8	3-氯-2-甲基-1-丁烯	2353039	—
4	507-45-9	2,3-二氯-2-甲基丁烷	2050415	—
5	14376-81-9	反-1,2-二氯环戊烯	3135680	—
6	4376-20-9	邻苯二甲酸单-2-乙基己基酯	3007090	—
7	3333-52-6	四甲基琥珀腈	—	1206659

由表 4-12 可知，臭氧催化氧化去除了大部分特征有机物。这主要是臭氧的强氧化性，以及与催化剂的协同效应。同前期试验结果类似，出水中检出的主要特征有机物为四甲基琥珀腈，由于进水中未检出该物质，推测该物质为原水中特征有机物氧化生成的中间产物。

(6) 臭氧转移率和利用率。

两级曝气的臭氧转移率和利用率见表 4-13。其中，两级曝气比例为 4∶1 时，臭氧转移率最高；两级曝气比例为 1∶1 时，臭氧转移率和利用率最低。在两级曝气比例为 1∶1 时，一级氧化塔和二级氧化塔臭氧投加量一样，但是有机物去除主要在一级氧化塔完成，所以二级氧化塔臭氧投加量过高，没有被充分利用。因此，提高一级氧化塔臭氧投加量，有利于去除水中有机物；在高浓度臭氧下，容易破坏水中难降解有机物的结构，提高有机物的矿化率。

表 4-13　两级曝气臭氧转移率和利用率

曝气比例	水中臭氧/(mg/L)	尾气臭氧/(mg/L)	臭氧投加量/(mg/L)	转移率/%	利用率/%
1∶1	0.21	0.82	36	96.6	98.5
2∶1	0.12	0.60	36	97.5	99.4
3∶1	0.19	0.55	36	97.7	99.1
4∶1	0.19	0.50	36	97.9	98.7
5∶1	0.34	0.60	36	97.4	98.5

基于上述结果，臭氧催化氧化工艺的优化运行条件为连续流方式双塔运行、

一级氧化塔臭氧投加量为 36 mg/L、回流比为 100%，此时去除单位 COD 消耗臭氧量最低，为 1.10 g O_3/g COD。

综上，臭氧催化氧化运行过程中，在二级臭氧氧化系统无回流状态、一级氧化塔臭氧投加量为 36 mg/L 条件下，进水 COD 浓度为 75～78 mg/L，出水 COD 浓度为 47～53 mg/L，去除单位 COD 消耗臭氧 1.22～1.50 g O_3/g COD，平均为 1.41 g O_3/g COD；增加回流后(连续流一级曝气，一级回流比 100%，二级不曝气)，去除单位 COD 消耗臭氧最低，为 1.10 g O_3/g COD，比无回流时提高 22.0%。这也验证了臭氧催化氧化节能降耗的效果。

4.3.3　微絮凝砂滤-臭氧催化氧化组合技术研究

1. 装置与运行参数

微絮凝砂滤-臭氧催化氧化组合工艺中的微絮凝砂滤单元装置与 4.3.1 小节中相同，臭氧催化氧化单元装置与 4.3.2 小节中相同。根据上述研究结果，微絮凝砂滤单元的运行条件为：进水流量为 500 L/h，即滤速为 7 m/h；PAFC 投加量为 10 mg/L；气量为 16.5 L/(m^2·s)，气水比为 3∶1。臭氧催化氧化单元的运行条件为：连续流方式双塔运行；一级氧化塔臭氧投加量为 36 mg/L；回流比为 100%。微絮凝砂滤-臭氧催化氧化组合工艺流程如图 4-59 所示。

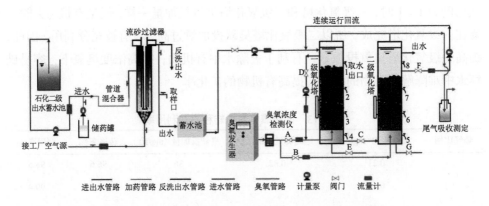

图 4-59　微絮凝砂滤-臭氧催化氧化组合工艺流程图

2. COD 去除

微絮凝砂滤-臭氧催化氧化组合工艺各单元进出水 COD 变化见图 4-60。组合工艺运行期间，进水 COD 平均值为 92 mg/L；微絮凝砂滤处理后出水 COD 平均值为 81 mg/L，去除率为 12%；臭氧催化氧化处理后出水 COD 继续降至 46 mg/L，去除率为 43%。整体组合工艺 COD 去除率为 50%，出水 COD 浓度<60 mg/L，满足《石油化学工业污染物排放标准》（GB 31571—2015）要求。

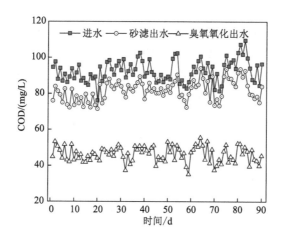

图 4-60　微絮凝砂滤-臭氧催化氧化组合工艺各单元进出水 COD 变化

3. 氨氮去除

微絮凝砂滤-臭氧催化氧化组合工艺各单元进出水氨氮变化见图 4-61。组合工艺运行期间，进水氨氮平均值为 1.9 mg/L；经过微絮凝砂滤处理，出水氨氮平均

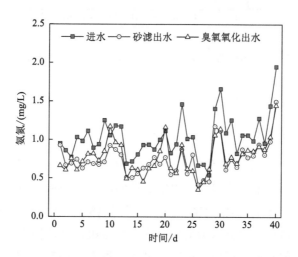

图 4-61　微絮凝砂滤-臭氧催化氧化组合工艺各单元进出水氨氮变化

值为 1.5 mg/L，去除率为 21.1%；经过臭氧催化氧化处理，出水氨氮为 1.4 mg/L，去除率为 6.7%。组合工艺对氨氮的去除率为 26.3%，出水氨氮浓度始终<5.00 mg/L，满足《石油化学工业污染物排放标准》(GB 31571—2015)要求。

4. 总磷去除

微絮凝砂滤-臭氧催化氧化组合工艺各单元进出水总磷变化见图 4-62,组合工艺运行期间，进水总磷平均浓度为 0.350 mg/L；经过微絮凝砂滤处理后，出水总磷平均浓度为 0.180 mg/L，去除率为 48.6%，微絮凝砂滤工艺对总磷去除较好；经过臭氧催化氧化处理后，出水总磷为 0.140 mg/L，去除率为 22.2%。组合工艺整体对总磷的去除率为 60.0%，出水总磷浓度始终<0.500 mg/L，满足《石油化学工业污染物排放标准》(GB 31571—2015)要求。

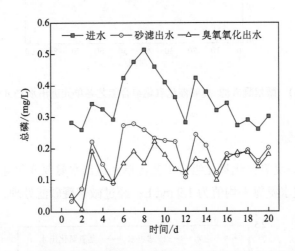

图 4-62　微絮凝砂滤-臭氧催化氧化组合工艺各单元进出水总磷变化

5. 组合技术能源动力消耗分析估算

1) 微絮凝砂滤单元

采用微絮凝砂滤-臭氧催化氧化组合技术对石化二级出水进行深度处理，需将石化二级出水从二沉池出水口引至深度处理储水池，进水管线流量为 4 t/h，选取离心泵的流量为 20 t/h，功率为 1.5 kW，扬程为 18 m，工业电价按 0.8 元/(kW·h)计算，则提升二级出水至储水池的用电成本为 0.06 元/t。储水池的二级出水需用离心泵提升至微絮凝砂滤反应器内部，进水流量为 1.5 t/h，选取离心泵的流量 10

t/h，功率为 0.5kW，扬程为 15 m，则二级出水从储水池到微絮凝砂滤反应器的成本为 0.04 元/t。微絮凝砂滤反应器需要投加 PAFC，使用蠕动泵一台，功率为 0.05 kW，则加 PAFC 所需的动力成本为 0.027 元/t。PAFC 投加量为 10 mg/L，价格为 3000 元/t，消耗药剂成本折算成废水处理成本为 0.03 元/t。综上，微絮凝砂滤单位废水处理总成本约为 0.157 元/t。

2）臭氧催化氧化单元

砂滤反应器出水由管道泵打入臭氧催化氧化塔中，管道泵的功率为 0.55 kW，流量为 10 t/h，折算成废水流量的成本为 0.044 元/t；臭氧催化氧化塔的循环泵功率为 0.5 kW，流量为 10 t/h，折算成废水流量的成本为 0.04 元/t。臭氧发生系统耗电设备主要由空压机、冷干机、臭氧发生器组成，其中空压机为间歇工作。根据臭氧发生器厂家提供的出厂调试记录，得到臭氧产量与电耗对应关系（图 4-63）。由图可知，臭氧发生器臭氧产量与功率的对应关系比较明显，随着臭氧发生器加载功率的提高，臭氧产量也提高，同时单位臭氧产量电耗下降。在实际工程上应用臭氧发生器效率的提高等因素促使整个运行能耗有所下降，选用臭氧发生器标准产量为 80 g O_3/h，功率为 1.1 kW，产生 1 g O_3 能耗为 0.01375 kW，投加量为 36 mg/L，每吨水臭氧的能耗为 0.495 kW，费用为 0.396 元/t。气源由空气源鼓风机提供，按照反应所需空气约 4.5 m^3/h 来算，进气所需废水处理成本约为 0.006 元/t。综上，臭氧催化氧化单位废水处理总成本约为 0.486 元/t。

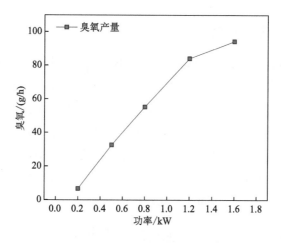

图 4-63 臭氧产量与电耗的关系

　　能源动力消耗和其他消耗水处理的估算值如表 4-14 所示。采用微絮凝砂滤-臭氧催化氧化组合技术对石化废水的二级出水进行深度处理，砂滤单元 PAFC 投加量为 10 mg/L，以双塔连续流回流比例为 100% 运行臭氧催化氧化单元，工业用电平均价格为 0.8 元/(kW·h)，水量按 1.5 t/h 计算时，废水深度处理的运行成本为 0.64 元/t。

表 4-14　微絮凝砂滤-臭氧催化氧化组合技术各单元能耗估算

序号	项目	名称	费用/(元/t)
1	微絮凝砂滤单元	二沉池提升泵	0.060
		中试储水池离心泵	0.040
		加药蠕动泵	0.027
		药剂 PAFC	0.030
2	臭氧催化氧化单元	空气源	0.006
		臭氧进水泵	0.044
		臭氧循环泵	0.040
		臭氧发生系统	0.396

4.4　臭氧-BAF 处理技术研究

4.4.1　臭氧-BAF 技术简介

1. BAF 技术及其发展

　　曝气生物滤池(biological aerated filter，BAF)技术最早是由法国在 20 世纪 70 年代提出，20 世纪 80 年代末 90 年代初在欧美国家得到了广泛应用。它具有模块化结构、占地面积小、污泥产量少、出水水质好以及自动化程度高等特点。最开始仅用于污水的二级处理，而现在已经应用到中水回用、废水深度处理、难降解有机物处理、微污染水源处理、生活污水处理、低温微污染水处理以及污水的硝化等各个领域，是国内外水处理领域的研究热点(Zhao et al.，2006；王春荣等，2005；Moore et al.，2001；Mann et al.，1999)。

2. BAF 技术的工作原理、特点及主要形式

　　BAF 反应器一般由承托层、填料、曝气装置以及反冲洗装置组成，水流方向

也有上下流两种方式。反应器有固、液、气三种介质，并且足够的氧气和有机物有利于生物膜附着。BAF 以颗粒状的填料为载体，在滤池的底部通过曝气装置向池内曝入空气或氧气，使滤池内有足够的氧气供给滤池内的微生物消耗。当污水流过载体时，利用生物膜的氧化分解作用、食物链的分级捕食及填料的吸附、截留作用，高效地去除污染物(Hoigné and Boder，1983)。此外，还可利用反应器内存在的好氧区、厌氧区及填料微环境，不同空间梯度的溶解氧浓度不同，形成不同优势菌种的特点，发挥其脱氮除磷的功能。

BAF 技术具有以下特点：①负荷高，占地面积与滤池的容积较小。②同时脱氮除磷，简化工艺流程。在滤池中的微生物由上至下形成了不同的优势生物菌种，菌群结构合理，生物相复杂，具有明显的空间梯度特征，使硝化/反硝化反应能在同一个反应器中进行，它同时具有去除有机物和脱氮除磷的效果，简化了工艺流程。③滤池挂膜启动快。④使用范围广泛，无污泥膨胀。曝气生物滤池结构一般是全密封或半密封的，里面的生化反应不易受外界的条件影响，BAF 同样适用于要求较高的寒冷地区的污水处理(谢曙光等，2003)，这种结构也减少了污水处理工艺中容易产生异味的问题，不存在污泥膨胀问题，不需污泥回流。氧转移率高，运行费用低。⑤去除悬浮物效果好，不需设置二沉池。因为填料的物理截留作用，微生物在代谢过程中产生的黏性物质以及填料上胶菌团的吸附(Hsu et al.，2004)，使得对悬浮物的去除效果较好，并通过反冲洗操作可以去除截留在填料层的物质，所以也无须设置二沉池。⑥流程简单，操作管理方便，曝气滤池处理效果稳定，运行成本低。

近年来 BAF 技术发展迅速，其中比较典型工艺有 Biocarbon、Biostyr、Biopur、Biofor 和 Biosmedi 工艺。

3. 臭氧-BAF 技术的提出

BAF 适用于生化性较好的污水，是一种对污水水质要求比较高的生物法处理工艺。石化废水经二级处理后，可生物降解的有机物已基本去除，废水中剩余污染物主要为难降解大分子有机物，若单独采用 BAF 进行深度处理，难以达到满意的处理效果。对于含低浓度难生物降解有机物的石化废水的处理，需要先采用化学氧化等手段进行预处理，改变难降解有机物的结构及污水的可生化性，然后再通过 BAF 技术进一步矿化。臭氧氧化能有效地破坏难降解大分子有机物的结构，提高废水可生化性，使其在给水和污水难降解有机物处理中受到关注。但是，如果单独采用臭氧氧化技术矿化难生物降解的有机物，还要达到满意的处理效果，处理成本将会大幅增加。因此，近来很多研究者提出采用臭氧-BAF 联合技术处理难降解的废水(叶友胜等，2009；Lu et al.，2009)，这样既能改善废水可生化性，又能降低处理成本，整体提高废水的处理效果。

4.4.2　臭氧-BAF 技术应用研究

1. 装置及工艺流程

图 4-64 为试验所采用的臭氧-BAF 工艺流程示意图。其中，BAF 反应器采用上向流，材质为有机玻璃。滤池直径为 0.5 m，高 5.0 m，一共设置 4 个取料口，从底部 1.3 m 处设置第一个取料口，每隔 0.9 m 设置一个取料口，共设置 4 个沿程取水样口，分别位于离底部的 85 cm、135 cm、235 cm、285 cm 处。BAF 反应器内填装天然火山岩为生物载体，填料高度为 3.1 m，粒径为 3～ 5 mm，比表面积 16.4 m²/g。初步停留时间为 3 h，进水流量为 295 L/h，气水比 3∶1 时挂膜启动，启动成功后进行 BAF 的最佳运行参数和反冲洗强度优化。

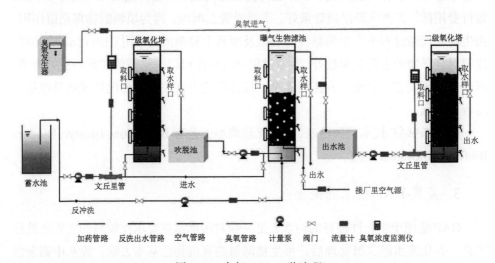

图 4-64　臭氧-BAF 工艺流程

2. BAF 反应器启动与运行优化

1) BAF 启动阶段

BAF 的启动主要是指滤池中微生物的挂膜和驯化，挂膜与驯化的成功对能够充分发挥净化效能和保证系统稳定运行有着重要的影响。BAF 的挂膜与驯化是一个循序渐进的连续过程。生物膜的形成主要包括四个阶段，分别是微生物向载体表面的运送、可逆附着、不可逆附着和固定微生物。BAF 挂膜方式的选择受进水水质、反应器差异、处理目标的不同而不同。一般常见的挂膜方式有两种：一是自然挂膜法，二是接种法。反应器运行过程中通常采用自然挂膜法，在设计流量下进行连续培养，使废水中的微生物自然地吸附在滤料表面上，慢慢地形成生物膜。这种挂膜方式成膜时间较长，但形成的生物膜牢固密实，选择性好，对废水的处理效果也比较好。

在 BAF 进水流量为 295 L/h、进气流量为 0.885 m³/h、气水比为 3∶1、HRT 为 3 h 的条件下进水，采用自然挂膜法进行挂膜启动。挂膜启动期间每日取样，通过对进出水的 COD、氨氮和悬浮物浓度的测定，确定 BAF 启动运行效果和启动稳定所需时间。根据 BAF 出水 COD、氨氮浓度升高、去除率明显降低的现象，确定运行周期为 10 d 左右进行反冲洗。因此，BAF 启动后，在 9 d、21 d 和 30 d 分别进行反冲洗。

图 4-65、图 4-66 和图 4-67 分别是 BAF 启动阶段 COD、氨氮和悬浮物的变化情况。从图 4-65 和图 4-66 可以看出，BAF 启动阶段，COD、氨氮去除率前 12 d 波动较大，说明反应器运行还不稳定；12 d 后，BAF 反应器运行趋于稳定。运行期间共进行了三次反冲洗，挑选其中一个周期（21～30 d）的 COD 变化趋势看：反冲洗后第 3 d，反应器开始恢复，去除率明显提升；之后连续稳定 4～5 d，到第 10 d，去除率逐渐降低。计算 12 d 之后的数据得出：进水 COD 平均值为 67.92 mg/L，出水 COD 平均值为 50.56 mg/L，平均去除率为 25.6%。氨氮反洗后去除率并无显著下降，保持高去除率且比较稳定。进水氨氮平均值为 3.56 mg/L，出水氨氮平均值为 0.68 mg/L，平均去除率为 80.9%。进水悬浮物平均值为 24.78 mg/L，出水悬浮物平均值为 21.39 mg/L，平均去除率为 13.7%。

与 COD、氨氮相比，悬浮物去除呈现明显的反冲洗周期性；因为悬浮物截留在填料上容易达到饱和，BAF 过滤作用下降，出水悬浮物浓度升高。当反冲洗后，出水悬浮物去除率明显降低，根据 COD 和氨氮的变化可知 BAF 已经正常启动，根据悬浮物去除率提升可以确定 BAF 反冲洗效果较好。针对石化二级出水处理，BAF 挂膜启动时间为 20～30 d，12 d 以后 BAF 进入挂膜稳定阶段。

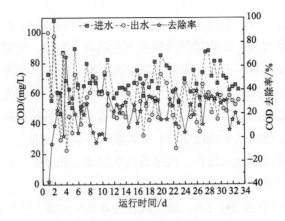

图 4-65　BAF 启动阶段对 COD 的去除效果

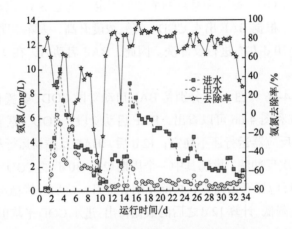

图 4-66　BAF 启动阶段对氨氮的去除效果

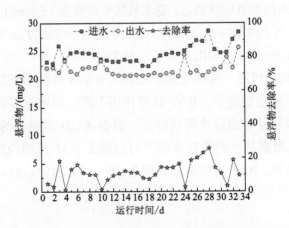

图 4-67　BAF 启动阶段对悬浮物的去除效果

2) BAF 运行参数优化

影响 BAF 处理效能的影响因子参数主要有填料、进水污染物负荷、水温、气水比、溶解氧(DO)和反冲洗工艺等，这些因素通过影响微生物的生长、繁殖，进而影响 BAF 对各类污染物的去除效率(Paffoni et al., 1990)。在 BAF 启动后的稳定运行阶段，通过调整主要影响因子参数(气水比、水力负荷、水温)，分析不同条件下 COD、氨氮、总磷及悬浮物的去除，进行 BAF 运行条件优化，具体参数设计见表 4-15。

表 4-15　BAF 稳定运行阶段运行条件优化主要参数设计

稳定运行阶段		气水比	水力负荷/[m³/(m²·h)]	平均水温/℃
1～60 d		3 : 1	0.51	25
61～73 d		3 : 1	0.51	17
84～103 d	84～89 d	2 : 1	0.51	23
	90～96 d	3 : 1		
	97～103 d	4 : 1		
104～131 d	104～110 d	3 : 1	1.54	23
	111～117 d		0.77	
	118～124 d		0.51	
	125～131 d		0.39	

(1)气水比对 BAF 处理效能的影响。

在水温为 20.0～23.0℃、pH 值为 6.4～7.2、水力负荷为 1.54 m³/(m²·h) (即进水流量设为 101 L/h)的条件下，以每 6～7 d 为一个周期，根据曝气生物滤池设计手册中建议的气水比取值，气水比分别设定为 2 : 1、3 : 1、4 : 1(各气水比过程中没有反冲洗)，依据不同条件下 BAF 对 COD、NH_3-N、总磷、悬浮物的处理效果，分析确定系统运行适宜的气水比。

图 4-68 是不同气水比条件下 BAF 对 COD 的去除情况。当气水比为 2 : 1 时，COD 的平均去除率为 17.7%；当气水比增至 3 : 1 时，COD 的去除率为 28.4%。由此可见，随着气水比的增大，COD 去除效果略有提升，这主要是因为较大的气水比为微生物提供了充足的溶解氧，加速了生化作用去除有机物的进程；同时，较大的气水比加剧滤池内部的紊流程度，促进了有机物、氧气和生物膜之间的传质。当气水比进一步增至 4 : 1 时，COD 的平均去除率为 23.6%，较气水比 3 : 1 时小幅降低，这是因为此时水中溶解氧趋近饱和，过大的曝气量无法提高 DO，

且气泡对生物膜的冲刷加剧,不利于微生物积累,导致 COD 去除率降低。

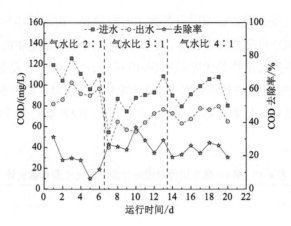

图 4-68　不同气水比下 COD 的去除效果

图 4-69 表示不同气水比下 BAF 对氨氮的去除效果。在进水氨氮浓度波动的条件下,出水氨氮去除率则稳定在 40%以上,且去除率随气水比升高而增大。当气水比为 2∶1、3∶1 和 4∶1 时,氨氮平均去除率分别为 49.1%、70.8%和 76.3%。由此可见,气水比对氨氮去除影响较大,这主要是因为硝化细菌属于自养好氧型细菌。当气水比较小(DO 较低)时,硝化细菌与异养好氧菌(降解有机物)在吸收 DO 的竞争中处于劣势,无法获得足够的 DO 硝化氨氮,导致氨氮去除率较低;当气水比提高后,滤柱内 DO 充足,能够满足两类细菌的需求,DO 不再是硝化反应的限制因素,因此氨氮的去除率有了大幅提高,且去除率较稳定。

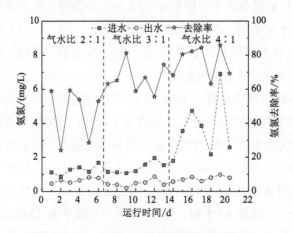

图 4-69　不同气水比下氨氮的去除效果

图 4-70 是不同气水比下总磷的去除情况。当气水比为 2 : 1、3 : 1、4 : 1 时，总磷的平均去除率分别为 14.1%、31.4% 和 32.8%。由于出水 pH 为 5.56～7.89，系统除磷的贡献主要是生物除磷，而不是化学沉淀。生物除磷需经厌氧释磷和好氧吸磷共同作用，因此，厌氧区和好氧区的存在对除磷影响较大（郑俊和吴浩汀，2004）。当气水比较小时，受浓度扩散阻力影响，生物膜内的 DO 会随生物膜深度的增加而减小，导致水中氧气供应不足，抑制释磷菌好氧吸磷，故整体除磷效果较差。随着气水比增加，BAF 中的 DO 增大，厌氧释磷和好氧吸磷均被促进。但是，气水比 3 : 1 的条件下，总磷去除率有一定提高；但气水比继续增加到 4 : 1，去除率进一步提高幅度有限，这说明在溶解氧充足的情况下，抑制厌氧释磷，整体生物除磷效果改善不大。

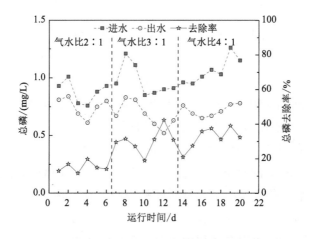

图 4-70　不同气水比下总磷的去除效果

图 4-71 是不同气水比下悬浮物的去除情况。当气水比分别为 2 : 1、3 : 1 和 4 : 1 时，BAF 对悬浮物的平均去除率分别为 11.1%、19.1% 和 18.0%。悬浮物的去除主要是依靠滤料的截留作用和生物膜的吸附截留作用，气水比对悬浮物的去除影响较小。但是，在气水比为 2 : 1 和 4 : 1 条件下，悬浮物的去除率较气水比 3 : 1 时略低，低气水比时可能是因为溶解氧不足，生物絮凝作用未充分发挥；高气水比时可能是因为空气的鼓泡作用加强，生物膜被水流带走，生物吸附作用减弱，致使出水悬浮物上升。

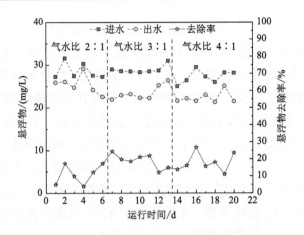

图 4-71　不同气水比下悬浮物的去除效果

　　综上可知，当气水比为 3∶1 时，BAF 出水中 COD、氨氮、总磷和悬浮物的平均值分别为 60.08 mg/L、0.39 mg/L、0.66 mg/L 和 23.27 mg/L，平均去除率分别为 28.4%、70.8%、31.4% 和 19.1%。进一步增加气水比至 4∶1，出水水质并无大幅改善，COD 和悬浮物的去除率甚至出现下降的情况，同时增大气水比会提高运行成本。因此，气水比为 3∶1 是比较合适的运行参数。

　　(2)水力负荷对 BAF 处理效能的影响。

　　水力负荷对 BAF 的影响主要包括以下几个方面：①微生物降解污染物需要一定的时间，水力负荷是决定接触时间的控制因素；理论上，水力负荷越小，生化反应时间越长，出水水质越好。②对于上流式 BAF，水力负荷小时，滤柱对污染物的去除主要集中在床层中下部，适当增加水力负荷可充分利用上部床层空间，出水水质不会有明显变化。③适当增加水力负荷，可增大水力剪切力，控制生物膜厚度，改善传质。④在实际工程中，水力负荷越小，BAF 容积越大，导致基建费用大幅上升。因此，确定 BAF 适宜的水力负荷十分重要(邱立平等，2004)。

　　依据气水比优化结果，将 BAF 运行气水比控制在 3∶1，水力负荷分别控制为 1.54 m³/(m²·h)、0.77 m³/(m²·h)、0.51 m³/(m²·h) 和 0.39 m³/(m²·h)，对应进水流量分别为 303 L/h、151.5 L/h、101 L/h 和 75.75 L/h，水力停留时间(HRT)为 1 h、2 h、3 h 和 4 h。以 7 天为一个周期，每天检测 BAF 进出水中的 COD、氨氮和悬浮物，分析确定系统运行适宜的水力负荷。

　　不同水力负荷条件下 COD 的去除效果如图 4-72 所示。随着 BAF 水力负荷的增大，进水流量增加，水力停留时间缩短，COD 去除率逐步下降。当水力负荷为 1.54m³/(m²·h)、0.51m³/(m²·h) 和 0.39 m³/(m²·h) 时，BAF 对 COD 的平均去除率为 8.4%、28.4% 和 14.6%。水力负荷对 COD 的去除效果有一定影响。由图 4-72 可以看出：①当水力负荷由 1.54 m³/(m²·h) 降至 0.51 m³/(m²·h) 时，出水 COD 去除率随水力负荷降低而升高，这是因为高负荷对应的 HRT 缩短，污水与生物膜上的微生物接触时间减少，污染物降解不充分，部分 COD 尚未降解便被水流带走，导致去除率下降。②当水力负荷降低至 0.39 m³/(m²·h) 时，出水的 COD 浓度升高，这是因为水力负荷较低时，有机物含量少，异养菌增殖受限，导致 COD 去除率较低；此外，低负荷（低滤速）下滤料内出现气流短流现象，气、水分布不均匀，处理能力得不到充分发挥。综上可知，当水力负荷在 0.51 m³/(m²·h) 时，即 HRT 为 3 h、流量为 101 L/h 时，BAF 对 COD 具有较好处理效果。

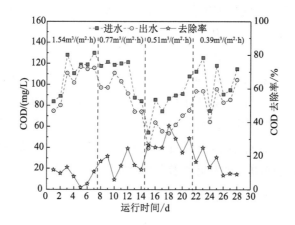

图 4-72　不同水力负荷下 COD 的去除效果

图 4-73 为各水力负荷下 BAF 对氨氮的去除效果。整体来看，各水力负荷下 BAF 对氨氮的去除效果均在 30% 以上。当水力负荷分别为 0.51 m³/(m²·h) 和 1.54 m³/(m²·h) 时，出水的氨氮去除率分别为 70.8% 和 35.3%，去除率随水力负荷增大而降低；当水力负荷降至 0.39 m³/(m²·h) 时，氨氮的平均去除率几乎不变。当水力负荷增大时，世代时间较长的硝化细菌难以富集，导致氨氮去除率降低；异养菌大量繁殖、生长缓慢，对底物、DO 和 pH 要求苛刻的氨氧化细菌 (ammonia oxidizing bacteria，AOB) 和亚硝酸氧化细菌 (nitrite oxidizing bacteria，NOB) 难以在与异养菌的竞争中占有优势，也会导致氨氮去除率低。

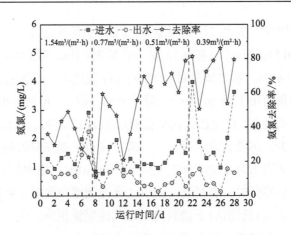

图 4-73　不同水力负荷下氨氮的去除效果

　　图 4-74 展示了不同水力负荷下悬浮物的去除效果。当水力负荷分别为 0.39 $m^3/(m^2 \cdot h)$、0.51 $m^3/(m^2 \cdot h)$、0.77 $m^3/(m^2 \cdot h)$ 和 1.54 $m^3/(m^2 \cdot h)$ 时，悬浮物去除率分别为 17.9%、19.1%、13.8%和 13.5%。在 0.51～1.54 $m^3/(m^2 \cdot h)$ 范围内，随着水力负荷的增加，HRT 缩短，BAF 对悬浮物的去除率逐渐降低；当水力负荷超过 0.77 $m^3/(m^2 \cdot h)$ 时，悬浮物去除率趋于平缓，这主要是因为悬浮物的去除主要依靠滤料的截留以及滤料空隙之间生物絮体的吸附作用。水力负荷增大，废水与微生物的接触反应时间大大缩短；进水有机负荷增大导致微生物吸附架桥的作用减弱，影响滤池的截留吸附作用；水力负荷增大也增加了滤池内的紊流程度，导致出水悬浮物浓度上升。

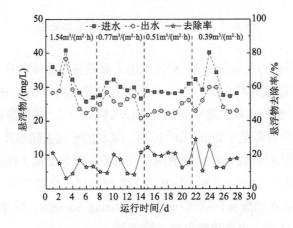

图 4-74　不同水力负荷下悬浮物的去除效果

当水力负荷从 0.51 m³/(m²·h) 降至 0.39 m³/(m²·h) 时，悬浮物去除率下降 1.2 个百分点，可能是因为进水有机负荷降低，填料上的微生物处于饥饿状态，不得不裂殖去摄食周围的营养物质，絮凝体解体、黏性变差，无法形成菌胶团，吸附能力变差。

(3)温度对 BAF 处理效能的影响。

污水生物处理的过程实质上是反应器中微生物体内的酶促反应对污水中有机物的分解代谢过程。微生物的数量与活性是污水生物反应器发挥处理效能的关键。由于生物蛋白活性受温度影响很大，因而酶本身的蛋白质特性决定了污水生物处理反应器必须在合适的温度范围内运行才能取得良好的处理效果。不同的微生物，它的生态位和适宜温度范围也有所不同。一般来说，可将细菌分为嗜冷性、适温性和嗜热性三类(表 4-16)。

表 4-16　不同类型微生物的生长温度范围

微生物类型	生长温度范围/℃			分布的主要处所
	最低	最适	最高	
嗜冷微生物	−12	5~15	15~20	两极地区
	−5~0	10~20	25~30	海水及冷冻食品
适温微生物	10~20	20~35，35~40	40~45	腐生菌
嗜热微生物	25~45	50~60	70~95	堆肥及土壤表层

微生物的生化反应速率与温度之间的关系为

$$r_T = r_{20}\theta^{T-20} \tag{4-36}$$

其中，r_T 为水温为 $T(℃)$ 时的生化反应速率；r_{20} 为水温为 20℃时的生化反应速率；θ 为温度系数，对 BAF 而言，θ 取 1.02~1.04。

由式(4-36)计算得，当 θ 取 1.03，温度由 25℃降低为 17℃时，生化反应速率会降低 21.1%。

在 BAF 中，温度对氧传递速率的影响直接影响到滤池内的溶解氧环境，氧的传递速率会随水温的上升而增高。温度与氧传递系数的关系为

$$K_{La(T)} = K_{La(20)}\theta^{T-20} \tag{4-37}$$

其中，$K_{La(T)}$ 为温度为 $T(℃)$ 时的氧传递系数；$K_{La(20)}$ 为温度为 20℃时的氧传递系

数；θ 为常数，对 BAF 而言，θ 取 1.015～1.040。

由式(4-37)可以算出，当 θ 取 1.02，温度由 25℃降低为 17℃时，氧传递系数会降低 14.7%。

在气水比为 3:1、水力负荷为 0.51 m³/(m²·h)、pH 为 6～8 条件下，监测平均水温在 17℃和 25℃时 BAF 对 COD、氨氮和总磷的处理效果。

图 4-75 是不同水温下 BAF 对 COD 的去除情况。当水温为 17℃时，进水 COD 平均值为 91.53 mg/L，出水 COD 平均值为 85.04 mg/L，去除率平均为 6.9%；当水温为 25℃时，COD 平均去除率为 27.6%。水温为 17℃时 COD 去除率比水温为 25℃时明显偏低，这是因为随着温度的降低，酶活性降低，细菌生长繁殖受到限制，有机物的同化能力变弱。

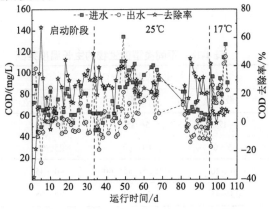

图 4-75　不同水温下 BAF 对 COD 的去除效果

不同温度条件下氨氮去除情况如图 4-76 所示，氨氮在前 5 d 出现积累现象。BAF 的硝化作用与水中的有机物含量密切相关。当有机物浓度过高时，细菌优先氧化有机物，不利于氨氮的去除；当有机物含量过低时，作为硝化细菌固着的骨架细菌失去了生存条件而不能形成生物膜，也不利于氨氮的去除。而对于刚启动的 BAF，还没有形成良好的硝化细菌生物膜，有机物含量相对高，造成启动初期氨氮的积累；10 d 后出水氨氮去除率逐渐上升并且平均稳定在 38.4%。

温度对氨氮去除率的影响显著，当平均水温分别为 25℃和 17℃时，氨氮平均去除率分别为 70%和 19.2%。由此可见，BAF 随温度降低硝化能力下降，这是因为多数硝化功能菌为适温微生物，最适温度为 20～35℃(表 4-16)。

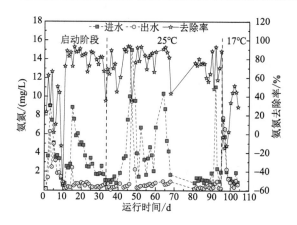

图 4-76　不同温度下 BAF 对氨氮的去除效果

不同温度条件下总磷去除情况如图 4-77 所示。在温度变化前后，总磷去除率的变化不明显。当平均水温分别为 25℃和 17℃时，总磷平均去除率为 27.8%和 26.3%，说明温度对总磷的去除效果影响较小。

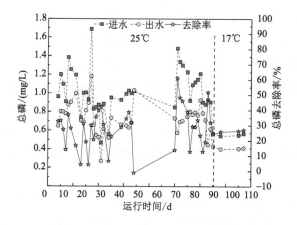

图 4-77　不同温度下 BAF 对总磷的去除效果

综上所述，BAF 在平均水温为 25℃时的运行效果好于平均水温为 17℃时。

(4)污染物负荷对 BAF 处理效能的影响。

由于工业废水随着不同装置开停车，其水量和水质都有较大的波动，因此有必要考察冲击负荷对 BAF 运行的影响及恢复。

图 4-78 是 BAF 从夏季到冬季运行期间，COD 进出水浓度和去除率的变化，图中标示出 COD 的最大进水浓度，可换算成 COD 冲击负荷分析其对 BAF 工

艺的影响。

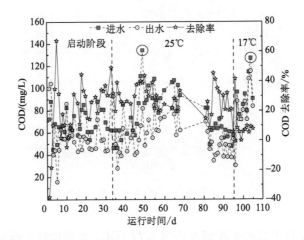

图 4-78　COD 冲击负荷对 BAF 运行的影响

平均水温为 25℃时,进水 COD 出现的最大负荷为 1.76 kg/(m³·d),对应 COD 的进水浓度为 134.34 mg/L,此时 COD 的去除率仍能够达到 38.8%,在平均去除率(27.6%)之上,说明平均水温为 25℃时,BAF 可承受 1.76 kg/(m³·d)的 COD 负荷,而且 BAF 中的微生物尚未处于满负荷运行状态。

平均水温为 17℃时,进水 COD 出现的最大负荷为 1.67 kg/(m³·d),对应 COD 的进水浓度为 127.03 mg/L,此时 COD 的去除率达到 9.1%,而这段时期 COD 的平均去除率为 6.9%,说明平均水温为 17℃时,BAF 可承受 1.67 kg/(m³·d)的 COD 负荷,但是低温下,COD 的去除率降低,反应器微生物降解有机物的"冗余"能力不足。

图 4-79 是 BAF 从夏季到冬季运行期间氨氮的去除效果变化,图中标示出进水氨氮的最大值,可换算成氨氮冲击负荷,分析其对 BAF 工艺的影响。

平均水温为 25℃时,进水氨氮出现的最大负荷是 0.20 kg/(m³·d),对应进水氨氮浓度 14.96 mg/L,此时氨氮去除率虽降为 36.5%,但第二天快速恢复到 70%(平均值)以上,说明平均水温为 25℃时,BAF 可承受 0.20 kg/(m³·d)的氨氮负荷,BAF 反应器中微生物已经处于满负荷运行状态。

平均水温为 17℃时,进水氨氮负荷在 0.027～0.10 kg/(m³·d),进水氨氮浓度为 2.01～7.77 mg/L,氨氮积累;氨氮负荷降低至 0.018 kg/(m³·d)和 0.011 kg/(m³·d)时,对应进水氨氮浓度为 1.30 mg/L 和 0.78 mg/L,氨氮去除率恢复至 33.7%和

51.8%。所以综合来看，在平均水温为 17℃时，氨氮负荷超过 0.018 kg/(m³·d)，BAF 受到冲击，影响氨氮去除。

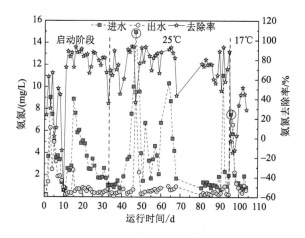

图 4-79　氨氮冲击负荷对 BAF 运行的影响

图 4-80 是运行过程中总磷的去除效果变化。平均水温为 25℃时，进水总磷出现最大负荷 0.02 kg/(m³·d)，对应总磷的进水浓度为 1.69 mg/L，此时总磷的去除率为 30%，在其平均去除率(27.8%)之上，说明平均水温为 25℃时，BAF 可承受 0.02 kg/(m³·d)的总磷负荷。平均水温为 17℃时，进水总磷浓度较为平稳，去除率也相对稳定。

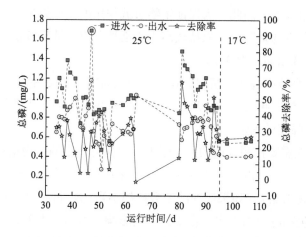

图 4-80　总磷冲击负荷对 BAF 运行的影响

综上所述,平均水温为 25℃时,BAF 可承受 1.76 kg/(m³·d)的 COD 负荷、0.20 kg/(m³·d)的氨氮负荷和 0.02 kg/(m³·d)的总磷负荷,而且 BAF 反应器中微生物未处于满负荷运行状态;平均水温 17℃时,BAF 可承受 1.67 kg/(m³·d)的 COD 负荷、0.011~0.018 kg/(m³·d)的氨氮负荷,但 BAF 反应器中微生物降解有机物的能力降低。综合 COD 和氨氮两项指标可以看出,在平均水温 17℃下运行时,BAF 抵抗两项指标负荷的范围均较 25℃时有所降低,意味着低温条件下 BAF 抗负荷的能力劣于高温条件。

3)反冲洗对 BAF 处理效能的影响

(1)反冲洗方式的确定。

BAF 的反冲洗方式总体来说可以分为单独水洗和气水联合反冲洗两类。《曝气生物滤池工程技术规程》(CECS 265—2009)推荐气水联合反冲洗组合方式及相应的参数范围。气水联合反冲洗使用高强度的气洗在填料颗粒表面产生较大的剪切力,同时也促进了颗粒之间的相互碰撞,这能有效地使填料表面的老化生物膜剥落,而低强度的水冲能将截留于填料空隙间的悬浮物及剥落下来的生物膜带出滤池。

反冲洗时气、水流量的确定可通过观察填料层的膨胀程度及生物膜的脱落情况来判断。反冲洗时气、水流量应使填料层有一定程度的膨胀,促进填料颗粒之间的碰撞,但是过大的气、水流量会使填料表面的生物膜过多地脱落,影响下阶段处理效果(白宇等,2004)。反冲洗时间的确定要求保证悬浮物及脱落下来的老化生物膜能排出滤池。因此,为保证生物过滤作用的良好效果,反冲洗策略必须兼顾“去除过量生物量”及“保持较高生物活性”以保证后续试验中良好的水处理效果(Comstock et al.,2002)。

根据 4.4.2 小节中的运行情况,确定反冲洗周期为 10 d 左右。在 BAF 运行期间,采用“先气洗,再气水联合反冲洗,最后水漂洗”的方式进行反冲洗。

(2)反冲洗强度的确定。

BAF 反冲洗需要控制合适的冲洗强度,以保持一定的生物量和生物膜厚度,利于氧的扩散,使反冲洗后的生物活性大于反冲洗前的生物活性,维持甚至提高生物膜的生物氧化能力。如果反冲洗参数选择不当,反冲洗强度过高或过于频繁,反冲洗后曝气生物滤池出水水质会受到一定影响。目前,大多数研究主要集中于 BAF 反冲洗的方式及反冲洗参数的确定,对反冲洗强度的研究也主要是通过不同反冲洗强度下 BAF 运行效果以及生物量和生物活性来确定最佳反冲洗强度,而关于反冲洗泥水混合液的性质的研究很少。因此，基于前期结果，通过分析反冲洗排水的悬浮物随反冲洗时间的变化规律、反冲洗排水中污泥比好氧呼吸速率（specific oxygen uptake rate，SOUR）、反冲洗前后单位滤料微生物量和微生物活性，以及混合液的 EPS 等得出反洗强度的优化参数。

根据《曝气生物滤池工程技术规程》（CECS 265—2009）给出的气洗、水洗的强度范围以及气洗、气水联合反冲洗和水洗的时间范围，选择气洗强度为 12 L/(m^2·s) 和 16 L/(m^2·s)、水洗强度为 4 L/(m^2·s) 和 6 L/(m^2·s)，设计四种工况以进行反冲洗强度优化（表 4-17）。每种工况从气水联合反冲洗开始出水时取样（记为 0 min），每次运行时间 14 min，其间每隔 1 min 取 1 L 反冲洗排水样品，共取 15 个样品用于测定。

表 4-17　反冲洗试验设计

工况	气洗强度 /[L/(m^2·s)]	水洗强度 /[L/(m^2·s)]	单独气洗 时间/min	气水联合反冲 洗时间/min	水洗时间 /min	测试指标
工况 1	16	4	4	5	9	混合液悬浮物、SOUR、EPS
工况 2	12	4	4	5	9	混合液悬浮物、SOUR、EPS
工况 3	12	6	4	5	9	混合液悬浮物、SOUR、EPS
工况 4	16	6	4	5	9	混合液悬浮物、SOUR、EPS

（3）反冲洗泥量的变化。

反冲洗排水中悬浮物峰值的出现意味着该强度下填料所附着的悬浮物已实现最大限度地洗脱和输移，继续高强度反冲不仅能耗较大，而且可能导致冲洗过度，影响生物量。所以，可以结合反冲洗排水中悬浮物峰值的大小确定反冲洗的强度。

不同反冲洗强度下悬浮物随反冲洗时间的变化如图 4-81 所示。四种工况整体趋势均具备这种普遍规律性，反冲洗排水中悬浮物随着反洗时间的延长先上升后下降，其中工况 3 反冲洗排水中出现的悬浮物峰值最大，为 754.53 mg/L。上述悬浮物峰值出现的时间在 4 min 处，即气水联合反洗时间结束时；临近水洗结束，即 12～14 min 时，排水悬浮物值趋于平稳，说明反冲洗时间内反冲洗彻底。而其他三种工况在悬浮物峰值大小、出峰时间和反洗完成程度上均没有工况 3 效果好，所以综合经济技术因素考虑，选择工况 3[气洗强度 12 L/(m^2·s)、水洗强度 6 L/(m^2·s)]的反洗强度较合适。

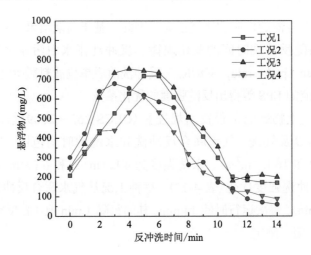

图 4-81　不同反冲洗强度排水中悬浮物随反冲洗时间的变化

(4)反冲洗排水污泥呼吸速率的变化。

　　为了避免反冲洗强度过大对滤料上微生物造成较大损失,测定反冲洗排水污泥的呼吸速率来考察反冲洗排水中的污泥活性,以帮助选择合适的反冲洗强度。不同反冲洗强度下,反冲洗污泥的 SOUR 随时间变化如图 4-82 所示。由图可以看出,不同反冲洗强度下,反冲洗排出污泥的 SOUR 均随着反洗时间先增大再降低。这说明松动老化的生物膜体在反冲洗初期最快脱离滤床,活性较强的生物膜在剧烈的剪切作用下随后排出,5 min 后进入水洗阶段,随着反冲洗的强度降低,SOUR

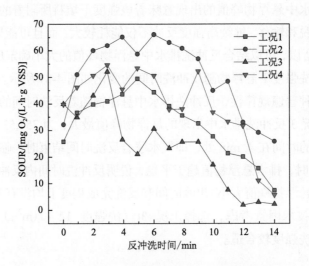

图 4-82　不同反冲洗强度排水污泥的比好氧呼吸速率

也降低。工况 2 反冲洗排出污泥的平均 SOUR 最大[49.91 mg O_2/(L·h·g VSS)]，意味着内层附着生物膜排出较大，说明该反冲洗强度过大。而工况 3 反冲洗排出污泥平均 SOUR 为 23.04 mg O_2/(L·h·g VSS)，为 4 种工况中最低，且工况 3 临近反冲洗时间结束时平均 SOUR 趋于平稳，说明工况 3[气洗强度 12 L/(m^2·s)、水洗强度 6 L/(m^2·s)]合适，对 BAF 的反冲洗彻底且不会造成微生物活性损失。

（5）不同反冲洗强度 BAF 沿程微生物量和微生物活性。

微生物生长情况是评价 BAF 性能恢复的重要因素。若反冲洗强度过大，会造成滤池内生物量的损失增大，反冲洗后的恢复期过长，出水水质较差；若反冲洗强度过小，会导致反冲洗不彻底，致使反冲洗频繁。

BAF 反应器设有三个取料口，分别距离进水口 130 cm、220 cm、310 cm，反洗前后分别于各取料口取适量的滤料来考察微生物活性和微生物量。不同反冲洗工况下，滤料反冲洗前后沿程微生物量的变化见图 4-83。如图所示，在 BAF 进水端（130 cm 处），不同反冲洗强度均对滤池内的微生物量造成了一定的损失。当气洗强度为 12 L/(m^2·s)、水洗强度为 6 L/(m^2·s)时（工况 3），反冲洗后微生物量仅损失 4.2%；而当气洗强度增加到 16 L/(m^2·s)（工况 4），微生物量损失最大，为 24.4%。当气洗强度为 12 L/(m^2·s)、水洗强度为 4 L/(m^2·s)时（工况 2），微生物量损失 2.8%；而气洗强度升至 16 L/(m^2·s)时（工况 1），损失率增至 18.0%。

在 BAF 高度 220 cm（滤料中部）和 310 cm（滤料顶部）处，随着气洗强度的增大，反冲洗后的微生物量损失增大。BAF 高度 220 cm 处，当水洗强度为 4 L/(m^2·s)，气洗强度分别为 12 L/(m^2·s)和 16 L/(m^2·s)时（工况 2 和工况 1），反冲洗后微生物量损失分别为 2.6%和 8.1%；当水洗强度为 6 L/(m^2·s)，气洗强度分别为 12 L/(m^2·s)和 16 L/(m^2·s)时（工况 3 和工况 4），反冲洗后微生物量损失分别为 5.0%和 13.1%。由此可见，水洗强度一定时，随着气洗强度的增加，BAF 反冲洗后下层和中层生物量损失逐渐增大。针对 BAF 高度 310 cm，反冲洗前后的微生物量都有一定损失，但是降低幅度小；只有水洗和气洗强度都最小时[工况 2：气洗强度为 12 L/(m^2·s)、水洗强度为 4 L/(m^2·s)]，反冲洗后的微生物量有升高，说明反冲洗强度小，反冲洗不够彻底，悬浮物等后期会沉积在滤料表层，造成滤料最上层反洗后微生物量增大。

相对水洗强度而言，气洗强度对微生物量影响更大，这是因为随着气洗强度的增加，在滤层内合成大气泡的机会增多，导致气泡上升时对滤料颗粒产生的剪切、摩擦作用以及因气泡通过滤层某处后的空缺由周围滤料颗粒来填充而引起的滤料颗粒间碰撞和摩擦作用增强。滤池进水端的生物量损失较出水端的生物量损失相对较小，是由于滤池进水端的底物负荷高，进水大部分悬浮物在进水端被截留，进水端生物量较大容易被损失。

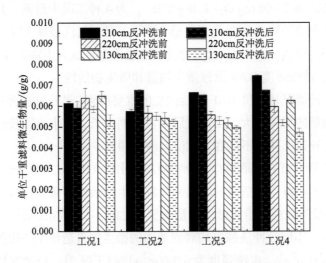

图 4-83　不同反冲洗强度 BAF 沿程微生物量

图 4-84 是不同反冲洗强度下，反冲洗前后 BAF 沿程微生物活性的对比。在 BAF 进水端（130 cm 处），不同反冲洗强度后单位滤料的微生物活性均有增加，反冲洗操作分别运行工况 1、2、3、4 时，反冲洗后微生物活性分别升高 29.9%、20.8%、70.1% 和 2.6%。工况 3 条件[气洗强度 12 L/(m²·s)、水洗强度 6 L/(m²·s)]下，滤池下层单位滤料微生物的活性升高幅度最大；而工况 4 条件[气洗强度 16 L/(m²·s)、水洗强度 6 L/(m²·s)]下，单位滤料微生物的活性升高幅度最小。这是由于反冲洗强度大，一些活性微生物被冲刷出来，造成滤池内部微生物活性升高幅度小。BAF 高度 220 cm 处，滤料微生物活性在不同反冲洗工况下均有不同程度的下降，受气水联合冲洗下剪切力影响较大。BAF 高度 310 cm 处，前三个工况微生物活性比反冲洗前的微生物活性均有所升高，而继续增大反冲洗强度（工况 4），最上层微生物活性降低。

结合反冲洗前后 BAF 沿程微生物量和微生物活性可知，气洗强度对滤池内部填料的微生物量影响较大。随着气洗强度的增加，微生物量损失增大，而反冲洗强度小，又会造成反冲洗不够彻底，悬浮物等后期会沉积在滤料表层，影响 BAF 运行效果；BAF 反冲洗之后，内部填料微生物活性有所增加，但是反冲洗强度过大会造成活性微生物流失，降低填料微生物活性。综合考虑，选定工况 3[气洗强度 12 L/(m²·s)、水洗强度 6 L/(m²·s)]为合适的反冲洗强度。

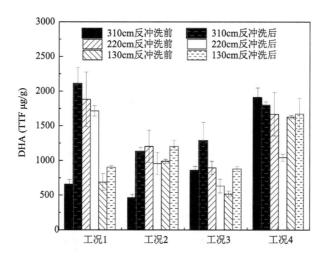

图 4-84　不同反冲洗强度 BAF 沿程微生物活性

　　由于反冲洗排出的污泥量不大，且含有一定的滤料碎屑，所以通过污泥沉降比(sludge-settling velocity，SV)和污泥体积指数(sludge volume index，SVI)评价污泥的沉降性能偏差较大。活性污泥的 EPS 在很大程度上影响着污泥沉降性能、絮体结构、脱水性能和对重金属的吸附性能，研究也表明 EPS 与污泥沉降性能 SVI 的正相关性高(Li and Yang，2007)。研究反冲洗排出污泥 EPS 有利于反冲洗排水的再利用和处置，也可以作为表征反冲洗强度的手段之一。根据胞外聚合物分布位置的不同，EPS 分为疏松型(LB-EPS)和紧密型(TB-EPS)。TB-EPS 位于细胞体表面，与细胞壁结合牢固，能够促进颗粒物之间的聚集；LB-EPS 与细胞结合疏松，不利于生物絮凝。TB-EPS 含量越高，生物絮凝效果越好；相反，LB-EPS 含量越高，生物絮凝效果越差。EPS 总量的增大不利于活性污泥的絮凝聚集。

　　表 4-18 是不同反冲洗强度下单位质量污泥的 EPS 含量。工况 3 中的 EPS 总量在四种工况中最低，说明工况 3 反冲洗排出的污泥的絮凝性最好；而且工况 3 中 TB-EPS 为 54.36 mg/g MLSS，LB-EPS 为 34.59 mg/g MLSS，TB-EPS 含量高，说明污泥的生物絮凝效果好，这与上述提到的污泥的 SOUR 规律相吻合。因此，对比 4 种工况排出污泥的 EPS，工况 3[气洗强度 12 L/(m²·s)、水洗强度 6 L/(m²·s)]的反冲洗强度下排出的污泥沉降性好，利于后续处理。

表 4-18 不同反冲洗强度下单位质量污泥 LB-EPS 和 TB-EPS （单位：mg/g MLSS）

工况	项目	多糖	蛋白质
工况 1	LB-EPS	20.43	20.50
	TB-EPS	25.45	28.11
工况 2	LB-EPS	19.15	20.49
	TB-EPS	13.61	66.22
工况 3	LB-EPS	16.03	18.56
	TB-EPS	15.69	38.67
工况 4	LB-EPS	8.769	18.79
	TB-EPS	15.69	78.58

3. 臭氧-BAF 工艺运行效能

控制臭氧-BAF 工艺在臭氧投加量为 10 mg/L，臭氧接触时间为 4 min，BAF 进水流量为 2 L/h，HRT 为 3 h，气水比为 3∶1 的条件下稳定运行。

1）臭氧投加量对臭氧-BAF 工艺的影响

（1）COD 去除。

在臭氧接触时间为 4 min，投加量分别为 5 mg/L、10 mg/L、15 mg/L、20 mg/L 和 25 mg/L 时，臭氧-BAF 工艺对 COD 的去除情况如图 4-85 所示。在 5～15 mg/L 范围内，臭氧投加量越高，臭氧-BAF 工艺对 COD 的去除效果越好；但在 20～25 mg/L 时，随着投加量增加，臭氧-BAF 工艺对 COD 的去除效果降低。

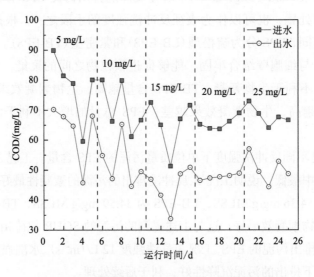

图 4-85 臭氧-BAF 工艺对 COD 的去除效果

（2）氨氮去除。

在臭氧接触时间为 4 min，投加量分别为 5 mg/L、10 mg/L、15 mg/L、20 mg/L 和 25 mg/L 时，臭氧-BAF 工艺对氨氮的去除情况如图 4-86 所示。随着投加量的增加，臭氧-BAF 工艺对氨氮的去除效率呈增加趋势。

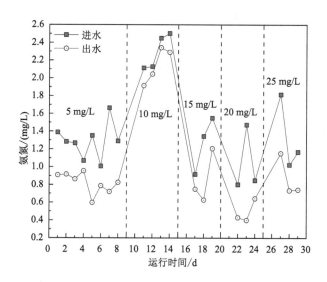

图 4-86　臭氧-BAF 工艺对氨氮的去除效果

2）臭氧-BAF 工艺对污染物的处理效果

（1）COD 去除。

臭氧-BAF 工艺对石化二级出水 COD 的去除情况如图 4-87 所示。工艺运行期间，进水 COD 浓度波动较大，在 60～110 mg/L 之间，平均浓度为 78.2 mg/L；臭氧预氧化出水 COD 浓度在 48～90 mg/L 之间，平均浓度为 66.3 mg/L；最终 BAF 出水 COD 浓度 30～76 mg/L，平均浓度 48.2 mg/L。臭氧-BAF 工艺对 COD 的总去除率为 38.4%，其中臭氧预氧化单元对 COD 去除的贡献率为 15.2%，BAF 对 COD 去除的贡献率为 27.3%，BAF 的贡献较大。

图 4-88 是臭氧-BAF 工艺与单独 BAF 工艺对 COD 去除效果的对比图。在进水 COD 浓度为 60～110 mg/L 的情况下，臭氧-BAF 工艺对 COD 的平均去除率为 36.9%，而单独 BAF 对 COD 的去除率仅为 14%。臭氧-BAF 工艺的出水 COD 稳定在 50 mg/L 以下，达到设计要求。通过臭氧预氧化，石化二级出水水质明显改善，组合工艺对有机物的去除效果明显提升。

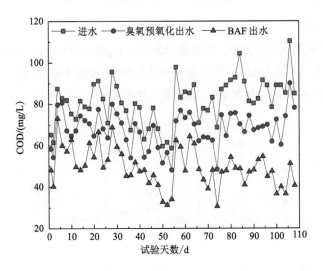

图 4-87　臭氧-BAF 工艺对 COD 的去除情况

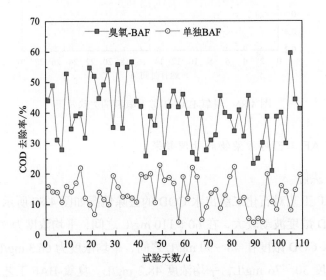

图 4-88　两种工艺对 COD 去除效果对比

(2)UV$_{254}$ 和色度变化。

图 4-89 是臭氧-BAF 工艺对出水 UV$_{254}$ 的降低效果。运行期间，进水 UV$_{254}$ 平均值为 0.736cm^{-1}，臭氧预氧化出水平均值为 0.518cm^{-1}，BAF 出水平均值为 0.439cm^{-1}。UV$_{254}$ 总降低 40.4%，其中臭氧预氧化阶段对 UV$_{254}$ 降低的贡献率为 29.6%，BAF 仅为 15.3%，说明臭氧预氧化是 UV$_{254}$ 降低的主要单元。经过臭氧预

氧化后，石化废水二级出水的 UV_{254} 值大幅削减，说明大多数有机物的不饱和键结构已经被破坏，水质得到改善。

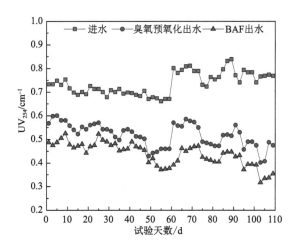

图 4-89 臭氧-BAF 工艺处理后 UV_{254} 的变化

图 4-90 和图 4-91 分别是臭氧-BAF 工艺与单独 BAF 工艺下 UV_{254} 和色度的变化情况。由图可以看出，臭氧-BAF 工艺中 UV_{254} 和色度的降低均明显高于单独的 BAF 工艺，分别达到了 40.3% 和 81.5%，而单独 BAF 工艺中两者的降低率均不足 10%。臭氧预氧化对 UV_{254} 的去除率高于 COD 的去除率，说明臭氧预氧化以改善水质为主。

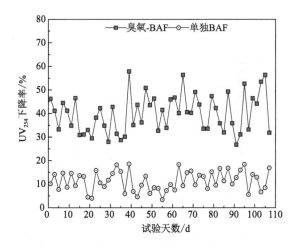

图 4-90 两种工艺中 UV_{254} 变化情况对比

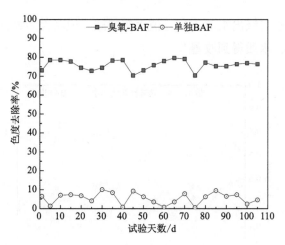

图 4-91　两种工艺对色度去除效果对比

(3)分子量分布变化。

石化二级出水原水(进水)、臭氧预氧化出水和 BAF 出水的分子量分布情况见图 4-92。原水中分子量小于 1 kDa 的有机物占了 53%，经过臭氧预氧化后提高到 67%；同时分子大于 100 kDa 的有机物所占比例由 26%降低至 8%，说明臭氧预氧化能够将石化二级出水中不容易被微生物呼吸利用的大分子有机物氧化为易被降解的小分子有机物。

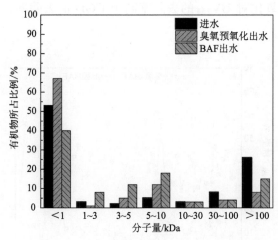

图 4-92　臭氧-BAF 工艺处理后分子量分布的变化(以 COD 计)

图 4-92 中分子量<1 kDa 的有机物经 BFA 处理后出水有机物所占的比例又降低至 40%，这是因为在 BAF 处理过程中部分小分子量有机物被微生物的新陈代谢

所利用；同时分子量>100 kDa 的有机物所占比例又增加至 15%，这主要是由于出水中经常含有一些微生物代谢产物、EPS、微生物脱落物等，这些物质的分子量一般都比较大，造成了出水分子量分布向大分子量方向移动（Rozzi et al.，1998）。

（4）有机物去除特性。

图 4-93 是石化二级出水原水（进水）、臭氧预氧化出水和 BAF 出水的三维荧光谱图。其中，Flu1 处为类芳香族蛋白质荧光峰，Flu2 处为类溶解性微生物代谢产物峰，Flu3 处为类腐殖酸荧光峰（Wang et al.，2009）。将各主要荧光峰对应的激发波长和发射波长（Ex/Em）以及对应的荧光吸收强度进行统计，结果如表 4-19 所示。在二级出水进行臭氧预氧化前，三维荧光测出三个主要峰，氧化后只检测出两个峰，且对应的峰值较氧化前水样都大幅降低，经过 BAF 后，响应峰值继续降低。臭氧预氧化去除的主要物质是腐殖酸类物质，类蛋白和溶解性微生物代谢产物峰得到了大幅度的削减。

表 4-19　废水中三维荧光主要峰位置和强度

荧光峰	进水		臭氧预氧化出水		BAF 出水	
	峰位置(Ex/Em)/nm	强度	峰位置(Ex/Em)/nm	强度	峰位置(Ex/Em)/nm	强度
Flu1	235/345	6746	235/350	2157	235/345	1219
Flu2	280/345	3824	280/350	845.5	280/350	512.4
Flu3	260/420	3218	—	—	—	—

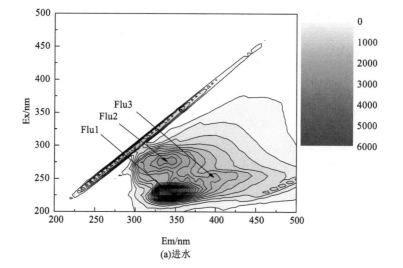
(a)进水

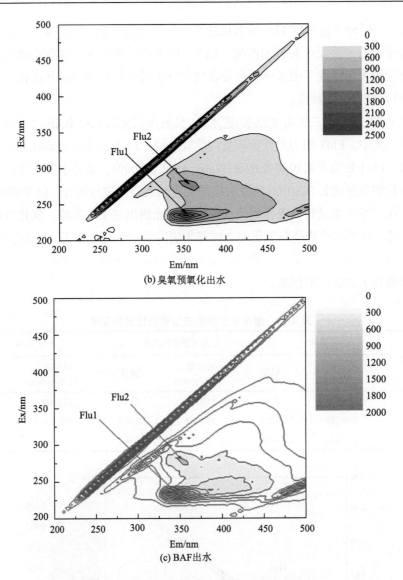

(b) 臭氧预氧化出水

(c) BAF出水

图 4-93　臭氧-BAF 工艺处理后有机物结构变化

　　图 4-94 是臭氧-BAF 工艺出水的气相色谱图。出水中检测出主要有机物 18 种，比原水减少了 151 种，有机物的种类和数量有了明显的削减。

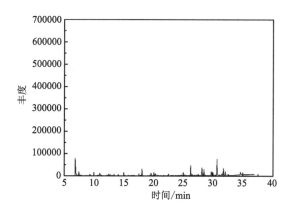

图 4-94　臭氧-BAF 工艺出水 GC-MS 谱图

(5)不同填料层高度有机物降解规律。

图 4-95 是 BAF 在不同填料层高度对有机物总量(以 TOC 计)的去除情况。从图中可以看出,经臭氧预氧化出水在 BAF 反应器的前 25 cm 高度范围内去除量较大,TOC 的浓度从 27.24 mg/L 降低至 21.56 mg/L;在后面的 85 cm 高度内 TOC 浓度进一步降低至 19.6 mg/L。前 25 cm 范围内 TOC 去除量占 74.2%,后 85 cm 高度内去除量占 25.8%。对 BAF 反应器运行时的观察发现,在反应器的前 30 cm 高度范围内挂膜较为明显,这是因为在进水端有机物的浓度较大,生物膜生物量大,对有机物的降解效果比较好;而由于前段对水中有机物的大量消耗,填料层的后半段有机物底物浓度较低,可生化性也相应降低,生物量减少,因此填料层

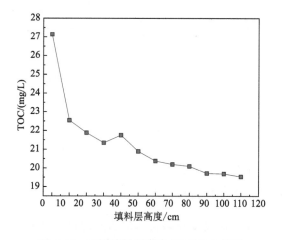

图 4-95　不同填料层高度 TOC 变化情况

后半段的去除能力明显低于前半段。图 4-96 和图 4-97 分别是 BAF 不同填料层高度 TN 和 UV_{254} 的降低情况，其降解规律与 TOC 降解规律基本一致。

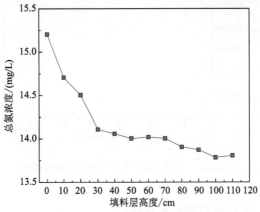

图 4-96　不同填料层高度总氮变化情况

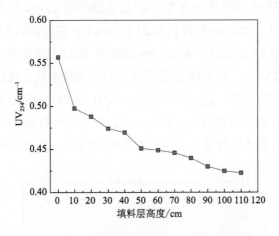

图 4-97　不同填料层高度 UV_{254} 变化情况

4.5　本章小结

石化综合污水经生物强化处理后，石化二级出水中仍含有低浓度难降解有机污染物，仍需深度处理以满足排放标准。

1) 采用芬顿处理技术深度处理石化二级出水的研究结果

(1) 连续流芬顿工艺可有效去除石化二级出水中的 COD，COD 平均去除率为

19.7%，平均去除量为 12.2 mg/L。

(2) 芬顿处理技术的剩余污泥的产量大。在调节原水 pH 和投加 PAM 的情况下，芬顿深度处理石化综合污水时，约 42% 的药剂转化为剩余污泥产出。含有 PAM 的污泥可以提高污泥的脱水速度，但不能提高污泥的脱水程度；含有 PAM 的污泥挥发分随堆放时间逐渐降低。污泥的含水率和挥发分均受污泥中所含的有机质含量的影响。

2) 采用微絮凝砂滤-臭氧催化氧化技术深度处理石化二级出水的研究结果

(1) 臭氧催化氧化对微絮凝砂滤去除困难的有机物，如石化二级出水中含有的类芳香族蛋白质和类溶解性微生物代谢产物等特征有机物的去除效果显著提高。臭氧投加量 36 mg/L，一级回流比 100%，二级不曝气为最佳工艺。该工艺下，臭氧转移率和利用率都最高，分别为 98.4% 和 98.9%；出水 COD 平均值为 46.0 mg/L，去除率最高为 41.6%，去除单位 COD 消耗臭氧量最低，为 1.10 g O_3/g COD；TOC 去除率为 71.4%；出水色度平均值为 26.3 度，去除率为 52.0%。

(2) 采用微絮凝砂滤-臭氧催化氧化技术对石化二级出水进行深度处理，经过连续稳定运行，出水 COD、氨氮、总磷去除率分别为 50.0%、26.3% 和 60.0%；出水 COD 为 46 mg/L，氨氮为 1.4 mg/L，总磷为 0.14 mg/L，出水水质满足《石油化学工业污染物排放标准》(GB 31571—2015)。经初步估算，该工艺按工业用电平均价 0.8 元/(kW·h)、水量 1.5 t/h 计算，深度处理的运行成本为 0.64 元/t。

3) 采用臭氧-BAF 技术深度处理石化二级出水的研究结果

(1) BAF 挂膜启动时间为 20～30 d，12 d 以后进入挂膜稳定阶段，COD 出水平均值为 50.56 mg/L，平均去除率达 25.6%；氨氮出水平均值为 0.68 mg/L，平均去除率达 80.9%；悬浮物的去除随反冲洗呈周期性变化，出水悬浮物平均值为 21.39 mg/L，平均去除率为 13.7%；反冲洗周期 10 d 左右。

(2) 臭氧预氧化出水 COD 浓度在 48～90 mg/L 之间，平均浓度 66.3 mg/L；BAF 出水 COD 浓度 30～76 mg/L，平均浓度 48.2 mg/L；臭氧-BAF 组合工艺对 COD 的总去除率为 38.4%。其中，臭氧预氧化单元对 COD 去除的贡献率为 15.2%，BAF 对 COD 去除的贡献率为 27.3%，BAF 的贡献较大。

参 考 文 献

白宇, 张杰, 陈淑芳, 等. 2004. 生物滤池反冲洗过程中生物量和生物活性的分析. 化工学报, 55(10): 1690-1695.

常青. 2003. 水处理絮凝学. 北京: 化学工业出版社.

陈士明, 刘玲. 2011. 微絮凝直接过滤-超滤组合工艺深度处理印染废水. 环境工程学报, 5(11): 2565-2570.

陈士明, 谢群. 2005. 低浊度废水的微絮凝变孔隙深层过滤田. 水处理技术, 31(8): 56-58.

陈志强, 陈文兵, 李绍锋, 等. 2001. 内循环连续式砂滤器微絮凝过滤机理研究. 哈尔滨建筑大学学报, 34(2): 65-69.

陈中英. 2015. 高负荷下臭氧催化氧化深度处理丙烯腈废水运行特性. 工业水处理, 35(8): 104-106.

陈仲清, 夏良树, 王吉春, 等. 2004. 无机-有机高分子复合絮凝剂的制备及性能研究. 南华大学学报: 理工版, 18(1): 28-31.

邓凤霞. 2014. 非均相臭氧催化深度处理炼油废水研究. 哈尔滨: 哈尔滨工业大学.

范振中, 骆华锋, 马延明, 等. 2004. 复合絮凝剂 LM-1 的研究与应用. 精细石油化工进展, 5(6): 33-34.

冯令艳, 吕岩林. 2002. 内循环连续式砂滤器微絮凝过滤机理研究. 黑龙江水利科技, (2): 4-6.

傅金祥, 陈正清, 赵玉华, 等. 2006. 微絮凝过滤处理污水厂二级出水用作景观水研究. 中国给水排水, 22(19): 65-67.

高迎新, 张昱, 杨敏, 等. 2006. Fe^{3+}或 Fe^{2+}均相催化 H_2O_2 生成羟基自由基的规律. 环境科学, 27(2): 305-309.

耿长君, 蒲文晶, 高薇, 等. 2016. 臭氧催化氧化法处理污水厂二级出水的中试研究. 化工科技, 24(2): 44-46.

顾夏声, 黄铭荣, 王占生, 等. 1985. 水处理工程. 北京: 清华大学出版社, 182-190.

郭小熙, 张进岭, 谢岩, 等. 2017. Fenton 氧化法处理石化含油废水生化出水. 化工环保, 37(2): 207-211.

何灿, 黄祁, 张力磊, 等. 2019. 催化臭氧氧化深度处理高含盐废水的工程应用. 工业水处理, 39(11): 107-109.

何灿, 刘鲤粽, 何文丽. 2016. 臭氧催化氧化深度处理焦化废水的试验研究. 洁净煤技术, 22(5): 53-58.

黄树辉, 吕军. 2003. 微絮凝直接过滤工艺处理生活污水的实验研究. 浙江大学学报(工学版), 37(6): 739-742.

江霜英, 高廷耀, 张文均. 2000. 复合混凝剂 CAF 的研制与净水效果试验. 化工环保, 20(5): 32-35.

黎兆中, 汪晓军. 2014. 臭氧催化氧化深度处理印染废水的效能与成本. 净水技术, 33(6): 89-92.

林肯, 陈春玥, 周珉, 等. 2020. O_3/Mn^{2+}工艺处理化工园区石化废水二级出水中试研究. 工业水处理, 40(6): 44-47.

刘志刚, 虞静静, 马天, 等. 2011. 污水深度处理微絮凝-砂滤工程实例. 环境工程, 29(4): 15-17.

马敏杰, 巨志剑, 王志远. 2007. 微絮凝-直接过滤工艺的试验与研究. 山西建筑, 33(13): 175-176.

穆荣. 2005. 再生水处理工艺中混凝沉淀试验研究. 天津: 天津大学.

邱立平, 马军, 张立昕. 2004. 水力停留时间对曝气生物滤池处理效能及运行特性的影响. 环境污染与防治, 26(6): 433-436.

邵强, 陆彩霞, 陈爱民, 等. 2015. 臭氧催化氧化工艺在丙烯腈废水深度处理中的应用. 山东化工, 44(19): 140-143.

石宝友, 汤鸿霄. 2000. 聚合铝与有机高分子复合絮凝剂的絮凝性能及其吸附特性. 环境科学, 21(1): 18-22.

孙璐, 周孝德. 2001. 微絮凝直接过滤法在电厂工业废水回用中的应用研究. 陕西水力发电, 17(1): 41-44.

陶长元, 刘作华, 李晓红, 等. 2005. 超声波促进 Fenton 法脱色甲基橙溶液的研究. 环境科学, 26(5): 111-114.

王炳建, 高宝玉, 岳钦艳. 2002. 无机高分子絮凝剂聚合硅酸铝铁的研究. 环境化学, 21(6): 533-538.

王春荣, 李军, 王宝贞, 等. 2005. 两种不同填料曝气生物滤池处理生活污水的经验模型. 环境污染治理技术与设备, 6(12): 56-60.

魏继苗. 2013. Fenton 氧化法处理石化二级出水的试验研究. 西安: 长安大学.

谢曙光, 张晓健, 王占生. 2003. 曝气生物滤池的低温挂膜研究. 中国给水排水(S1): 58-59.

徐竟成, 许健, 李光明, 等. 2007. 微絮凝-微滤用于印染废水回用反渗透预处理的试验研究. 环境工程学报, 1(11): 64-68.

徐永利, 刘斌, 赵逢念. 2012. 聚合氯化铝及聚合氯化铝铁处理微污染地表水效果. 环境工程, 30(S2): 23-25.

严煦世, 范瑾初, 许保玖. 1995. 给水工程. 北京: 中国建筑工业出版社, 15(8): 125-128.

阳佳中, 张永坡, 张学兵, 等. 2013. 连续式砂滤在城市污水深度处理中的应用. 西南给排水, 35(3): 16-18.

杨燕, 陈轶凯, 陈轶波. 2008. 流砂微絮凝过滤工艺在城市污水深度处理中的应用研究. 中国资源综合利用, 26(8): 23-25.

叶友胜, 万新军, 程乐华. 2009. 曝气生物滤池-臭氧氧化组合工艺处理焦化废水的研究. 巢湖学院学报, 11(3): 83-84.

殷永泉, 邓兴彦, 刘瑞辉, 等. 2006. 石油化工废水处理技术研究进展. 环境污染与防治, 28(5): 356-360.

张凯松, 周启星, 吴伟民. 2004. 铝盐-淀粉复合絮凝剂污水处理效果研究. 应用生态学报, 8: 1443-1446.

张欣. 2012. CTL 酸废水的 Fenton 氧化-混凝预处理试验研究. 邯郸: 河北工程大学.

张志伟. 2013. 臭氧氧化深度处理煤化工废水的应用研究. 哈尔滨: 哈尔滨工业大学.

张自杰, 刘馨远, 李圭白, 等, 译. 1986. 水处理工程-理论与应用. 北京: 中国建筑工业出版社.

赵俊杰. 2009. 絮凝-Fenton 联合工艺深度处理石化废水的研究. 哈尔滨: 哈尔滨工业大学.

赵奎霞, 李晓粤, 张传义. 2003. 微絮凝-直接过滤技术的研究与应用进展. 环境保护科学, 29(5): 12-14.

郑福灵, 张金松, 曲志军, 等. 2009. 微絮凝直接过滤处理污水处理厂二级出水的中试研究. 给水排水, 45(S1): 119-122.

郑俊, 吴浩汀. 2004. 曝气生物滤池工艺的理论与工程应用. 北京: 化学工业出版社.

周媛媛, 黄瑞敏, 高武龙, 等. 2008. 曝气生物滤池-微絮凝过滤处理污染水源水的中试. 水处理技术, 34(5): 81-83.

Babuponnusami A, Muthukumar K. 2014. A review on Fenton and improvements to the Fenton process for wastewater treatment. Journal of Environmental Chemical Engineering, 2(1): 557-572.

Barb W G, Baxendale J H George P, et al. 1951. Reaction of ferrous and ferric ions with hydrogen peroxide Part I. The ferrous ion reaction. Transactions of the Faraday Sociology, 47: 462-500.

Beltrán F J, García-Araya J F, Giráldez I. 2006. Gallic acid water ozonation using activated carbon. Applied Catalysis B: Environmental, 63(3-4): 249-259.

Beltrán F J, Rivas F J, Montero-de-Espinosa R. 2003. Ozone-enhanced oxidation of oxalic acid in water with cobalt catalysts. 2. Heterogeneous catalytic ozonation. Industrial & Engineering Chemistry Research, 42(14): 3218-3224.

Bing J H, Hu C, Nie Y L, et al. 2015. Mechanism of catalytic ozonation in Fe_2O_3/Al_2O_3@SBA-15 aqueous suspension for destruction of ibuprofen. Environmental Science and Technology, 49(3): 1690-1697.

Carbajo M, Rivas F J, Beltrán F J. 2007. Effects of different catalysts on the ozonation of Pyruvic acid in water. Ozone: Science and Engineering, 28(4): 229-235.

Choi K, Lee W. 2012. Enhanced degradation of trichloroethylene in nano-scale zero-valent iron Fenton system with Cu(II). Journal of Hazardous Materials, 211: 146-153.

Comstock D, Eaton R, Hagen D. 2002. Reduction of particulates in reverse osmosis feedwater by multimedia filtration. Ultrapure Water. 19(7): 16-24.

Fu F L, Wang Q, Tang B. 2010. Effective degradation of Cl Acid Red 73 by advanced Fenton process. Journal of Hazardous Materials, 174(1-3): 17-22.

Ghuge S P, Saroha A K. 2018. Catalytic ozonation for the treatment of synthetic and industrial effluents-application of mesoporous materials: a review. Journal of Environmental Management, 211: 83-102.

Hahn H H, Stumm W. 1968. Kinetics of coagulation with hydrolyzed aluminum. Journal of Colloid and Interface Science, (28): 133-142.

Hahn H H, Stumm W. 1984. Coagulation by Al(III)//Walter J, Weber Jr, Egon M. Adsorption from Aqueous Solutions. Washington, D. C.: ACS Publications: 91-111.

Hermanek M, Zboril R, Medrik I, et al. 2007. Catalytic efficiency of iron (III) oxides in decomposition of hydrogen peroxide: competition between the surface area and crystallinity of nanoparticles. Journal of American Chemistry Society, 129: 10929-10936.

Hoigné J, Bader H. 1983. Rate constants of reactions of ozone with organic and inorganic compounds in water- II: dissociating organic compounds. Water Research, 17(2): 185-194.

Hsu Y C, Yang H C, Chen J H. 2004. The enhancement of the biodegradability of phenolic solution using pre-ozonation based on high ozone utilization. Chemosphere, 56(2): 149-158.

Jonsson L, Plaza E, Hultman B. 1997. Experiences of nitrogen and phosphorus removal in deep-bed filters in the Stockholm area. Water Science and Technology, 36(1): 183-190.

Josson L.1965. Investigations on the radical in solution. Transactions Faraday Sociology, (31): 668-681.

Kasprzyk-Hordern B, Raczyk-Stanisławiaki U, Świetlik J, et al. 2006. Catalytic ozonation of natural organic matter on alumina. Applied Catalysis B: Environmental, 62(3-4): 345-358.

Katsumata H, Kaneco S, Suzuki T, et al. 2006. Photo-Fenton degradation of alachlor in the presence of citrate solution. Journal of Photochemistry and Photobiology A: Chemistry, 180(1-2): 38-45.

Kremer M L, Stein G. 1959. The catalytic decomposition of hydrogen peroxide by ferric perchlorate. Transactions of the Faraday Sociology, 55: 959-973.

Li X, Chen W, Tang Y, et al. 2018. Relationship between the structure of Fe-MCM-48 and its activity in catalytic ozonation for diclofenac mineralization. Chemosphere, 206: 615-621.

Li X Y, Yang S F. 2007. Influence of loosely bound extracellular polymeric substances (EPS) on the flocculation, sedimentation and dewaterability of activated sludge. Water Research, 41(5): 1022-1030.

Lu X J, Yang B, Chen J H, et al. 2009. Treatment of waste water containing azo dye reactive brilliant red X-3B using sequential ozonation and upflow biological aerated filter process. Journal of Hazardous Materials. 161(1): 241-245.

Mann A T, Mendoza-Espinosa L, Stephenson T. 1999. Performance of floating and sunken media biological aerated filter under unsteady state conditions. Water Research, 33(4): 1108-1113.

Masschelein W J. 1992. Unit process in drinking water treatment. New York: Marcel Dekker.

Matta R, Hanna K, Chiron S. 2007. Fenton-like oxidation of 2,4,6-trinitrotoluene using different iron minerals. Science of the Total Environment, 385(1-3): 242-251.

Moore R, Quarmby J, Stephenson T. 2001. The effects of media size on the performance of biological aerated filters. Water Technology, 35(10): 2514-2522.

Nawrocki J, Kasprzyk-Hordern B. 2010. The efficiency and mechanisms of catalytic ozonation. Applied Catalysis B: Environmental, 99(1-2): 27-42.

Neyens E, Baeyens J. 2003. A review of classic Fenton's peroxidation as an advanced oxidation technique. Journal of Hazardous Materials, 98(1-3): 33-50.

Nidheesh P V. 2015. Heterogeneous Fenton catalysts for the abatement of organic pollutants from aqueous solution: a review. RSC Advances, 5(51): 40552-40577.

Paffoni C, Gousailles M, Rogalla F, et al. 1990. Aerated biofilters for nitrification and effluent polishing. Water Science and Technology, 22(7-8): 181-189.

Pagano M, Volpe A, Lopez A, et al. 2011. Degradation of chlorobenzene by Fenton-like processes using zero-valent iron in the presence of Fe^{3+} and Cu^{2+}. Environmental Technology, 32(2): 155-165.

Pines D S, Reckhow D A. 2002. Effect of dissolved cobalt(II) on the ozonation of oxalic acid. Environmental Science and Technology, 36(19): 4046-4051.

Pipi A R F, de Andrade A R, Brillas E, et al. 2014. Total removal of alachlor from water by electrochemical processes. Separation and Purification Technology, 132: 674-683.

Qiang Z M, Chang J H, Huang C P. 2002. Electrochemical generation of hydrogen peroxide from dissolved oxygen in acidic solutions. Water Research, 36(1): 85-94.

Rozzi A, Malpei F, Colli S, et al. 1998. Distribution of absorbance in the visible spectrum related to molecular size fractions in secondary and tertiary municipal-textile effluent. Water Science and Technology, 38(4-5): 473-480.

Sánchez-Polo M, Rivera-Utrilla J. 2004. Ozonation of 1,3,6-naphthalenetrisulfonic acid in presence of heavy metals. Journal of Chemical Technology & Biotechnology, 79(8): 902-909.

Sauleda R, Brillas E. 2001. Mineralization of aniline and 4-chorophenol in acidic solution by ozonation catalyzed with Fe^{2+} and UVA light. Applied Catalysis B: Environmental, 29(2): 135-145.

Singer P C. 1990. Assessing ozonation research needs in water treatment. Journal-American Water Works Association, 82(10): 78-88.

Stumm W, Morgan J J. 1962. Chemical aspects of coagulation. Journal-American Water Works Association, 54(8): 971-994.

Stumm W, O'Melia C R. 1968. Stoichiometry of coagulation. Journal-American Water Works Association, 60: 514-539.

Sui M, Sheng L, Lu K, et al. 2010. FeOOH catalytic ozonation of oxalic acid and the effect of phosphate binding on its catalytic activity. Applied Catalysis B: Environmental, 96(1-2): 94-110.

Trapido M, Veressinina Y, Munter R, et al. 2005. Catalytic ozonation of m-Dinitrobenzene. Ozone: Science and Engineering, 27(5): 359-363.

Vosoughi M, Fatehifar E, Derafshi S, et al. 2017. High efficient treatment of the petrochemical phenolic effluent using spent catalyst: experimental and optimization. Journal of Environmental Chemical Engineering, 5(2): 2024-2031.

Walling C, Goosen A. 1973. Mechanism of the ferric ion catalyzed decomposition of hydrogen peroxide effect of organic substrates. Journal of American Chemical Sociology, 95(9): 2987-2991.

Walling C, Kato S. 1971. Oxidation of alcohols by Fenton's reagent effect of copper ion. Journal of American Chemical Sociology, 93(7): 4275-4281.

Wang J, Chen H. 2020. Catalytic ozonation for water and wastewater treatment: recent advances and perspective. Science of the Total Environment, 704: 135249.

Wang Z, Wu Z, Tang S. 2009. Characterization of dissolved organic matter in a submerged membrane bioreactor by using three-dimensional excitation and emission matrix fluorescence spectroscopy. Water Research, 43(6): 1533-1540.

Zepp R G, Faust B C, Hoigné J. 1992. Hydroxyl radical formation in aqueous reaction (pH 3-8) of iron(II) with hydrogen peroxide: the photo-Fenton reaction. Environmental Science and Technology, 26(2): 313-319.

Zhang Y, An Y, Liu C, et al. 2019. Catalytic ozonation of emerging pollutant and reduction of toxic by-products in secondary effluent matrix and effluent organic matter reaction activity. Water Research, 166: 115026.

Zhao X, Wang Y M, Ye Z F. 2006. Oil field wastewater treatment in biological aerated filter by immobilized microorganisms. Process Biochemistry, 41(7): 1475-1483.

第5章　石化综合污水处理技术工程应用

生态文明建设是关系中华民族永续发展的根本大计，近年来，国家对生态文明建设越来越重视。2015年颁布的专门针对石化行业的废水排放标准《石油化学工业污染物排放标准》(GB 31571—2015)，较原来执行的《污水综合排放标准》(GB 8978—1996)更加严格，要求达到 COD 60 mg/L、石油类 5 mg/L。在国土开发密度已经较高、环境承载能力开始减弱，或水环境容量较小、生态环境脆弱，容易发生严重水环境污染问题而需要采取特别保护措施的地区，应严格控制企业的污染排放行为，排放标准执行 COD 50 mg/L、石油类 3 mg/L 的特别排放限值。此外，GB 31571—2015 还提出了需要控制的废水特征污染物共 60 种(类)，对各种(类)物质排放浓度限值提出了明确要求。这就要求石化行业污水处理需要从前端的装置排水到后端的综合污水处理厂进行全链条技术升级。因此，在前述章节研究基础上，将石化废水各环节处理技术进行集成，并选取中国石油天然气股份有限公司吉林石化分公司(以下简称吉化)污水处理厂开展集成技术的效果验证和工程应用，详细介绍集成工艺的运行参数、运行效果以及工程改造方案，旨在为石化废水处理提供具有可行性、引领性和示范性的技术和工艺。

5.1　工程需求及技术集成

5.1.1　吉化污水处理厂简介

1. 吉化污水处理厂基本情况

吉化污水处理厂是我国典型的大型石化炼化一体化企业园区污水处理厂，其生产工艺、处理水平和面临的问题在我国石化综合废水处理领域具有一定的代表性。吉化位于吉林省吉林市松花江北岸，占地约 880 公顷。吉化污水处理厂于 1980 年建成投产，采用传统活性污泥法处理工艺，污水处理能力为 192000 t/d；1996 年进行了二期改扩建，包括四个处理单元，即四个平行系列，采用自主开发的具有 20 世纪 90 年代先进水平的 A/O 处理工艺，污水处理能力提高到 240000 t/d，出水 COD 由原来的 200 mg/L 降到 120 mg/L 以下。

　　2006 年完成了 70000 m³ 事故缓冲池的建设工作和生化系统部分改造，并于 10 月作为水解酸化池投入生产运行，工艺流程为：酸性废水进入中和处理单元，加碱调节 pH 后与其他化工废水混合经提升进入水解酸化单元；混合工业污水经水解酸化预处理后与（经过一级初沉池处理后的）生活污水混合，进入 A/O 生化处理单元；在生化处理单元中，混合污水经过生物处理降解了水中大部分污染物，出水直接排放。工艺自运行以来效果显著：经水解酸化处理后的废水，BOD₅/COD 从 0.41 提高到 0.46，可生化性提高了 10.8%，COD 去除率达 21.24%，为最终出水达标提供了保证；改造后平均出水 COD 为 75～90 mg/L，可满足《污水综合排放标准》（GB 8978—1996）一级 A 标准。

　　2015 年国家标准 GB 31571—2015 发布后，为满足新的标准要求，吉化污水处理厂开展了一系列升级改造工程，工艺升级后实现了污水厂最终出水 COD 稳定低于 50 mg/L 的高标准要求。

　　2. 改造前污水处理工艺简介

　　图 5-1 是吉化污水处理厂改造前污水处理工艺流程图。改造前吉化污水处理厂主要构筑物有初沉池、水解酸化池（事故缓冲池）、缺氧/好氧（A/O）池、二沉池和接触氧化池等，如图 5-2 所示。

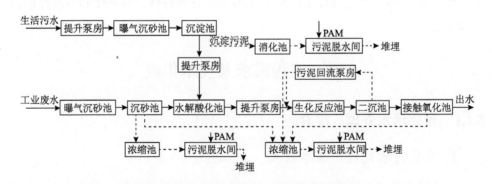

图 5-1　吉化污水处理厂改造前工艺流程图

　　初沉池并联共设三组，为辐流式沉淀池，单池容积 8000 m³，水力停留时间约 2.5 h。水解酸化池共两座，原有老水解酸化池容积 30000 m³。2006 年 3 月，污水处理厂在预处理装置区内扩建了水解酸化池，该池既可有效提高化工废水的可生

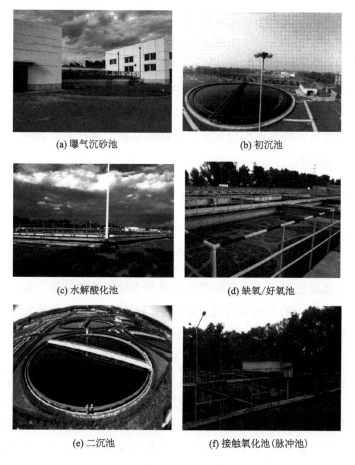

(a) 曝气沉砂池　　　　　　　　　　(b) 初沉池

(c) 水解酸化池　　　　　　　　　(d) 缺氧/好氧池

(e) 二沉池　　　　　　　　(f) 接触氧化池(脉冲池)

图 5-2　吉化污水处理厂改造前主要构筑物照片

化性，提高废水的 BOD$_5$/COD；又可增强污水处理系统的抗冲击能力，达到提高 COD 去除率的目的；同时在事故状态下，可满足储水的需要，避免污水外排，污染环境。新建水解酸化池和原水解酸化池并联作为水解酸化池使用，总容积约 100000 m^3，其中新水解酸化池容积约 70000 m^3。缺氧/好氧池共四个系列，并联运行，Ⅰ、Ⅱ、Ⅲ和Ⅳ系列的水量比约为 2：2：3：3。缺氧池和好氧池的容积比为 1：5，总水力停留时间约 17 h，污泥浓度(MLSS)3000～6000 mg/L，污泥回流比 50%～100%。好氧池 DO 浓度控制在 4～6 mg/L。Ⅰ系列和Ⅱ系列分别设有 3 个二沉池，单池容积 2500 m^3，表面负荷 0.78 m^3/(m^2·h)，水力停留时间 3.3 h。Ⅲ 系列和Ⅳ系列分别设有 4 个二沉池，单池容积 4000 m^3，表面负荷 0.72 m^3/(m^2·h)，水力停留时间 5.1 h。Ⅰ、Ⅱ系列每个二沉池上设有双臂式 Φ37 m 刮吸泥机，Ⅲ、

Ⅳ系列每个二沉池上设有单臂式 Φ40 m 刮泥机。对生化处理后的污水进行沉淀处理，沉淀下来的污泥进入刮泥机集泥槽中，依靠静压经二沉池集泥井汇合进入回流泵房的集泥池，有效去除悬浮物，上清液由出水堰流出。接触氧化池由原来的脉冲澄清池改造而来，共设并联 6 组，总容积 2000 m³。池内设有半软性填料和曝气设备，但由于设备老化，接触氧化池处于半荒废状态，原有的曝气等功能丧失，池内的污泥层仅能发挥部分截留悬浮物的功能。运行数据表明，该单元基本没有 COD 去除能力。

5.1.2 吉化污水处理厂技术需求

1. 水解酸化池技术需求分析

吉化污水处理厂两座水解酸化池均为推流式结构，没有专门的排泥设施，在建成初期运行效果较好。由于水解酸化池兼具事故缓冲池功能，池体设计较大，廊道全长达 147 m，池内流速缓慢。随着运行时间的增长，污泥沉积于池内，造成泥水混合效果急剧下降，水解酸化池处理效果也逐年下降，出水 BOD_5/COD 由 0.46（2007 年）降到 0.36（2012 年），没有发挥水解酸化池应有的作用。此外，石化综合废水中通常含有较高浓度的硫酸盐，吉化污水厂水解酸化池内还原性酸性气体产生量较大，对池内金属设备产生了严重的腐蚀破坏，改造前池内所有水力搅拌器由于腐蚀严重已全部损毁，严重影响了泥水混合效果和该池水解酸化功能的发挥。

水解酸化单元对整个生物处理单元运行效果有较大的影响，吉化污水处理厂亟需对水解酸化池进行改造：消除或减缓污泥淤积现象；提高水解酸化的反应效率。由于石化园区三级防控已在全国推广，污水厂内设有事故缓冲池十分常见，加上石化废水水质类似，因此该问题也是石化工业园区综合污水厂面临的共性问题。

2. 缺氧/好氧（A/O）池技术需求分析

A/O 池是吉化污水处理厂 COD 的主要去除单元，经 A/O 处理后，出水 COD 浓度可在 70～120 mg/L 之间。由分析改造前运行台账可知，在吉化生产装置运行稳定、进入 A/O 池的废水 COD 低于 400 mg/L 且生化性较好时，出水 COD 浓度可在 80 mg/L 左右；但遇到上游装置检修、波动或难生物降解物质排放浓度较高时，会出现阶段性出水偏高的情况（图 5-3）。截至 2014 年，吉化污水处理厂 A/O 工艺曝气池的曝气系统已运行多年，充氧效率下降，恢复 A/O 池内的混合曝气系统有助于提高 A/O 段 COD 和氨氮的去除效率，降低深度处理单元污染物负荷。

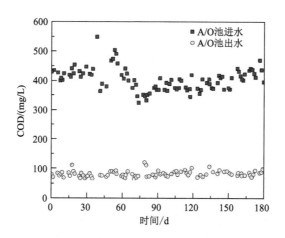

图 5-3　某监测阶段内 A/O 池进水和出水 COD 变化情况

3. 深度处理技术需求分析

石化废水中的有毒及难生物降解污染物在生物处理单元去除效率不高，通常会随着生物处理出水外排。正常运行工况下，吉化污水处理厂全年出水 COD 平均浓度在 80～100 mg/L，出水无法满足 GB 31571—2015 的要求。此外，特征污染物监测结果表明，污水处理厂最终出水中含有甲苯等特征有机物，由于进水水质的波动性，在进水浓度较高时，也存在特征有机物超标的风险。为满足国家节能减排、绿色发展的要求，达到新标准对 COD 及特征污染物等排放限值的要求，落实松花江休养生息、恢复生机的政策要求，完成国家对企业减排的任务要求，吉化亟需增加深度处理单元，并根据自身水质水量特征，选择合适的处理工艺路线，在较低的处理成本下，通过物化处理方法提高废水中有毒难降解有机物的降解效率，进一步降低出水 COD 浓度。

5.1.3　石化综合污水处理技术集成研究

根据前述章节在石化综合污水生物处理技术和深度处理技术方面的研究结果和运行参数，结合吉化污水处理厂的工艺现状和技术需求，集成了石化综合污水"微氧水解酸化—A/O—微絮凝砂滤—臭氧催化氧化"处理工艺（图 5-4），并对集成工艺在处理石化综合污水时的运行效能进行了研究。

图 5-4　石化综合废水处理集成工艺流程简图

1. 集成工艺流程与试验装置

1) 集成工艺流程

集成工艺试验装置建在吉化污水处理厂中试车间，处理规模 $1\sim2$ m^3/h，其工艺流程如图 5-5 所示。吉化污水处理厂进水经引水管路系统首先进入储水池，储水池设溢流管，保持池内水质和污水厂进水一致。储水池内污水经泵打入初沉池，在初沉池完成一次泥水分离，沉积的污泥经底部排泥管间歇排走。初沉池出水进入第二级储水池，经泵提升后进入微氧水解酸化池。污水经微氧水解酸化池处理后进入 A/O 池，经缺氧和好氧工艺处理后，出水进入二沉池，在二沉池完成二次泥水分离，污泥经回流泵回流进入 A 池始端。与吉化污水处理厂一致，集成工艺装置不设好氧末端至缺氧始端的硝化液回流。二沉池出水进入第三级储水池，储水池内污水经泵提升后，先在管道混合器内完成与混凝剂混合过程，随后进入自动反冲洗的微絮凝砂滤池。微絮凝砂滤池出水在重力作用下进入两级臭氧催化氧化塔。臭氧催化氧化塔采用上进下出的方式，臭氧从反应塔底部进入，与污水进行逆向接触，臭氧尾气从氧化塔上部经臭氧破坏器破坏后排入大气。最终处理后的出水从第二级臭氧催化氧化塔底部排出，进入污水厂下水管道系统。

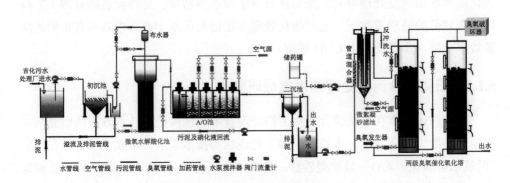

图 5-5　集成工艺流程示意图

2)集成工艺主要装置简介

(1)微氧水解酸化池。

微氧水解酸化池装置见图 5-6，容积为 14.5 m³，采用底部穿孔管配水，具有微氧和脉冲两种运行方式。

图 5-6　微氧水解酸化池

(2)A/O 池。

A/O 池中试装置见图 5-7，容积为 20.3 m³，两个 A/O 池串联，每个体积为 10.15 m³，A 段与 O 段的体积比为 1∶5，与吉化污水处理厂比例相同。

图 5-7　A/O 池

(3)微絮凝砂滤池。

微絮凝砂滤池装置见图 5-8，为不锈钢材质，主要参数如下：高度为 2.28 m，罐体直径为 0.6 m，砂层高 0.75～0.8 m。根据试验要求，进水量在 1～2 m³/h 之间。

图 5-8　　微絮凝砂滤池和臭氧催化氧化塔

(4)臭氧催化氧化塔。

臭氧催化氧化塔中试设备见图 5-8。氧化塔有两级，分别为一级氧化塔和二级氧化塔；氧化塔为圆柱形，采用不锈钢(316 L)制成，直径 0.6 m，高 4.5 m。其中，一级氧化塔催化剂填充体积为 68.3%，二级氧化塔为 52%，催化剂为活性氧化铝负载型催化剂。

臭氧发生器采用 AA-80 型号，臭氧产量为 80 g/h。臭氧发生系统包括空气源、臭氧发生器、气体流量计和臭氧浓度检测仪，以空气源为臭氧发生气源，经过臭氧发生器高压放电生成 O_3 与空气的混合气体，混合气体经过臭氧浓度检测仪检测，然后通过气体流量计调节流量后进入氧化塔。氧化塔内曝气方式为穿孔管曝气，尾气采用碘化钾溶液(质量分数 20%)吸收。

2. 集成工艺进水和运行参数

集成工艺进水为吉化污水处理厂工业废水，微氧水解酸化池和 A/O 池接种吉化污水处理厂二沉池的回流污泥启动。O 池闷曝 2 天后连续运行，逐渐增加进水流量，提高进水负荷。反应器运行 1 个月后，出水 COD 保持稳定，说明反应器启动成功。反应器的温度随季节变化，范围为 18～31℃。

集成工艺各装置主要运行参数如下。①微氧水解酸化池：曝气量为 0.10～0.2 m³/h；DO 浓度在 0.2～0.3 mg/L 之间；ORP 控制在–240～–360 mV；HRT 为 12～15 h。②A/O 池：HRT 为 20～30 h；O 池的曝气量为 8 m³/h 左右，O 段 DO 浓度高于 2.0 mg/L；MLSS 为 4000～6000 mg/L，污泥回流比为 100%，污泥龄维持在 17～24 d。③微絮凝砂滤池：气水比为 3∶1；滤速在 7 m/h 左右；所投药剂为 PAC，药剂投加量为 10 mg/L。④臭氧催化氧化池：串联式两级臭氧催化氧化反应塔，臭氧只在第一级投加，投加量为 36 mg/L；一级臭氧催化氧化塔设出水回流，回流比为 100%；二级臭氧催化氧化塔不投加臭氧且不设回流。

3. 集成工艺运行结果

集成工艺装置运行试验时间约半年，进出水 COD 浓度随运行时间变化如图 5-9 所示。由图可以看出，进水 COD 受不同工厂来水 COD 波动的影响，浓度变化很大，浓度范围为 200～650 mg/L。工厂运行稳定状态下，反应器出水一直保持在较低的数值。臭氧催化氧化出水 COD 为 (45.78 ± 4.23) mg/L，整个系统 COD 的平均去除率为 88.62%，最终出水 COD 低于 50 mg/L，满足新标准 GB 31571—2015 要求。

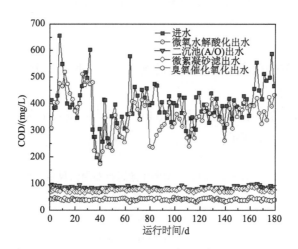

图 5-9　集成工艺进水和各段出水 COD 浓度随运行时间变化

集成工艺装置运行期间进出水氨氮浓度随运行时间变化如图 5-10 所示，进水的氨氮浓度波动很大，从 9 mg/L 到 53 mg/L。稳定状态下，进水氨氮浓度为 (27.03±7.45) mg/L，最终出水氨氮浓度为 (0.93±0.70) mg/L，低于 8.0 mg/L，满足新标准 GB 31571—2015 要求。

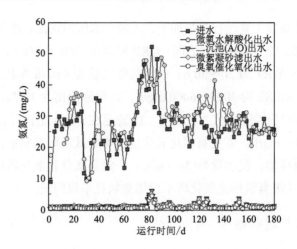

图 5-10　集成工艺进水和各段出水氨氮浓度随运行时间变化

5.1.4　技术经济分析

技术经济分析主要计算动力费用，人工费、折旧费等其他费用不考虑在内。计算依据如下：工业电价 0.67 元/(kW·h)；流量 2.0 m³/h。

1. 微氧水解酸化池

由于微氧水解酸化池曝气与 A/O 的曝气池曝气共用 1 台空气压缩机，曝气费用在 A/O 池中计算。

进水小型潜水泵 1 台，功率为 0.18 kW；污泥回流泵 1 台，功率为 0.37 kW。运行费用估算如表 5-1 所示。

表 5-1　微氧水解酸化池运行费用估算表

序号	名称	计算公式	费用/(元/t)
1	进水泵	[0.18 kW×0.67 元/(kW·h)]/2	0.06030
2	污泥回流泵	[0.37 kW×0.67 元/(kW·h)]/2	0.12395
	总计		0.18425

微氧水解酸化池的运行费用为 0.18425 元/t(不含曝气费用)。

2. A/O 池

空气压缩机 1 台，功率为 1.5 kW；A 池搅拌器 2 台，功率为 0.37 kW；污泥回流泵 1 台，功率为 0.37 kW。运行费用估算如表 5-2 所示。

表 5-2　A/O 池运行费用估算表

序号	名称	计算公式	费用/(元/t)
1	曝气费用	[1.5 kW×0.67 元/(kW·h)]/2	0.50250
2	搅拌器	[0.37 kW×2×0.67 元/(kW·h)]/2	0.24790
3	污泥回流泵	[0.37 kW×0.67 元/(kW·h)]/2	0.12395
		总计	0.87435

A/O 池运行费用为 0.87435 元/t。

3. 微絮凝砂滤池

微絮凝砂滤池与臭氧发生器共用空气压缩机，故此处不重复计算。

离心泵 1 台，功率为 1.5 kW；加药泵 1 台，功率为 0.05 kW。运行费用估算如表 5-3 所示。

表 5-3　微絮凝砂滤池运行费用估算表

序号	名称	计算公式	费用/(元/t)
1	离心泵	[1.5 kW×0.67 元/(kW·h)]/2	0.50250
2	加药泵	[0.05 kW×0.67 元/(kW·h)]/2	0.01675
		总计	0.51925

微絮凝砂滤池运行费用为 0.51925 元/t。

4. 臭氧催化氧化塔

空气压缩机 1 台，功率为 1.5 kW；离心泵 1 台，功率为 0.55 kW；循环泵 1 台，功率为 0.50 kW；臭氧发生器 1 台，保持臭氧投加量为 36 mg/L 时对应的功率为 1.1 kW。运行费用估算如表 5-4 所示。

表 5-4　臭氧催化氧化塔运行费用估算表

序号	名称	计算公式	费用/(元/t)
1	空气压缩机	[1.5 kW ×0.67 元/(kW·h)]/2	0.50250
2	离心泵	[0.55 kW ×0.67 元/(kW·h)]/2	0.18425
3	循环泵	[0.5 kW ×0.67 元/(kW·h)]/2	0.16750

续表

序号	名称	计算公式	费用/(元/t)
4	臭氧发生器	[1.1 kW ×0.67 元/(kW·h)]/2	0.36850
		总计	1.22275

臭氧催化氧化塔运行费用为 1.22275 元/t。

综上，集成工艺装置总运行成本（不含人工、折旧及催化剂、药剂损耗）为
0.18425+0.87435+0.51925+1.22275≈2.80（元/t）。

5.2　石化综合污水处理技术应用

为达到 GB 31571—2015 的要求，吉化污水处理厂结合"微氧水解酸化—A/O—微絮凝砂滤—臭氧催化氧化"技术集成工艺研究成果，对污水处理厂进行了提标改造。

5.2.1　技术应用工程方案

吉化污水具有水量大、成分复杂、污染物浓度较高等特点，污水处理技术路线依据"污污分治"原则确定，污水从源头开始治理，降低污水处理厂深度处理难度，减少工程规模，节省工程投资。吉化污水处理厂改造方案的总体工艺路线为炼油和生活污水与化工废水分质处理，即炼油和生活污水经生化处理后消毒排放，化工废水经生化处理后再进行深度处理。由于化工废水采用臭氧催化氧化技术，出水中含有残留臭氧，可与炼油和生活污水生化处理出水混合后排放，具有一定消毒功能。

炼油厂生产污水经管线输送至污水厂东部监测站，通过东部监测站至16#井间新增DN900污水输送管线，将含油污水与中部其他化工废水分开，送至生活污水处理厂，与生活污水混合进入污水处理厂。混合污水经新建混合污水提升泵提升，进入Ⅰ、Ⅱ系列生化处理系统，经脉冲澄清池处理，排入新建的接触池经臭氧消毒后，与处理后的化工废水混合后排放。

化工废水进入污水处理厂，经沉砂池、初沉池预处理后，自流进入水解酸化池，再用泵提升进入Ⅲ、Ⅳ系列生化处理系统处理，出水经新建污水泵提升进入新建深度处理系统。在深度处理系统内先经微絮凝砂滤池去除悬浮物及 COD，再排入臭氧催化氧化池，经臭氧氧化进一步去除污水中的有机污染物，出水达到 GB 31571—2015 规定的排放限值后，与处理后的炼油和生活污水混合后排放。

吉化污水处理厂改造后工艺流程见图 5-11。

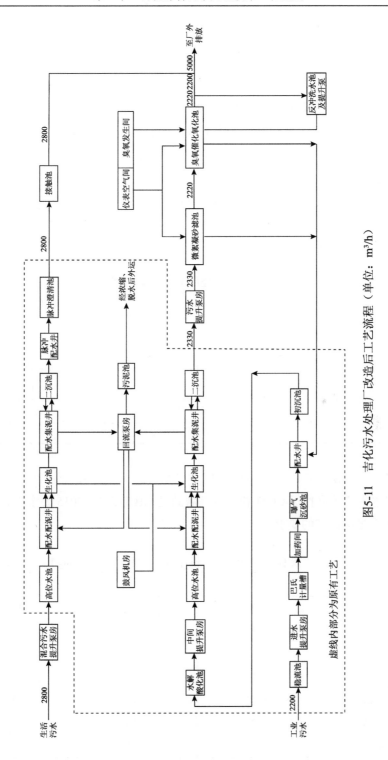

图5-11　吉化污水处理厂改造后工艺流程（单位：m³/h）

5.2.2 主要工程量及构筑物设计

1. 设计处理水量

吉化污水处理厂提标改造工程设计水量为 5000 m^3/h, 其中炼油和生活污水合并处理设计水量为 2800 m^3/h, 化工废水设计水量为 2200 m^3/h。

2. 设计进出水水质

吉化污水处理厂通过部分生产装置内设置点源处理设施建设、加强用水管理、严格排水监督、平稳优化工艺操作、狠抓区外企业排水监管等措施,降低污水处理厂进水污染物浓度。设计进水水质见表 5-5。

表 5-5 污水处理厂设计进水水质表

序号	来源	水量/(m^3/h)	进水水质(除 pH 外)/(mg/L)				
1	炼油和生活污水	2800	COD	SS			
			272	120			
2	化工废水	2200	COD	SS	氨氮	石油类	pH
			541	336	9.11	33.1	8.46
			总铬	氰化物	总磷	六价铬	砷
			0.26	<0.004	0.391	0.198	0.016

参考执行 GB 31571—2015 要求,确定提标改造工程出水水质指标如表 5-6 所示。除出水主要污染指标 COD 和氮磷等需满足 GB 31571—2015 要求外,特征污染物也需满足该标准的要求。

表 5-6 污水处理厂设计出水水质　　(单位: mg/L, 除 pH 外)

项目	出水水质	项目	出水水质
COD	50	总氮	30
BOD_5	10	总磷	0.5
SS	10	氰化物	0.5
石油类	3.0	总铅	1.0
pH	6~9	总铬	1.5
硫化物	0.5	六价铬	0.5
氨氮	3.2	总砷	0.5

5.2.3　新建处理单元

1. 污水提升泵房

1) 设计参数

内设格栅间、水泵间和集水池，脉冲澄清池的出水重力流经两台转鼓格栅过滤后进入集水池，集水池总有效容积为 234 m³，用立式排污泵提升后分配至微絮凝砂滤池。

2) 主要工艺参数

水泵间尺寸：$L×B×H$=12 m×9 m×9.8 m；
格栅间尺寸：$L×B×H$ =7.5 m×9 m×5.5 m；
集水池尺寸：$L×B×H$ =19.5 m×4 m×3.7 m；
有效水深：3.2 m。

3) 主要设备

（1）立式排污泵。
数量：3 台（2 用 1 备）；
性能参数：Q=1200 m³/h，H=10 m，P=45 kW。
（2）转鼓格栅。
数量：2 台（2 用）；
性能参数：转鼓直径 1.8 m，栅隙 5 mm，电机功率 1.5 kW。
（3）电动单梁悬挂桥式起重机。
数量：1 台；
性能参数：起重量 3 t，跨度 7 m，起升高度 12 m，P=(4.5+0.4) kW。

2. 微絮凝砂滤池

1) 设计参数

新建微絮凝砂滤池一座，共设 60 个过滤单元，分 10 组布置，每组 6 套。

2) 主要工艺参数

处理能力：Q=2330 m³/h；
总砂滤面积：60×5.5= 330 m²；

滤速：7.10 m/h；

滤料材质：石英砂；

滤料层高度：2.0 m；

外形尺寸：$L \times B \times H$=26.9 m×21.5 m×6.5 m；

有效水深：6.10 m；

气提用压缩气量：60×10=600 Nm^3/h；

压缩空气压力>0.4 MPa；

结构形式：钢筋混凝土。

3. 臭氧催化氧化池

1）设计参数

臭氧催化氧化池系统分为 4 个系列，每个系列有 5 格。

2）主要工艺参数

单格处理能力：Q=110 m^3/h；

滤速：3.16 m/h；

停留时间：0.95 h；

催化剂填料材质：金属离子负载型臭氧催化剂；

催化剂填料层高度：3.0 m；

臭氧加入剂量：3.63 kg O_3/h（单格）；

有效水深：6.00 m；

水洗强度：200 m^3/h；

结构形式：钢筋混凝土；

大池 20 格，单池构筑物尺寸：$L \times B \times H$=6 m×4 m×6.60 m；

安装 20 台内循环回流离心泵及配套管线阀门，并增加自控系统供离心泵回流启停操作。

小池 20 格，单池构筑物尺寸：$L \times B \times H$=3 m×4 m×6.60 m；

臭氧催化氧化池 20 个小池安装反冲洗排水管及阀门自控系统。

总尺寸：$L \times B \times H$=52.5 m×22 m×6.60 m。

3）主要设备

臭氧尾气破坏器，数量 2 台；

性能参数：Q=350 m³/h，P=15 kW。

4)设计图纸

部分设计图纸如图 5-12 和图 5-13 所示。

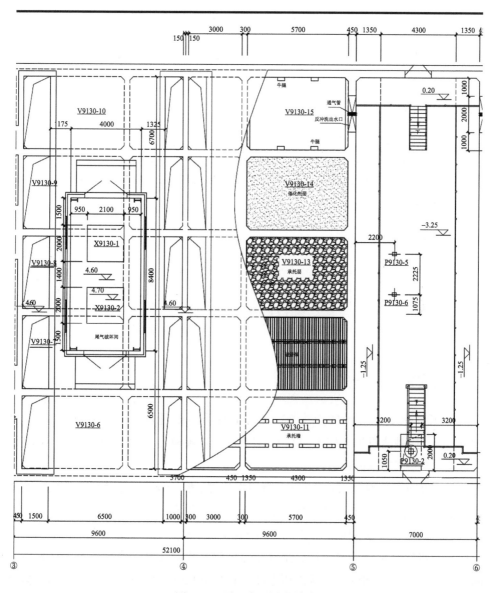

图 5-12　平面布置图(局部)

▽代表标高；标高单位：m，其余单位：mm。下同

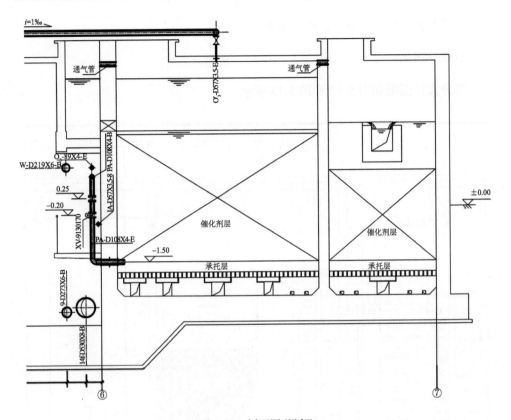

图 5-13　剖面图(局部)

4. 臭氧发生间

1)设计参数

臭氧催化氧化池投加量按 33 g O_3/m^3 计算，处理规模为 2200 m^3/h，需要 72.6 kg/h；接触池投加量按 5 g O_3/m^3 计算，处理规模为 2800 m^3/h，需要 14 kg/h，合计需要臭氧 86.6 kg/h。

本方案选择 3 套富氧源 30 kg/h 臭氧发生器，配套提供制氧系统、内循环冷却水系统、臭氧投加系统、自控系统及监测仪表仪器等。

通过现场 VPSA 制氧方式取得纯度 90%以上的氧气经过滤器净化、减压阀减压稳压、进气流量计检测流量、温度压力传感器检测温度压力后，进入臭氧发生间；再经臭氧发生间内的高频高压电场，将部分氧气变成臭氧，产品气体为臭氧化气体；最后，通过出气自动调节阀排出。

臭氧发生间总平面尺寸为 48 m×18 m，由臭氧发生器间、制氧间、空压站和电气间组成。

2) 主要设备

(1) 臭氧发生器。

数量：4 套(3 用 1 备)；

性能参数：额定臭氧产量 30 kg/h，$P=210$ kW，额定浓度 135 mg/L。

(2) 内循环冷却水系统。

板式换热器换热功率 315 kW，共 4 台(3 用 1 备)；

内冷却水循环泵：$Q=60$ m³/h，$H=20$ m，$P=7.5$ kW，共 2 台。

(3) 制氧系统。

数量：3 套；

性能参数：产氧量 $Q \geqslant 250$ Nm³/h，露点 $\leqslant -60℃$，氧气浓度 $\geqslant 90\%$，$P=210$ kW。

(4) 空压站。

空压机：$Q=810$ m³/h，$P=75$ kW，共 2 台(1 用 1 备)；

冷干机：$Q=1020$ m³/h，$P=3.65$ kW，共 1 台；

吸干机：$Q=1200$ m³/h，$P=0.06$ kW，共 1 台。

3) 设计图纸

部分设计图纸如图 5-14 所示。

5. 综合处理间

1) 设计参数

综合处理间设有循环水系统、反冲洗水泵、混凝剂加药装置，室外设有反冲洗水池及循环水集水池。

综合处理间尺寸为 $L×B×H=21$ m×7.5 m×6 m。

反冲洗水池及循环水集水池尺寸均为 $L×B×H=19$ m×5 m×5.3 m。其中，反冲洗水池有效容积为 300 m³；循环水集水池有效容积为 80 m³。

2) 主要设备

(1) 反冲洗水泵。

数量：2 台(1 用 1 备)；

性能参数：$Q=200$ m³/h，$H=32$ m，$P=37$ kW。

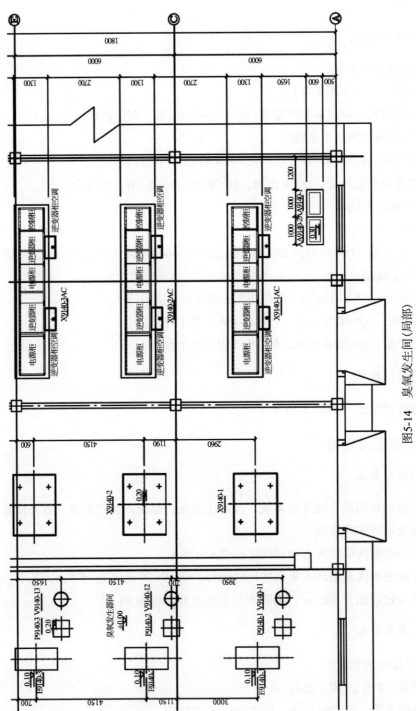

图5-14 臭氧发生间(局部)

(2)循环水泵。

数量：4 台(3 用 1 备)；

性能参数：Q=100 m³/h，H=50 m，P=22 kW。

(3)多介质过滤器。

数量：1 台；

过滤水量：20 m³/h。

(4)冷却塔。

数量：1 台；

性能参数：Q=300 m³/h，Δt=5℃，P=7.5 kW。

(5)混凝剂投加装置。

数量：1 套；

计量泵 3 台(2 用 1 备)：Q=300 L/h，H=50 m，P=0.1 kW；

混凝剂储罐 1 个：V=20 m³。

6. 接触池

1)设计参数

接触池负责对混合污水出厂前的消毒处理。

接触池尺寸：$L×B×H$=15.5 m×9 m×6.2 m(分两格)；

有效水深：4.50 m。

2)主要设备

主要设备：臭氧尾气破坏器；

数量：1 台；

性能参数：Q=100 m³/h，P=10 kW。

5.2.4　原有处理设施完善

1. 混合污水提升泵房

1)设计参数

生活污水处理厂出水和炼油厂污水处理厂出水混合后进入集水池，集水池总有效容积为 240 m³，用立式排污泵提升后分配至高位池。

污水提升泵房尺寸：$L×B×H$=15.6 m×5.1 m×13 m；

集水池尺寸：$L×B×H$=15.6 m×4.0 m×6.9 m；

集水池有效水深：3.2 m。

2）主要设备

主要设备：立式排污泵；

数量：3 台（2 用 1 备）；

性能参数：Q=1500 m³/h，H=15 m，P=90 kW。

2. 水解酸化池

将原有水解酸化池改造为微氧水解酸化池，拟更换水解酸化池填料，水解酸化池增设微曝气设施，提高该单元处理效果；新增组合式填料 13145 m³；新增曝气器 3548 套；排泥泵恢复。

3. A/O 生化反应池

拟对曝气系统进行改造，恢复混合充氧效果；新增管式曝气器 9000 套；部分管线更换。

4. 脉冲澄清池

拟恢复脉冲澄清池处理效果，充分利用原有工艺设施；拆除填料 8800 m³；恢复钟罩 6 套、布水系统 6 套、三角堰 200 m；更换排泥管 210 m、闸阀 24 个。

5.2.5　主要工程量

1. 主要材料表

工程所用主要材料见表 5-7。

表 5-7　主要材料表

序号	材料名称	规格型号	材料	单位	数量	备注
一	污水提升泵房					
1	螺旋缝焊接钢管	D1420×12	Q235B	m	2	
2	螺旋缝焊接钢管	D820×10	Q235B	m	22	

续表

序号	材料名称	规格型号	材料	单位	数量	备注
3	螺旋缝焊接钢管	D630×8	Q235B	m	23	
4	螺旋缝焊接钢管	D530×8	Q235B	m	23	
5	螺旋缝焊接钢管	D426×8	Q235B	m	10	
6	螺旋缝焊接钢管	D325×6	Q235B	m	2	
7	无缝钢管	D219×6	20	m	5	
8	无缝钢管	D57×3.5	20	m	22	
9	球墨铸铁管	DN100	铸铁	m	22	
10	法兰式蝶阀	DN800 PN10	铸铁	个	1	
11	法兰式蝶阀	DN600 PN10	铸铁	个	6	
12	法兰式蝶阀	DN500 PN10	铸铁	个	6	
13	多功能水泵控制阀	DN500 PN10	铸铁	个	6	
14	手动闸阀	DN50 PN10	铸铁	个	2	
15	微阻缓闭止回阀	DN50 PN10	铸铁	个	2	
16	水平管支座		Q235B	t	1.29	
二	微絮凝砂滤池					
1	螺旋缝焊接钢管	D720×8	Q235B	m	15	
2	螺旋缝焊接钢管	D630×8	Q235B	m	23	
3	螺旋缝焊接钢管	D325×8	Q235B	m	15	
4	无缝钢管	D76×4	20	m	66	
5	无缝钢管	D32×3	20	m	55	
6	蝶阀	DN600	WCB	个	1	
7	闸阀	DN65	WCB	个	2	
8	球阀	DN25	SS304	个	10	
9	A 型刚性防水套管	DN700	Q235B	个	2	
10	A 型刚性防水套管	DN600	Q235B	个	2	
11	A 型刚性防水套管	DN350	Q235B	个	10	
12	A 型刚性防水套管	DN300	Q235B	个	10	
13	管道支架及埋件		Q235B	t	4	

续表

序号	材料名称	规格型号	材料	单位	数量	备注
三			臭氧催化氧化池			
1	螺旋缝焊接钢管	D530×8	Q235B	m	203	
2	螺旋缝焊接钢管	D325×8	Q235B	m	102	
3	螺旋缝焊接钢管	D273×6	Q235B	m	22	
4	无缝钢管	D273×6	SS316	m	66	
5	无缝钢管	D219×6	SS316	m	110	
6	无缝钢管	D159×4.5	SS316L	m	266	
7	无缝钢管	D89×4	SS316L	m	165	
8	无缝钢管	D219×6	20	m	225	
9	无缝钢管	D159×4.5	20	m	333	
10	不锈钢管	D219×6	316	m	39	
11	不锈钢管	D159×4.5	30	m	50	
12	不锈钢管	D108×4	316	m	19	
13	不锈钢管	D32×4	316	m	10	
14	蝶阀	DN250	WCB	个	20	
15	蝶阀	DN200	WCB	个	40	
16	蝶阀	DN150	WCB	个	40	
17	蝶阀	DN80	SS316L	个	20	
18	蝶阀	DN80	WCB	个	20	
19	闸阀	DN50	铸铁	个	8	
20	球阀	DN25 Q41F-16	CF8M	台	19	
21	蝶阀	DN200 D343H-10	CF8M	台	19	
22	蝶阀	DN200 D343H-10	CF8M	台	39	
23	止回阀	DN150 H44X-10	CF8M	台	19	
24	微阻缓闭止回阀	DN50	铸铁	个	4	
25	管道支架		Q235B	t	6	
26	A型刚性防水套管	DN500	Q235B	个	24	
27	A型刚性防水套管	DN300	Q235B	个	4	
28	A型刚性防水套管	DN250	Q235B	个	20	
29	A型刚性防水套管	DN200	Q235B	个	42	
30	A型刚性防水套管	DN150	Q235B	个	30	
31	A型刚性防水套管	DN80	Q235B	个	40	
32	A型刚性防水套管	DN50	Q235B	个	4	

续表

序号	材料名称	规格型号	材料	单位	数量	备注
四			综合处理间			
1	螺旋缝焊接钢管	D325×6	Q235B	m	14	
2	螺旋缝焊接钢管	D273×6	Q235B	m	52	
3	无缝钢管	D219×6	20	m	18	
4	无缝钢管	D159×4.5	20	m	33	
5	无缝钢管	D133×4.5	20	m	20	
6	无缝钢管	D57×3.5	20	m	2	
7	UPVC 管	D57×3.5	UPVC	m	11	
8	手动蝶阀	DN300 PN10	铸铁	个	1	
9	手动蝶阀	DN250 PN10	铸铁	个	3	
10	手动蝶阀	DN200 PN10	铸铁	个	5	
11	手动蝶阀	DN150 PN10	铸铁	个	3	
12	手动蝶阀	DN125 PN10	铸铁	个	4	
13	微阻缓闭止回阀	DN200 PN10	铸铁	个	2	
14	微阻缓闭止回阀	DN125 PN10	铸铁	个	3	
15	A 型刚性防水套管	DN300	Q235B	个	2	
16	A 型刚性防水套管	DN250	Q235B	个	3	
17	A 型刚性防水套管	DN200	Q235B	个	2	
18	A 型刚性防水套管	DN150	Q235B	个	3	
19	支座		Q235B	t	531	
五			接触池			
1	螺旋缝焊接钢管	D720×8	Q235A	m	8	
2	不锈钢管	D720×10	SS316L	m	4	
3	不锈钢管	D325×6	SS316L	m	4	
4	不锈钢管	D89×4	SS316L	m	30	
5	不锈钢管	D57×3.5	SS316L	m	15	
6	不锈钢管	D45×3	SS316L	m	60	
7	不锈钢管	D32×3	SS316L	m	60	
8	不锈钢法兰球阀	DN80 PN16	SS316L	个	4	
9	不锈钢法兰球阀	DN40 PN16	SS316L	个	4	
10	曝气器		钛板	个	160	
11	不锈钢刚性防水翼环	DN700	SS316L	个	8	
12	不锈钢刚性防水套管	DN700	SS316L	个	4	
13	不锈钢刚性防水套管	DN300	SS316L	个	2	

序号	材料名称	规格型号	材料	单位	数量	备注
六	水解酸化池					
1	螺旋缝焊接钢管	D426×8	Q235B	m	75	
2	螺旋缝焊接钢管	D325×6	Q235B	m	425	
3	螺旋缝焊接钢管	D273×6	Q235B	m	125	
4	无缝钢管	D89×4	20	m	1080	
5	玻璃钢管	DN800	玻璃钢	m	420	
6	蝶阀	DN400 PN10	铸钢	个	1	
7	蝶阀	DN250 PN10	铸钢	个	1	
8	闸阀	DN80 PN10	铸钢	个	101	
9	曝气器	TDⅢ型,供气能力:1.5～2m³/h		套	3548	
10	组合式填料			m³	13145	
11	玻璃钢盖板		玻璃钢	m²	13460	
12	槽钢支架		碳钢	m	610	
13	岩棉管壳			m³	65	
14	镀锌铁皮			m²	1335	
15	拆除填料及支架		组合式填料	m³	10000	
16	拆除顶板		钢筋混凝土	m²	13500	
七	A/O生化反应池					
1	螺旋缝焊接钢管	D377×6	Q235B	m	660	
2	螺旋缝焊接钢管	D273×6	Q235B	m	1120	
3	无缝钢管	D219×6	20	m	12	
4	无缝钢管	D108×4	20	m	40	
5	无缝钢管	D219×6	SS304	m	225	
6	无缝钢管	D108×4	SS304	m	670	
7	蝶阀	DN200 PN10	铸钢	个	24	
8	蝶阀	DN100 PN10	铸钢	个	32	
9	管式微孔曝气器			套	9000	
10	隔墙拆除		钢筋混凝土	m³	710	

序号	材料名称	规格型号	材料	单位	数量	备注
八	脉冲澄清池					
1	拆除填料	弹性填料		m³	8800	
2	钟罩恢复	钢板	Q235B	kg	1350	
3	无缝钢管	D219×6	20	m	1810	拆除原有管道
4	无缝钢管	D219×6	20	m	3410	重新铺设新管道
5	闸阀	DN500 PN1.0	铸铁	个	12	拆除原有阀门
6	闸阀	DN300 PN1.0	铸铁	个	12	更换新阀门
7	恢复三角堰	$H×\delta$=350×8，堰高 100 mm	玻璃钢	m	200	
九	混合污水提升泵房					
1	螺旋缝焊接钢管	D630×9	Q235B	m	16	
2	螺旋缝焊接钢管	DN25	20	m	7.5	
3	蝶阀	DN600	Q235B	个	3	
4	A 型刚性防水套管	DN600	Q235B	个	3	

2. 主要工艺设备

主要工艺设备详见表 5-8。

表 5-8　主要工艺设备表

序号	设备名称	技术参数	单位	数量
一	污水提升泵房			
1	立式排污泵	Q=1200 m³/h，H=10 m，P=45 kW	台	3
2	集水坑排水泵	Q=8 m³/h，H=15 m，P=1.5 kW	台	2
3	转鼓格栅	转鼓直径 1.8 m，栅条间隙 5 mm，电机功率 1.5 kW	台	2
	配 WLS 型螺旋输送机	输送长度 5 m，电机功率 1.5 kW	台	1
4	手动启闭机	配套 1000 个铸铁镶铜方闸门	台	4
5	电动单梁悬挂桥式起重机	起重量 3 t，跨度 7 m，起升高度 12 m，P=(4.5+0.4) kW	台	1

续表

序号	设备名称	技术参数	单位	数量
二		微絮凝砂滤池		
1	滤池内配件		套	60
2	滤料	粒径 0.8~1.2 mm，高品度硅砂，至少 95% 含硅石量	t	1500
3	手动启闭机	配套 DN350 铸铁镶铜圆闸门	台	10
三		臭氧催化氧化池		
1	臭氧扩散系统	Ti-SS316L	套	20
2	布水、布气系统	SS316L	套	20
3	催化剂填料	金属离子负载型臭氧催化剂	m³	2090
4	催化剂垫层	氧化铝磁球	m³	275
5	潜水排污泵	$Q=10 \text{ m}^3/\text{h}$, $H=10 \text{ m}$	台	4
6	臭氧尾气破坏器	$Q=350 \text{ m}^3/\text{h}$, $P=15 \text{ kW}$	套	2
7	进水端循环泵	$Q=110 \text{ m}^3/\text{h}$, $H=5 \text{ m}$	台	20
8	配套电机	$P=4 \text{ kW}$, $U=380 \text{ V}$	台	1
四		臭氧发生间		
1	臭氧发生器	额定臭氧产量 30 kg/h，$P=210 \text{ kW}$ 臭氧浓度 135 mg/L	套	4
2	内循环冷却水系统		套	4
	板式换热器	换热功率 315 kW	台	4
	内冷却水循环泵	$Q=60 \text{ m}^3/\text{h}$, $H=20 \text{ m}$, $P=7.5 \text{ kW}$	台	4
3	制氧系统	产氧量 $Q \geq 250 \text{ Nm}^3/\text{h}$，露点 $\leq -60℃$，氧气浓度 $\geq 90\%$，$P=210 \text{ kW}$	套	3
4	空压站		套	1
	空压机	$Q=810 \text{ m}^3/\text{h}$，压力 0.7 MPa，$P=75 \text{ kW}$	台	2
	冷干机	$Q=1020 \text{ m}^3/\text{h}$, $P=3.65 \text{ kW}$	台	1
	吸干机	$Q=1200 \text{ m}^3/\text{h}$, $P=0.06 \text{ kW}$	台	1
五		综合处理间		
1	反冲洗水泵	$Q=200 \text{ m}^3/\text{h}$, $H=32 \text{ m}$, $P=37 \text{ kW}$	台	2
2	循环水泵	$Q=100 \text{ m}^3/\text{h}$, $H=50 \text{ m}$, $P=22 \text{ kW}$	台	4
3	多介质过滤器	$Q=20 \text{ m}^3/\text{h}$	台	1
4	冷却塔	$Q=300 \text{ m}^3/\text{h}$, $\Delta t=5℃$, $P=7.5 \text{ kW}$	台	1

续表

序号	设备名称	技术参数	单位	数量
5	混凝剂投加装置		套	1
6	计量泵	Q=300 L/h, H=50 m, P=0.1 kW	台	3
7	混凝剂卸料泵	Q=11 m³/h, H=20 m, P=0.78 kW	台	1
8	混凝剂储罐	V=20 m³	台	3
9	电动葫芦	起重量 2 t, 起升高度 6 m, P=(3+0.4) kW	台	1
六		接触池		
1	尾气破坏器	Q=100 m³/h, P=10 kW	套	1
七		混合污水提升泵房		
1	污水泵	Q=2000 m³/h, H=15 m, P=132 kW	台	2
	污水泵	Q=1000 m³/h, H=15 m, P=75 kW	台	1

5.2.6　污水处理厂改造后全貌

吉化污水处理厂改造后全貌图见图 5-15。

图 5-15　吉化污水处理厂厂区改造后全貌图

5.2.7　工程运行效果及评估

1. 出水水质指标

吉化污水处理厂 2017～2020 年运行各月 COD 浓度平均值见图 5-16。由图可知，污水处理厂 2017～2020 年 COD 平均浓度为 43.3 mg/L，满足新标准 GB 31571—2015 对 COD 的直接排放特别限值（50 mg/L），满足设计出水水质要求。

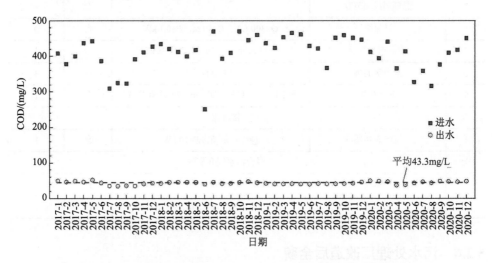

图 5-16　吉化污水处理厂 2017～2020 年各月 COD 浓度平均值变化

吉化污水处理厂 2017～2020 年运行各月氨氮浓度平均值见图 5-17。由图可知，污水处理厂 2017～2020 年出水氨氮平均浓度为 0.9 mg/L，满足新标准对氨氮直接排放特别限值（5 mg/L），同时满足设计出水水质要求。

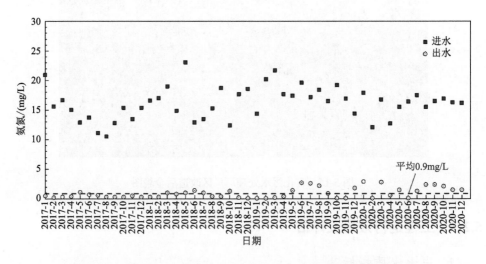

图 5-17　吉化污水处理厂 2017～2020 年各月氨氮浓度平均值变化

2. 出水毒性检测结果

出水水生态毒性第三方检测结果见表 5-9 和表 5-10。由于我国目前并没有关于石化废水毒性排放要求的相关标准，从毒性测试结果来看，吉化污水处理厂出水水生态毒性非常低，优于德国污水排放毒性控制标准限值要求。

表 5-9　出水水生态毒性第三方检测结果

项目	发光细菌 （*Photobacterium phosphoreum* T3 spp.）急性毒性	藻类 （*Selenastrum capricornutum*）急性毒性	大型溞急性毒性（48 h）	斑马鱼 （*Brachydanio rerio*）卵急性毒性	遗传毒性（umu）
EC_{50}/%	>100	>100	>100	>100	—
LID	1	3	1	1	—
诱导率（IR）/%	—	—	—	—	0.76

表 5-10　96 h 试验周期内石化废水样品生态毒性第三方检测结果

水样	羊角月牙藻 EC_{50}/%	大型溞 EC_{50}/%	斑马鱼 EC_{50}/%
总出水	>100	>100	>100

3. 出水第三方检测结果

吉化污水处理厂 2020 年 3 月至 2021 年 2 月期间出水第三方检测结果见表 5-11。结果表明，工程出水水质可稳定达到新标准直接排放特别限值，挥发酚、苯酚等特征污染物指标未检出。

表 5-11　第三方检测结果

检测项目	单位	取样日期						
		2020-3-31	2020-6-17	2020-7-20	2020-8-28	2020-10-10	2020-11-25	2021-2-4
pH	—	7.16	7.77	7.07	7.33	7.88	7.87	7.37
COD	mg/L	46	48	48	33	42	36	35
BOD_5	mg/L	8.2	9.7	8.7	6.2	8.0	7.0	7.0
氨氮	mg/L	4.21	1.07	0.075	4.90	4.60	4.47	4.87
总氮	mg/L	28.2	7.15	9.27	20.8	21.5	17.6	14.3
总磷	mg/L	0.272	0.47	0.31	0.492	0.445	0.481	0.413
总有机碳	mg/L	14	14.7	14.8	13.6	14.7	14.4	12.7

续表

检测项目	单位	取样日期						
		2020-3-31	2020-6-17	2020-7-20	2020-8-28	2020-10-10	2020-11-25	2021-2-4
石油类	mg/L	0.07	0.07	0.08	0.06L	0.18	0.12	0.1
硫化物	mg/L	0.005 L	0.005 L	0.005 L	0.005 L	0.005 L	0.005 L	0.005 L
硫酸盐	mg/L	550	390	402	909	549	515	275
苯胺类	mg/L	0.03 L	0.03 L	0.057	0.03 L	0.03 L	0.082	0.056
甲醛	mg/L	0.07	0.088	0.083	0.285	0.079	0.109	0.162
其他	挥发酚、苯酚、苯、氯苯、阿特拉津、吡啶、硝基苯、乙苯、邻二甲苯、间二甲苯、对二甲苯、异丙苯、苯乙烯、邻-二硝基苯、间-二硝基苯等指标未检出							

注：检测结果低于检出限报检出限值加"L"。

4. 吉化污水处理厂运行费用

吉化污水处理厂技术升级改造后，2020 年平均运行成本为 2.70 元/t。2020 年吉化污水处理厂运行费用明细见表 5-12。

表 5-12　2020 年吉化污水处理厂运行费用明细表

项目	数值
处理水量/万 t	4027.81
运行费用/万元	10806.52
单位运行成本/(元/t)	2.70
一、辅助材料/万元	960.85
1. 阳离子 PAM 干粉	90.29
2. 高效絮凝剂	8.94
3. 10% 消泡剂	3.94
4. PAC 絮凝剂	251.42
5. 0.3% PAM 絮凝剂	223.65
6. 32% 液碱	382.61
二、燃料/万元	0.31
三、动力/万元	2076.21
1. 水	23.51

续表

项目	数值
2. 电	1995.82
3. 气	56.88
四、人工费用/万元	3851.85
五、修理费/万元	1027.64
六、其他费用/万元	2889.97
1. 运输费	630.05
2. 污泥处置费	2013.56
3. 其他	246.36

5.3　本　章　小　结

吉化污水处理厂结合"微氧水解酸化—A/O—微絮凝砂滤—臭氧催化氧化"集成工艺对原水解酸化池、A/O 池、混合污水提升泵房等进行提标改造，新建微絮凝砂滤池、臭氧催化氧化池等对工业废水进行深度处理。工程改造后，污水厂运行稳定，出水水质满足新标准直接排放特别限值要求，特征污染物去除效果显著，出水毒性指标较低，每吨水处理运行成本降低至 2.70 元，节能减排降耗效益显著，形成了较好的行业示范效果。